AF571072

EUL
VERLAG

Christoph Wössner

Wertorientierte Incentivierung

Unter besonderer Berücksichtigung von Steuerungsphilosophie und Gaming-Phänomenen

Mit einem Geleitwort von Prof. Dr. Nils Crasselt,
Bergische Universität Wuppertal

Bibliografische Information der Deutschen Nationalbibliothek

Die Deutsche Nationalbibliothek verzeichnet diese Publikation in der Deutschen Nationalbibliografie; detaillierte bibliografische Daten sind im Internet über <http://dnb.d-nb.de> abrufbar.

Dissertation, Bergische Universität Wuppertal, 2016

ISBN 978-3-8441-0530-8
1. Auflage November 2017

JOSEF EUL VERLAG GmbH
Brandsberg 6
53797 Lohmar
Tel.: 0 22 05 / 90 10 6-80
Fax: 0 22 05 / 90 10 6-88
E-Mail: info@eul-verlag.de
https://www.eul-verlag.de

Bei der Herstellung unserer Bücher möchten wir die Umwelt schonen. Dieses Buch ist daher auf säurefreiem, 100% chlorfrei gebleichtem, alterungsbeständigem Papier nach DIN 6738 gedruckt.

Geleitwort

Moderne Großunternehmen sind nicht nur durch die Trennung von Eigentum und Leitungsbefugnis an der Unternehmensspitze geprägt, sondern auch durch die Bildung nachgelagerter Führungsebenen mit einer Delegation von Entscheidungsrechten und Handlungskompetenzen an Bereichsmanager. Den daraus entstehenden mehrstufigen Principal-Agent-Problemen versucht die Unternehmenspraxis durch Incentive-Systeme zu begegnen, die Managern aller Führungsebenen Anreize geben sollen, den Wert des Unternehmens zu steigern. Die Gestaltung solcher Systeme ist jedoch eine komplexe Aufgabe, bei der auch zu berücksichtigen ist, dass die Manager mögliche Schwächen der Systeme bewusst ausnutzen können. Ein typisches Beispiel für solches Gaming ist die Beeinflussung von an Planzahlen geknüpften Zielwerten durch wissentlich zu niedrige Prognosen.

Christoph Wössner untersucht wertorientierte Incentive-Systeme mit einem besonderen Fokus auf solche Gaming-Phänomene. Im theoretischen Teil seiner Arbeit setzt er diese in Bezug zur Steuerungsphilosophie des Unternehmens. Die zentrale Frage ist dabei, wieviel Einfluss die Manager auf die Festlegung von Zielwerten haben. Die theoretische Analyse ergänzt er durch eine empirische Untersuchung, deren besonderer Charme darin liegt, dass sie auf von einem deutschen Großunternehmen zur Verfügung gestellten Vergütungsdaten beruht. Trotz einiger Einschränkungen, die sich aus der Beachtung des Datenschutzes ergeben, gelingt es Herrn Wössner spannende Ergebnisse zur Verbreitung von Gaming-Phänomenen zu generieren. Es wird deutlich, dass Manager sehr schnell die Schwächen eines Incentive-Systems erkennen und diese zum eigenen Vorteil zu nutzen wissen.

Die Dissertation von Christoph Wössner hält sowohl für Wissenschaftler als auch für Praktiker vielfältige neue und interessante Einblicke bereit. Mit der Analyse von Gaming-Phänomenen stellt er einen in der immer wieder aktuellen Diskussion um die bestmögliche Gestaltung von Incentive-Systemen häufig nur stiefmütterlich behandelten Aspekt in den Vordergrund. Seine empirischen Ergebnisse zeigen, dass solche ungewollten „Nebenwirkungen“ unbedingt bei der Gestaltung antizipiert werden sollten, um die beabsichtigte Anreizwirkung auch tatsächlich zu erreichen. Dementsprechend wünsche ich der Arbeit einen breiten Leserkreis in Wissenschaft und Praxis.

Wuppertal, im September 2016 Prof. Dr. Nils Crasselt

Vorwort

Diese Arbeit hat ihren Ursprung in meiner Tätigkeit als Doktorand im Zentralbereich Internes Rechnungswesen und Organisation der Robert Bosch GmbH in Kooperation mit dem Lehrstuhl Controlling der Schumpeter School of Business and Economics der Bergischen Universität Wuppertal.

Mein vorrangiger großer Dank gilt meinem Doktorvater Prof. Dr. Nils Crasselt, Inhaber des Lehrstuhls für Controlling, für seine wertvollen Hinweise und konstruktive Kritik sowie die motivierenden und aufmunternden Gespräche. Bei Prof. Dr. Stefan Thiele, Inhaber des Lehrstuhls für Wirtschaftsprüfung und Rechnungslegung, bedanke ich mich für die Übernahme des Zweitgutachtens.

Auf Seiten der Robert Bosch GmbH danke ich ganz besonders Dr. Richard Watterott für die exzellente Förderung und Forderung sowie für die engagierte Betreuung und Unterstützung meines Promotionsprojekts. Daneben haben Dr. Hans-Dieter Eckhardt und Markus Rodi für die Ermöglichung dieser Arbeit gesorgt und wichtige Impulse gegeben. Auch bei allen Kollegen, Partnerabteilungen und Mit-Doktoranden, die ihren Teil zum erfolgreichen Gelingen meiner Arbeit beigetragen haben, möchte ich mich hiermit nochmals bedanken.

Moreover I would like to thank Mrs. Sylvia B. Vogt, President of the Carnegie Bosch Institute, and her team for having me for a three months research stay at Tepper School of Business in Pittsburgh/USA and supporting me committedly throughout this project.

An dieser Stelle möchte ich auch meinen Eltern von ganzem Herzen danken für all das, was sie mir in meinem Leben und auf dem Weg zu dieser Arbeit ermöglicht haben. Meiner Frau Lena kann ich nicht genug danken, vor allem für ihr Verständnis und ihre Unterstützung bei der berufsbegleitenden Fertigstellung der Dissertation. Ohne sie hätte ich es wohl nicht geschafft – ihr ist diese Arbeit gewidmet.

Stuttgart, im September 2016 Christoph Wössner

Inhaltsverzeichnis

Abbildungsverzeichnis

Abkürzungsverzeichnis

BCF	*Brutto Cashflow*
BU	*Business Unit*
CAPM	*Capital Asset Pricing Model*
CDM	*Corporate Development Meeting*
CFROI	*Cash Flow Return on Investment*
CPS	*Corporate Planning Session*
CVA	*Cash Value Added*
DCF	*Discounted Cashflow*
EAV	*Erfolgsabhängige Abschlussvergütung*
EBIT	*Earnings before Interests and Taxes*
EK	*Eigenkapital*
EVA	*Economic Value Added*
FCF	*Free Cashflow*
FK	*Fremdkapital*
GB	*Geschäftsbereich*
HEK	*Herstellkosten*
IK	*Investiertes Kapital*
KKS	*Kapitalkostensatz*
LTI	*Long Term Incentive*
NCF	*Nachhaltiger Cash Flow*
NOPAT	*Net Operation Profit After Tax*
ÖA	*Ökonomische Abschreibung*
PHEK	*Planherstellkosten*
ROI	*Return on Investment*
ROS	*Return on Sales*
STI	*Short Term Incentive*
TSR	*Total Shareholder Return*
VALUE	*Variable Abschlussvergütung für langfristigen Unternehmenserfolg*
VVGK	*Vertriebs-, Entwicklungs- und Verwaltungskosten*
WB	*Wertbeitrag*
WACC	*Weighted Average Cost of Capital*

Symbolverzeichnis

α	*Gewichtungsfaktor* $0 \leq \alpha \geq 1$
α, β, δ	*Bonuskoeffizienten* $0<\alpha<\beta<\delta$
aA	*Abschreibbares Anlagevermögen*
B_i	*Belohnung des Managers des Bereichs i*
β	*Beta-Faktor des Unternehmens*
E_{ir}	*realisierter Erfolg des Bereichs i*
E_{ip}	*berichteter Erfolg des Bereichs i*
$E_{ir}(y_i)$	*realisierter Erfolg des Bereichs i bei Zuteilung der Finanzmittel* y_i
$E_{jp}(y_j)$	*berichteter Erfolg des Bereichs j bei Zuteilung der Finanzmittel* y_i
F_i	*Fixum des Managers des Bereichs i*
$g(.)$	*streng monoton steigende und konvexe Funktion*
n	*Nutzungsdauer des Unternehmens*
R_i	*Korrekturgröße des Bereichs i*
r^{EK}	*Renditeforderung der Eigenkapitalgeber*
r^{FK}	*Renditeforderung der Fremdkapitalgeber*
r^M	*Rendite des Marktportfolios*
r^S	*Rendite der risikolosen Anlage*
s	*Steuersatz auf den Unternehmensgewinn*
t	*Periode*

1 Einleitung

1.1 Problemstellung und Zielsetzung

Bei der Gestaltung der Managementvergütung hat es in den letzten 15 bis 20 Jahren große Veränderungen gegeben – sowohl in der Regulierung als auch in der praktischen Ausgestaltung. Es wurden von den Unternehmen viele Wege ausprobiert, ohne dass sich eine einheitliche Vorgehensweise herausgebildet hat. Überdies war zu beobachten, dass Vergütungssysteme oftmals sehr komplex und damit auch in ihrer Funktionsweise und Anwendung teils kompliziert und undurchsichtig wurden. Damit einhergehend wurden in wissenschaftlichen Arbeiten verschiedenste Vergütungssysteme und Ausprägungsvarianten untersucht. Auch hier hat sich kein *Königsweg* herausgebildet – je nach Rahmenbedingungen und Festlegung von Annahmen charakterisiert sich eine vielversprechende Vergütungsgestaltung auch durch gewichtige Nachteile. Ein zentrales Element in Wissenschaft und Praxis bildet dabei aber oftmals die Zielsetzung einer Unternehmenswert-Steigerung, welche für die meisten Unternehmen nach wie vor große Bedeutung hat. Die Frage nach dem situativ passenden – *richtigen* – wertorientierten Incentivierungssystem, das sowohl den Anforderungen des Unternehmens als auch den Bedürfnissen der Manager gerecht wird, bleibt daher ein Forschungsgebiet von hoher Aktualität und Wichtigkeit.

Nicht wenige Themenbereiche haben Einfluss auf die *wertorientierte Incentivierung* und auf ihre Unterthemen *Wertorientierte Unternehmenssteuerung* und *Anreizsysteme*. Das *Controlling* nimmt dabei eine zentrale Rolle ein. Als Führungsfunktion im Unternehmen ist dieses für die Planung, Steuerung und Kontrolle aller Unternehmensbereiche verantwortlich und unterstützt die Unternehmensführung in ihrer Entscheidungsfindung.[1] Wie in *Abbildung 1* dargestellt sind dies darüber hinaus auf Seiten der Sozialwissenschaften zur Fundierung von Anreizsystemen im Wesentlichen die Forschungsfächer der *Wirtschafts- und Organisationspsychologie* und der *Kommunikationswissenschaft*. Letztere spielt aber auch bei der Behandlung der wertorientierten Steuerung eine wichtige Rolle. Eine große Bedeutung hat das Thema der

[1] Vgl. Weber/Schäffer (2008), S. 19 ff.; 33 ff.; 55 ff.; Horvath (2011), S. 77 ff.; Troßmann et al. (2008), S. 2 ff.; Troßmann (2013).

Anreizsysteme zudem im sowohl wirtschafts- als auch sozialwissenschaftlich geprägten *Personalmanagement*.

Auf Seiten der Wirtschaftswissenschaften sind neben dem Controlling auch das *strategische Management* sowie die Fachbereiche des *Rechnungswesens* und der *Finanzierung* in ihren Erkenntnissen prägend für die wertorientierte Unternehmenssteuerung.

Diese Arbeit ordnet sich der Wertorientierungsperspektive des Controllings zu. Im Fokus steht die Ausrichtung der Incentivierung auf wertorientierte Steuerungsgrößen, die Gestaltung des Incentivierungssystems und ihr Beitrag zur Generierung von monetärem Unternehmenswert, nicht jedoch die Betrachtung von steuerlichen oder rechtlichen Fragestellungen oder die Ausrichtung wertorientierter Incentivierung nach ethisch-moralischen Maßstäben. An dieser Stelle sei auch der nicht unbedeutende Unterschied zwischen *Wert*- und *Wert<u>e</u>*orientierung erwähnt, wobei eine Untersuchung der zweiten Begrifflichkeit in dieser Arbeit ebenso keine Berücksichtigung findet.[2]

Diese Arbeit wird im ersten Schritt von folgenden grundlegenden Fragen geleitet:

- Was sind die grundlegenden Ausgangspunkte der wertorientierten Unternehmenssteuerung und der Anreizsysteme für die Gestaltung der wertorientierten Incentivierung? (Kapitel 2.1 und 2.2)
- Wodurch ist die heutige typische Ausgestaltung der wertorientierten Incentivierung gekennzeichnet und welche Anforderungen werden an sie gestellt bzw. wie kann ein Incentivierungssystem beurteilt werden? (Kapitel 2.3)

Darüber hinaus widmet sich die Arbeit zwei besonderen Themenschwerpunkten mit dem Ziel, auf Basis bestehender Erkenntnisse neue Aspekte und Perspektiven in die wissenschaftliche Diskussion einzubringen:

- Unabhängig von der Entscheidung für eine bestimmte wertorientierte Steuerungsgröße und deren formaler Ausgestaltung bestimmt die tief im Unternehmen verankerte *Steuerungsphilosophie*, wie der Planungs- und Zielsetzungsprozess im Unternehmen abläuft und damit, wie die Steuerungswerte – also letztendlich die Zielwerte in der In-

[2] Zur Wert<u>e</u>orientierung bzw. zum Wert<u>e</u>management vgl. bspw. Wieland (2004); Demircioglu (2013); Horn (2012); Hanssmann (2010).

centivierung – zustande kommen. Dies hat entscheidenden Einfluss darauf, wie ein Incentivierungssystem ausgestaltet sein muss, um seinen Anforderungen zu genügen. Dieser Aspekt wurde in bisherigen Arbeiten zur wertorientierten Incentivierung häufig nicht explizit einbezogen. Neben der Bezeichnung dieses Aspekts mit der Begrifflichkeit *Steuerungsphilosophie* werden hierbei die unterschiedlichen Steuerungsphilosophien inhaltlich auf Basis von Budgetierungs-, Planungs- und Zielsetzungsaspekten aufgezeigt sowie deren spezifische Anforderungen an wertorientierte Incentivierungssysteme herausgearbeitet. (Kapitel 3.1)

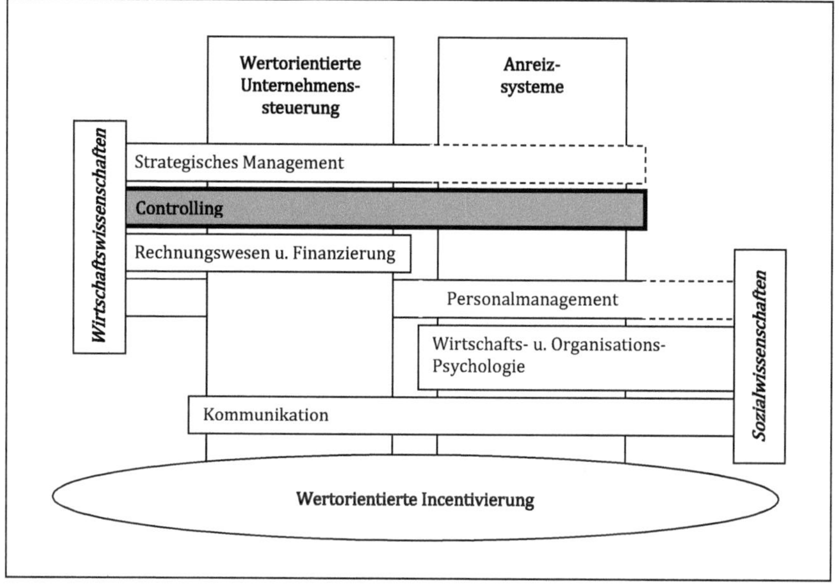

Abbildung 1: Thematische Einordnung dieser Arbeit

- Die Gestaltung des Steuerungs- und Incentivierungssystems produziert neben intendiertem Verhalten bei Managern oft auch nicht-intendierte Anreize. Im Extremfall führt das zu einer aktiven und bewussten Ausnutzung der Schwächen des Incentivierungssystems durch die Manager, dem sog. *Gaming*. Dieser fast ausschließlich in der anglo-amerikanischen Literatur geprägte Begriff wird anhand konkreter beispielhafter *Gaming-Phänomene* veranschaulicht. Außerdem werden besondere Formen der Anreizgestaltung im Hinblick auf deren Möglichkeiten zur Lösung der *Gaming*-Problematik diskutiert. (Kapitel 3.2)

In den jeweiligen Kapiteln werden die Fragestellungen weiter konkretisiert.

Um dem Anspruch der Betriebswirtschaftslehre als angewandte Wissenschaft gerecht zu werden bzw. Bezug zur Praxis herzustellen sowie praktisch nützliche Erkenntnisse zu gewinnen[3], wird die Thematik auch anhand eines Fallbeispiels[4] unter folgenden Fragestellungen analysiert:

- Wie ist das wertorientierte Steuerungs- und Incentivierungssystem im Fallbeispiel gestaltet und welche Steuerungsphilosophie aus Kapitel 3.1 lässt sich diesem zuordnen?
- Welche Gaming-Phänomene sind auf Basis der Erkenntnisse aus Kapitel 3.2 bei einer Incentivierungs-Gestaltung wie in der Falluntersuchung zu erwarten? Treten diese Phänomene in der Praxis auch tatsächlich auf? Welche weiteren Implikationen lassen sich aus der Analyse dieses Praxisfalls ableiten? (Kapitel 4)

1.2 Vorgehen

Die vorliegende Arbeit ist wie in *Abbildung 3* dargestellt in drei Hauptteile gegliedert. Kapitel 2 beschäftigt sich mit den Grundlagen der wertorientierten Incentivierung. Der Titel der Arbeit wird in Kapitel 2.1 und 2.2 zunächst in seine zwei separaten Themenbereiche unterteilt: dem der wertorientierten Unternehmenssteuerung und dem der Anreizsysteme. In Kapitel 2.3 findet die integrierte Betrachtung des Untersuchungsgegenstands der *wertorientierten Incentivierung* aus den vorhergehenden zwei Themenbereichen statt.

Die Betrachtung der speziellen Themen und Fragenstellungen zu Steuerungsphilosophie und *Gaming* unterteilt den zweiten Hauptteil der Arbeit in Kapitel 3.1 und 3.2. In beiden Teilen werden zuerst die Begrifflichkeiten abgegrenzt, bevor auf qualitative Weise in Kapitel 3.1.3 die verschiedenen Steuerungsphilosophie-Arten charakterisiert werden und in Kapitel 3.2.3

[3] Damit verfolgt diese Arbeit im Sinne einer anwendungsorientierten Betriebswirtschaft ein praxeologisches Wissenschaftsziel; Vgl. Kubicek (1975); Kieser/Kubicek (1983), S. 58 ff.

[4] Nach *Ryan/Scapens/Theobald* und *Smith* wird hier eine Fallstudie vorgenommen, welche deskriptiver sowie explorativer Art ist, und damit die Beschreibung eines Praxisfalls vornimmt sowie aufgrund der Beobachtung in diesem Einzelfall Ideen für weitere Forschung generiert. Vgl. Ryan/Scapens/Theobald (2002), S. 143 f.; Smith (2003), S. 134 f.

beispielhafte Gaming-Phänomene vorgestellt sowie in 3.2.4 besondere Formen der Anreizgestaltung zur Lösung der Gaming-Problematik untersucht werden.

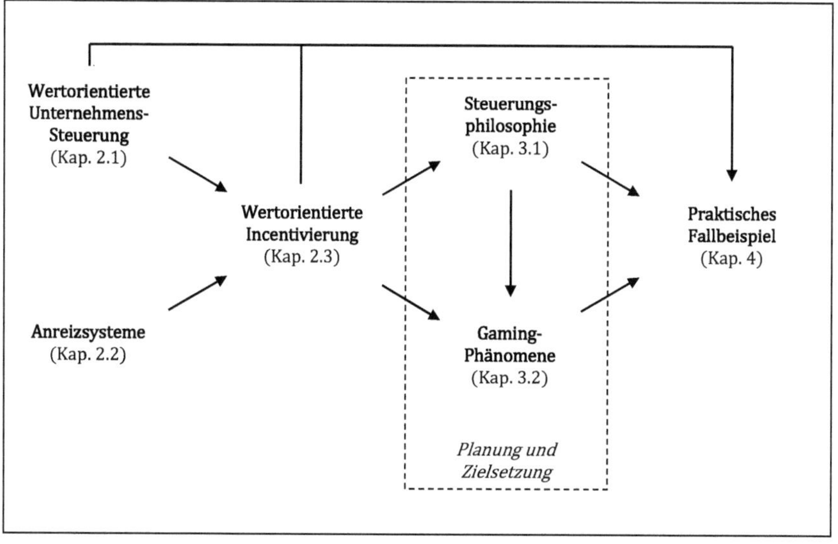

Abbildung 2: Zusammenhang der Themen und Kapitel in dieser Arbeit

Kapitel 4, der dritte Hauptteil der Arbeit, zeigt ein Unternehmensbeispiel auf, welches alle vorhergehenden Themen auf diesen speziellen Fall hin bündelt. Ausgehend von der deskriptiven Erläuterung des wertorientierten Steuerungssystems, der zugrunde liegenden Steuerungsphilosophie sowie des wertorientierten Incentivierungssystems des Konzerns, erfolgt zuerst eine Herleitung der zu erwartenden Gaming-Phänomene auf Basis von Kapitel 3. Anschließend wird das Auftreten von Gaming-Phänomenen in zwei Schritten empirisch untersucht. Zum einen wird analysiert, ob reale Incentivierungs-Daten Hinweise auf das Auftreten von Gaming-Phänomenen liefern. Zum anderen wird der Frage mithilfe einer explorativen Umfrage unter Managern aller Hierarchieebenen vertiefend nachgegangen.

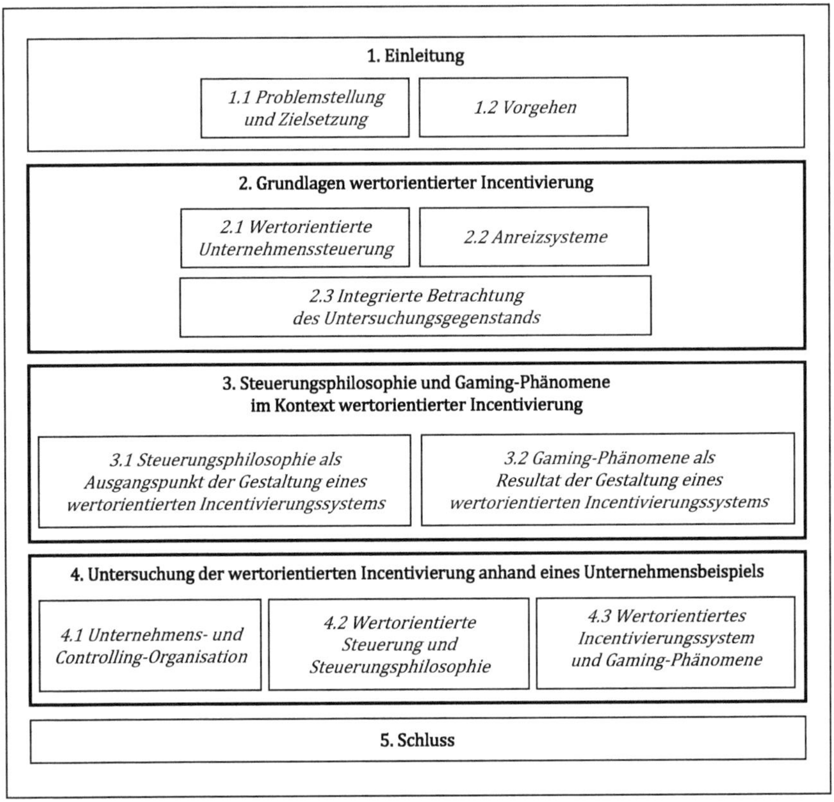

1. Einleitung

1.1 Problemstellung und Zielsetzung

1.2 Vorgehen

2. Grundlagen wertorientierter Incentivierung

2.1 Wertorientierte Unternehmenssteuerung

2.2 Anreizsysteme

2.3 Integrierte Betrachtung des Untersuchungsgegenstands

3. Steuerungsphilosophie und Gaming-Phänomene im Kontext wertorientierter Incentivierung

3.1 Steuerungsphilosophie als Ausgangspunkt der Gestaltung eines wertorientierten Incentivierungssystems

3.2 Gaming-Phänomene als Resultat der Gestaltung eines wertorientierten Incentivierungssystems

4. Untersuchung der wertorientierten Incentivierung anhand eines Unternehmensbeispiels

4.1 Unternehmens- und Controlling-Organisation

4.2 Wertorientierte Steuerung und Steuerungsphilosophie

4.3 Wertorientiertes Incentivierungssystem und Gaming-Phänomene

5. Schluss

Abbildung 3: Vorgehen in dieser Arbeit

2 Grundlagen wertorientierter Incentivierung

2.1 Wertorientierte Unternehmenssteuerung

Zu den Grundlagen wertorientierter Incentivierung wird in dieser Arbeit zuerst eine separate Einführung in den Themenkomplex der wertorientierten Unternehmenssteuerung vorgenommen, da deren Konzeption immer Ausgangspunkt für die Gestaltung des wertorientierten Incentivierungssystems eines Unternehmens ist.

Wertorientierte Steuerung ist heute zwar weit verbreitet und nicht nur in größeren Unternehmen etabliert, im Detail können dahinter aber sehr unterschiedlich ausgeprägte Konzepte stecken.[5] Um in weiteren Kapiteln aus der in dieser Arbeit eingenommenen Perspektive des Controllings die Wechselwirkungen zwischen wertorientiertem Steuerungssystem und Gestaltung des Incentivierungssystems beurteilen zu können, werden in diesem Abschnitt die wichtigsten Kernaspekte und Herausforderungen wertorientierter Unternehmenssteuerung folgendermaßen dargelegt:

Nach einer ersten Diskussion des Begriffs *Wertorientierte Steuerung* werden ausgehend vom *Shareholder-Value-Ansatz* das *heutige Verständnis* der wertorientierten Unternehmenssteuerung und ihre *Notwendigkeit* erläutert sowie die *Anforderungen eines Steuerungssystems* aufgezeigt. Durch das *methodische Vorgehen zur Ermittlung des Unternehmenswerts* wird der Wertorientierungs-Ansatz anschließend konkretisiert. Danach werden die am meisten etablierten *wertorientierten Steuerungskennzahlen* – die Residualgewinnkonzepte des *Economic Value Added (EVA)* und den *Cash Value Added (CVA)* – vorgestellt und bewertet. Im letzten Abschnitt wird verdeutlicht, dass es über die Wert- und Kennzahlenermittlung hinaus eines umfassenden *wertorientierten Steuerungssystems* bedarf. Dazu werden mit dem *Portfolio-Management* und dem *Werttreibermanagement* notwendige Handlungsfelder aufgezeigt, um die wertorientierte Steuerung im Unternehmen erfolgreich umzusetzen.

---

[5] Vgl. Weber et al. (2004), S. 19ff.; Coenenberg/Salfeld (2007), S. 3; Haunerdinger/Probst (2007), S. 79; Arbeitskreis Internes Rechnungswesen (2010), S. 806 ff.

2.1.1 Begrifflichkeiten und Wertorientierungs-Ansatz

Wertorientierte Steuerung – im Englischen *Value-based Management* – ist eine sehr unspezifische Bezeichnung. Sie ist zu allgemein, um aus ihr ohne inhaltlichen Zusammenhang direkt auf ein spezielles Fach- oder Untersuchungsgebiet schließen zu können.[6] Das trifft sowohl auf den gesamten Begriff zu, als auch auf die getrennte Betrachtung der Einzelwörter *Wertorientierung* und *Steuerung*.

Wertorientierung ist aufgrund seiner Vieldeutigkeit und damit vielseitigen adjektivischen Verwendbarkeit – vor allem mit breitem Aufkommen des modernen Wertorientierungs-Ansatzes in den 1990er und 2000er Jahren[7] – zum Universalbegriff geworden. Unter anderem *Weber et al.* kritisieren, dass viele Fachrichtungen und wissenschaftliche Arbeiten für sich einen Wertorientierungs-Charakter proklamieren, ohne diesen inhaltlich sinnvoll zu konkretisieren.[8] Neben dieser kritischen Sichtweise der begrifflichen Omnipräsenz, die in Fällen mangelnder wissenschaftlicher Spezifität nachvollziehbar ist und als *Modernitätssiegel* dienen soll, lässt sich darin nach *Coenenberg/Salfeld* aber auch eine grundsätzlich positive Quintessenz erkennen: Wertorientierung hat sich zur obersten Leitlinie für die Unternehmensführung entwickelt.[9] Anders gesagt, die Erkenntnis, dass der Kerngedanke der Wertorientierung – wie auch immer dieser im Detail definiert sein wird – dominierende Handlungsrichtlinie sein muss, ist heutzutage in Wissenschaft und Praxis stark ausgeprägt.

Wertorientierung kann verallgemeinert als *umfassendes Streben nach wirtschaftlichem Erfolg* beschrieben werden. Das drückt allerdings noch keinen konkreten inhaltlichen Fortschritt aus, der die heutige Sicht der Wertorientierung abheben kann vom klassischen Streben nach Gewinnmaximierung. Es muss im weiteren Verlauf also die Frage beantwortet werden, wodurch dieser bisher abstrakt dargestellte, dafür umso allumfassendere, Anspruch applizierbar wird.

Der englische – mittlerweile auch im deutschsprachigen Raum gängige – Begriff *Management* lässt sich als *Steuerung* ins Deutsche übertragen, bspw. aber auch als *Unternehmensfüh-*

---

[6] Siehe zur Vielzahl der möglichen involvierten Fachgebiete auch Kapitel 1.1 zur thematischen Einordnung dieser Arbeit.

[7] Vgl. Baum/Coenenberg/Günther (2007), S. 273 f.

[8] Vgl. Weber et al. (2004), S. 5f.

[9] Vgl. Coenenberg/Salfeld (2003), S. 3.

rung.[10] Beides findet sich in der *wertorientierten Literatur* wieder.[11] Auch der Begriff *wertorientiertes Management* an sich findet oft Verwendung.[12] Im hiesigen Kontext lässt er sich im instrumentellen Sinn als *Managementsystem* definieren, das aus wertorientierten Elementen im Unternehmen besteht, bspw. wertorientierter Kennzahlen, einem wertorientierten Berichtswesen sowie wertorientiert handelnden Mitarbeitern, die durch ein übergeordnetes Wertorientierungsziel miteinander in Beziehung stehen.[13]

Steuerung hat sich aber – zumindest von der Verwendungshäufigkeit her – in der deutschsprachigen Literatur etabliert. Dafür spricht neben der Tatsache, dass er sehr viel inhaltlichen Spielraum lässt, dass *Steuerung*

- einen sehr aktiven, eine konkrete Zielorientierung betonenden Handlungscharakter impliziert – im Sinne von „Lenkung"[14] mit dem Manager bildlich als *Steuermann,*
- sowie den Verantwortlichkeitsbereich für wertorientiertes Handeln – im Sinne von „Gesamtheit der ... Bestandteile ..., die für das Steuern notwendig sind"[15] – weniger auf die obersten Unternehmensebenen eingrenzt, sondern sich intuitiv als Aufgabe aller Hierarchieebenen verstehen lässt.

Ein Spezifizierungsversuch anhand der allgemeinen Wortbedeutungen liefert also tatsächlich nur wenig Erkenntnisgewinn. Eine tiefergehende Betrachtung dessen, was im betriebswirtschaftlichen Kontext im Kern unter *wertorientierter (Unternehmens-)Steuerung* verstanden wird, ist daher notwendig:

Die wertorientierte Unternehmenssteuerung hat sich aus dem strategischen Management und der Unternehmensführung heraus entwickelt.[16] Dabei lassen sich die unterschiedlichsten wertorientierten Steuerungskonzepte vom gleichen Kerngedanken, dem des *Shareholder-Value-Ansatzes*, ableiten und werden durch wertorientierte Kennzahlenkonzepte konkreti-

---

[10] Vgl. Olfert (2011), Nr. 578; Corsten/Gössinger (2008), S. 502.
[11] Vgl. Macharzina/Neubürger (2002); Faupel (2012); Coenenberg/Salfeld (2007); Pape (2004); Laux (2006).
[12] Vgl. Töpfer/Duchmann (2006); Stiefl/von Westerholt (2008); Schweickart (2006).
[13] Vgl. bspw. Oesterle (2008), S. 1282; Des Weiteren kann der Management-Begriff im institutionalen oder funktionalen Sinn verwendet werden; vgl. bspw. Hochmeister (1985), S. 70; Stähle (1991), S. 65.
[14] Duden (2013), Stichwort: Steuerung.
[15] Duden (2013), Stichwort: Steuerung.
[16] Vgl. Fruhan (1979); Rappaport (1998); Copeland/Koller/Murrin (2000).

siert.[17] Der Shareholder-Value-Ansatz entstand in den 1980er Jahren und geht zurück auf *Rappaport*.[18] Er sieht das strategische Ziel der Unternehmenseigentümer in der Steigerung des Marktwerts des Eigenkapitals des Unternehmens und manifestiert dieses als oberste Maxime der Unternehmenssteuerung.[19] Daran wurde von den Vertretern der *Stakeholder-Orientierung*[20] teils vehement kritisiert, dass dies zu sehr auf eine kurzfristige Optimierung des Unternehmenswerts und damit zu Lasten anderer Interessengruppen, bspw. den Mitarbeitern, abzielt. Auf eine kritische Diskussion beider Ansätze wird an dieser Stelle verzichtet und auf die allgemeinhin gesehene Bedeutung des Shareholder-Value-Ansatzes als Ursprung des heutigen Verständnisses der wertorientierten Unternehmenssteuerung verwiesen.[21]

Es bleibt festzuhalten, dass *wertorientierte Steuerung* im Sinne des Shareholder-Value-Ansatzes die Ausrichtung aller Unternehmensaktivitäten auf die Steigerung des Eigenkapitalwerts des Unternehmens bedeutet.[22] *Bühner* zog dazu des Weiteren folgendes Fazit: „Marktwertmaximierung ersetzt das traditionelle Unternehmensziel Gewinnmaximierung."[23] Dieser zugespitzten Formulierung unterliegt jedoch ein sehr einfaches Verständnis von Gewinnmaximierung im Sinne einer kurzfristigen Sichtweise und der Maximierung des Periodengewinns. Eine wertorientierte Unternehmenssteuerung zeichnet jedoch aus, dass die Wechselwirkung zwischen einem Gewinnverzicht heute zugunsten eines Gewinnzuwachses in der Zukunft – und vice versa – inklusive Zinseffekten berücksichtigt wird. Es wird somit der heutige Wert des Stroms entnehmbarer Gewinne maximiert. Folglich stellt die Marktwertmaximierung eine langfristig ausgerichtete Gewinnmaximierung dar.

Der von *Rappaport* ausgehende Wertorientierungs-Ansatz hat sich dementsprechend in nachfolgenden Arbeiten,[24] bspw. bei *Weber et al.* oder *Plaschke*, weiterentwickelt zu einer breiter angelegten Fundierung wertorientierter Steuerung und bezieht die Interessen aller Stakeholder zu einem integrierten System der Wertorientierung mit ein – als Voraussetzung *nachhaltiger*

---

[17] Vgl. Weber et al. (2004), S. 6; Gladen (2008), S. 115.
[18] Vgl. Rappaport (1981) u. (1986) u. (1999); Copeland/Koller/Murrin (1990); Reimann (1989); Stewart (1990).
[19] Vgl. Knorren (1998), S. 1; Banzhaf (2006), S. 101.
[20] Stakeholder sind Gruppen, ohne die ein Unternehmen nicht existieren kann bzw. die auf irgendeine Weise von den unternehmerischen Handlungen betroffen sind; Vgl. Donaldson/Preston (1995), S. 65 ff.; Freeman (1983); Freeman/Reed (1983).
[21] Vgl. Stührenberg et al. (2003), S. 1; Wenzel (2005), S. 33.
[22] Vgl. Arbeitskreis Internes Rechnungswesen (2010), S. 799.
[23] Bühner (1992), S. 418.
[24] Vgl. Weber et al. (2004); Plaschke (2003); Hochstein (2012); Ulmer (2006).

Wertschaffung. Kurzfristig können sich die Interessen von Shareholdern und Stakeholdern zwar widersprechen, aber langfristig gleicht sich dies aus. Als Begründung dient das gegenseitige Abhängigkeitsverhältnis von Shareholdern und Stakeholdern: Grundsätzlich ist Wertschaffung die Voraussetzung für Wertverteilung. Durch diese können die Interessen der Stakeholder erst befriedigt werden. Und diese Befriedigung ist wiederum zwingende Voraussetzung für die Wertschaffung. Folglich wird die *moderne Intention der Wertorientierung* also als langfristige und den Unternehmenswert nachhaltig steigernde Maßgabe der Unternehmenssteuerung verstanden.[25] Darüber hinaus braucht die wertorientierte Steuerung als Grundvoraussetzung wie jedes andere Managementkonzept befähigte Manager, die einen gewissen *Menschenanstand* mitbringen, um eine Sozialverträglichkeit bei der Umsetzung zu gewährleisten.[26]

Die Notwendigkeit für Unternehmen zur Fokussierung auf eine *wertorientierte Unternehmenssteuerung* kann aus verschiedensten Gründen abgeleitet werden, wovon nachfolgend drei genannt seien:

- Unternehmen befinden sich in einem globalen Wettbewerb um Kapital. Um in diesem bestehen zu können, müssen sie eine Steigerung ihres Eigenkapitals durch dessen marktgerechte Verzinsung erzielen. Vor allem für Unternehmen in kapitalintensiven Wachstumsmärkten ist das erfolgsentscheidend.[27]
- Dezentralisierung und Delegation von Entscheidungsbefugnissen sind innerhalb komplexer Unternehmensformen stark ausgeprägt. Somit ist die interne Kapitalallokation und Erfolgsbeurteilung der dezentralen Bereiche nach wertorientierten Maßstäben ein erfolgsentscheidender Faktor.[28]
- Die strategische Positionierung eines Unternehmens wird immer stärker durch den Kauf und Verkauf von Geschäftseinheiten bestimmt. Das folglich zunehmend erfolgsentscheidende Portfolio-Management muss auf Basis wertorientierter Maßstäbe durchgeführt werden.[29]

---

[25] Vgl. Plaschke (2003), S. 56 ff.; Weber et al. (2004), S. 6 ff. u. 24 ff.; Albach (2001), S. 643 ff.; Copeland/Koller/Murrin (2000), S. 14; Mühlemann (1995), S. 1047; Volkart (1996), S. 33 f.; Hochstein (2012), S. 1.

[26] Vgl. Küng (2010), S. 13 ff.

[27] Vgl. Bühner/Tuschke (1999), S. 6; Richter (1996), S. 2.

[28] Vgl. Herter (1994), S. 1 f.; Richter (1996), S. 2.

[29] Vgl. Höfner/Pohl (1993), S. 51 ff.

Um diesen Herausforderungen gewachsen zu sein, muss die wertorientierte Steuerung eines Unternehmens im Idealfall bestimmte Gestaltungsanforderungen erfüllen. Diese stehen in engem Zusammenhang mit der Frage der erfolgreichen Implementierung und Etablierung im Unternehmen.[30] Nach *Weber et al.* seien sie im Folgenden dargestellt:[31]

- Die Steuerungsgrößen müssen nach der Steigerung des Eigenkapitalwerts ausgerichtet werden, also im Vergleich zu klassischen Steuerungsgrößen einen engen formal- oder sachlogischen Zusammenhang zum Eigenkapitalwert aufweisen. Sie können als relative oder absolute Kennzahlen ausgestaltet sein.
- Das Mindestrenditeziel soll sich aus der risikoadäquaten Verzinsung der von Eigen- und Fremdkapitalgebern zur Verfügung gestellten Mittel ergeben. Folglich ergibt sich das Zielausmaß, das der wertorientierten Steuerungsgröße für eine Periode zugrunde gelegt wird, aus dem Kapitalmarkt.
- Die Eigenkapitalgeber streben eine langfristige Wertsteigerung an. Das bedeutet, dass Sie von ihrer Investition beständige Rückflüsse erwarten und keinen kurzfristigen einmaligen Maximalprofit erzielen wollen. Dementsprechend sollte das wertorientierte Steuerungssystem eines Unternehmens langfristig ausgerichtet sein.
- Rein finanzielle Kennzahlen sollen um nicht-finanzielle Ziele ergänzt werden, um eine perspektivische Ausgewogenheit der wertorientierten Steuerungsgrößen zu erreichen. Zwar bleiben finanzielle Kennzahlen das oberste Ziel eines Unternehmens, aber diese haben den Nachteil, dass sie als Ergebnisgrößen oft nur Symptome vorgelagerter Ursachengrößen abbilden und zur Problemanalyse allein nicht ausreichen. Der Einbezug nicht-finanzieller Steuerungsgrößen soll also letztendlich sicherstellen, dass die finanziellen Zielsetzungen erreicht werden.
- Ein definiertes wertorientiertes Steuerungs*system* sollte die finanziellen und nicht-finanziellen Zusammenhänge der Wertentstehung im Unternehmen erfassen und abbilden. Durch eine Vernetzung der Einflussfaktoren auf die Wertsteigerung werden Ursache-Wirkungs-Beziehungen sichtbar, so dass eine effiziente und effektive Unternehmenssteuerung erreicht wird.
- Nicht nur die oberen Manager, sondern alle Mitarbeiter sollen ihre Handlungen nach dem Wertsteigerungsziel ausrichten, da nur so eine nachhaltige Denkhaltung verankert und eine langfristige positive Wertentwicklung erreicht werden kann. Dazu muss das

[30] Siehe Kapitel 2.1.4.
[31] Vgl. Weber et al. (2004), S. 24 ff.

wertorientierte Steuerungssystem im gesamten Unternehmen über alle Funktionsbereiche und Hierarchiestufen implementiert werden und konkrete Wertsteigerungsziele vermitteln.[32]

Die Forderung nach einer langfristigen Ausrichtung der wertorientierten Steuerung gestaltet sich jedoch schwierig, weil vor allem börsennotierte Unternehmen aufgrund von regelmäßigen Berichtspflichten sowie Informationsbedürfnissen der Anteilseigner eher nach kurzfristigen Perioden ausgerichtet sind. Außerdem setzt eine langfristige Ausrichtung die Quantifizierung langfristiger Entscheidungsfolgen voraus, welche oft mit Schätzungen und subjektivem Einfluss verbunden sind. Trotzdem ist es für eine nachhaltige Wertsteigerung des Eigenkapitals wichtig, dass langfristige Wertsteigerungsziele über eine strategische Planung einen Schwerpunkt im wertorientierten Steuerungssystem bilden.[33]

Eine professionell umgesetzte wertorientierte Steuerung des Unternehmens – so viel wird bis hierher schon klar – ist kein inhaltsloses Konstrukt, das von einer Modewelle getragen wird. Diesem Vorwurf lässt sich schon mit der langen Aktualität und auch vielen Arbeiten zur Weiterentwicklung der Thematik von den 1980er Jahren bis heute begegnen. Die grundsätzliche Vorgabe, den Unternehmenswert steigern zu müssen, ist natürlich keine neue Erkenntnis. Jedoch hat die Detaillierung und inhaltliche Tiefe zugenommen, mit der heutige wertorientierte Konzepte entwickelt werden und als Grundlage der Unternehmenssteuerung angewendet werden.[34] Entscheidend ist dabei wie gezeigt vor allem die Eigentümer-Perspektive, welche die Investition im Marktvergleich beurteilt.

Zwar lassen sich viele Themenfelder unter dem Wertorientierungs-Ansatz subsumieren oder als wert*orientiert* deklarieren, um Wirksamkeit entfalten zu können, muss sich die wertorientierte Unternehmenssteuerung – wie in den folgenden Abschnitten zu zeigen sein wird – aber vor allem in einem definierten Kennzahlenkonzept und einem klaren Steuerungssystem konkretisieren.

---

[32] Vgl. auch Neher (2010), S. 200.
[33] Vgl. Weber et al. (2004), S. 29 f.
[34] Vgl. Töpfer/Duchmann (2006), S. 4 f.

2.1.2 Ermittlung des Unternehmenswerts

Voraussetzung zur Beantwortung der Frage, ob ein Unternehmen Wert generiert und seinen Wert steigert, ist die Ermittlung des Unternehmenswerts, d.h. die Operationalisierung des bisher abstrakt dargestellten Anspruchs der Wertorientierung.

Dabei können grundsätzlich zwei gegensätzliche Vorgehensweisen unterschieden werden. Zum einen die Ermittlung aus externer Marktsicht – Ergebnis ist ein Markt*preis* – und zum anderen aus interner Unternehmenssicht – Resultat ist dann ein Markt*wert*. Bei vollkommenem Kapitalmarkt müssen beide Wege zum gleichen Ergebnis kommen, da es zwischen den Teilnehmern keine Informationsasymmetrien gibt und sich Marktpreis und Marktwert entsprechen. In der Realität spielen im Markt aber unterschiedliche Erwartungen und Informationen der Akteure sowie das Verhältnis von Angebot und Nachfrage eine große Rolle.[35] Beide Ermittlungswege werden im Folgenden charakterisiert:[36]

- Die Ermittlung eines *realen* Unternehmenswerts erfolgt aus externer Sicht und stellt den Marktpreis eines Unternehmens dar. Er gibt die börsentägliche Marktkapitalisierung wieder und ist somit nach dem Shareholder-Value-Ansatz und dessen Orientierung an den Interessen der Anteilseigner der Maßstab nach dem diese ihre Investitions- oder Desinvestitionsentscheidungen treffen. Bei nicht-börsennotierten Unternehmen gestaltet sich die Bestimmung aus externer Sicht schwierig. Sie kann nicht automatisch über tägliche Marktpreise stattfinden, sondern muss bspw. über Benchmark-Vergleiche mit anderen Unternehmen ermittelt werden. Die Verwendung extern ermittelter Größen zur Unternehmenssteuerung ist aber auch bei börsennotierten Unternehmen problematisch: sie können nur für das Gesamtunternehmen ermittelt werden, was eine Bewertung und Steuerung einzelner Geschäftsbereiche schwierig macht. Darüber hinaus gehen von Marktpreisen keine unmittelbaren handlungsleitenden Hinweise für die Unternehmensakteure aus, weshalb eine weitere Operationalisierung durch Disaggregation der externen Steuerungsgröße notwendig ist.
- Die Ermittlung eines *theoretischen* Unternehmenswerts ergibt sich aus interner Sicht mit Hilfe der Methoden der Unternehmensbewertung. Da er auf internen fundamenta-

[35] Vgl. Plaschke (2003), S. 64.

[36] Vgl. Weber et al. (2004), S.6 f., 25 ff.; Plaschke (2003), S. 19f., 64 ff.; Merchant/Van der Stede (2007), S. 437 ff.

len Daten basiert, stellt er automatisch die *Stellhebel* dar, die zur internen Steuerung des Unternehmens *bedient* werden müssen. Nachteil dieser Ermittlung ist der nur noch indirekt bestehende Zusammenhang zum Marktpreis und damit zu den Interessen der Anteilseigner. Eine theoretische Wertsteigerung führt nicht zwangsläufig zu einer tatsächlichen Steigerung des Marktpreises, da dieser vielen externen Einflüssen ausgesetzt ist. Überwiegender Vorteil ist allerdings die Verknüpfung des Unternehmenswerts mit den Leistungen des Unternehmens über mathematische Beziehungen. Damit können seine Determinanten und direkte Handlungshinweise für die Mitarbeiter abgeleitet werden.

Bereits die hier eingenommene Controlling-Perspektive legt den Schwerpunkt auf die Betrachtung der internen Ermittlung des Unternehmenswerts.[37] Aber auch die oben beschriebenen Schwierigkeiten bei der Verwendung von externen Größen zur Unternehmenssteuerung legen nahe, zumindest nicht ausschließlich Marktgrößen zur Steuerung eines Unternehmens zu verwenden. Zur weiteren Einführung in die wertorientierte Unternehmenssteuerung liegt der Fokus daher auf den internen Unternehmensbewertungsverfahren. Dabei wird bei verschiedenen Vorgehensmöglichkeiten jeweils eine der Alternativen erläutert, so dass sich schlussendlich ein *roter Faden* durch die Thematik *zieht* und das erforderliche Gesamtverständnis herstellt.

Die Grundidee der Wertorientierung entsprechend des Shareholder-Value-Ansatzes stellt die *Discounted-Cashflow-Methode* (*DCF*-Methode) dar. *Rappaport* sieht in der Steigerung des DCF das oberste Unternehmensziel.[38] Über diesen wird der Unternehmenswert aus interner Sicht auf Basis fundamentaler Größen ermittelt, die direkt mit den internen Leistungserstellungs- und -verwertungsprozessen zusammenhängen.[39] Der Unternehmenswert wird dabei über den Barwert zukünftiger Zahlungsströme an die Eigenkapitalgeber generiert, d.h. besonderes Augenmerk liegt auf der zukünftigen Leistungsfähigkeit des Unternehmens aus Sicht der Eigenkapitalgeber.[40]

---

[37] Siehe Kapitel 1.1 zur thematischen Einordnung dieser Arbeit.
[38] Vgl. Rappaport (1999), S. XI.
[39] Vgl. Weber et al. (2004), S. 27.
[40] Vgl. Weber et al. (2004), S. 45.

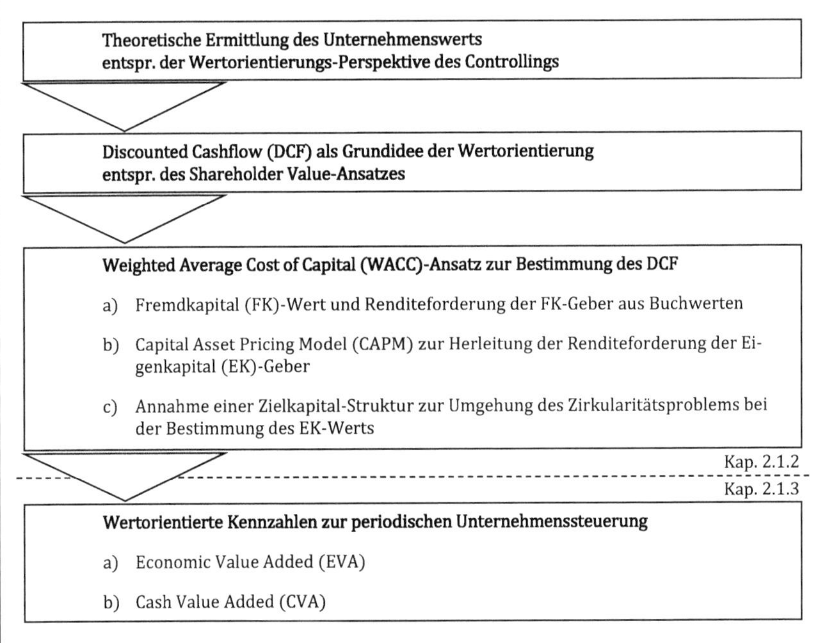

Abbildung 4: Operationalisierung des Wertorientierungs-Postulats in dieser Arbeit

Es gibt verschiedene Varianten der DCF-Methode, die zur Ermittlung des Unternehmenswerts herangezogen werden können. Der in der Unternehmenspraxis und Literatur am weitesten verbreitete Ansatz ist der des *Weighted Average Cost of Capital (WACC)*.[41] Er ermittelt in einem ersten Schritt den gesamten Unternehmenswert aus Sicht aller Kapitalgeber über den Barwert der zukünftigen *Free Cashflows (FCF)*, die Eigen- und Fremdkapitalgebern entsprechend der Kapitalstruktur zufließen. Der Kern dieser Ermittlungsweise liegt in der Abzinsung durch den gewichteten Kapitalkostensatz (=WACC), dessen Basis das Verhältnis von Marktwert des *Eigen- und Fremdkapitals (EK bzw. FK)* ist.[42] Im zweiten Schritt wird der Fremdka-

[41] Vgl. Ballwieser (2011), S. 797; Bauer (2009), S. 74 ff.; Für die verschiedenen Ansäte siehe Hachmeister (1995), S. 92 ff.; Langenkämper (2000), S. 54 ff.

[42] Vgl. Schaufelbühl/Hugentobler/Blattner (2007), S. 502.

pitalwert vom Gesamtwert des Unternehmens abgezogen, um den Eigenkapitalwert des Unternehmens zu ermitteln.[43]

$$EK = \sum_{t=1}^{n} \frac{FCF_t}{(1 + WACC_t)^t} - FK$$

EK: Eigenkapitalwert
n: Nutzungsdauer des Unternehmens
t: Periode
FCF: Free Cashflow
$WACC$: Weighted Average Cost of Capital
FK: Fremdkapitalwert

Abbildung 5: Ermittlung des Eigenkapitalwerts[44]

Um den EK-Wert nach der DCF-Methode und dem WACC-Ansatz berechnen zu können, müssen wiederum die Elemente FK, FCF und WACC spezifiziert werden.

Die Höhe des Fremdkapitals kann sich nach seinem Marktwert oder Buchwert bemessen. Diese können sich prinzipiell unterscheiden, da bspw. der Marktwert des Fremdkapitals auch die Nebenkosten der Fremdkapitalbeschaffung mit einschließt. Außerdem kann eine Abweichung durch eine nicht marktübliche Verzinsung des Buchwerts entstehen. Vereinfachend wird – zumindest in der Praxis – die Annahme getroffen, dass die Konditionen, zu denen das Unternehmen das Fremdkapital beschaffen konnte, marktüblich sind. Damit wird der Marktwert des Fremdkapitals als hinreichende Annäherung über seinen Buchwert in der Bilanz des Unternehmens ermittelt.[45]

[43] Vgl. auch im Weiteren Weber et al. (2004), S. 45 ff.
[44] In Anlehnung an Weber et al. (2004), S. 46.
[45] Vgl. Mandl/Rabel (1997), S. 326 ff.; Langenkämper (2000), S. 58.

Die Ermittlung des Free Cashflow erfolgt hier über die direkte Ansetzung der Zahlungsströme.[46] Dabei wird zuerst ein *operativer Cashflow* ermittelt. Er ergibt sich aus dem Saldo aller Ein- und Auszahlungen des Unternehmens, die beim Prozess der Leistungserstellung und -verwertung fließen, d.h. den betrieblichen bzw. operativen Zahlungsströmen. Wichtig ist dabei, dass Finanzierungszahlungen inklusive der Zinszahlungen nicht angesetzt werden, weil diese über den WACC und den Fremdkapitalwert berücksichtigt werden. Vom operativen Cashflow müssen anschließend Netto-Investitionsauszahlungen[47] und Steuerzahlungen[48] abgezogen werden. Der FCF stellt den Cashflow dar, den die Eigenkapitalgeber bei kompletter Eigenkapitalfinanzierung entnehmen könnten.[49]

WACC steht wie bereits dargelegt für den *gewichteten Kapitalkostensatz*, welcher bei der DCF-Methode zur Abzinsung dient und eine Gewichtung der Renditeforderungen der Eigen- und Fremdkapitalgeber jeweils über den Anteil des Eigen- bzw. Fremdkapitals am gesamten Kapitaleinsatz repräsentiert.[50]

Unter der obigen Annahme, dass der Marktwert des Fremdkapitals seinem Buchwert entspricht, resultiert die *Renditeforderung der Fremdkapitalgeber* (r^{FK}) dabei konsequenterweise aus den vereinbarten vertraglichen Konditionen.[51] Diese wird allerdings korrigiert um den hier angenommenen *pauschalen Steuersatz (s)* des Unternehmens. Grund dafür ist, dass beim Free Cashflow eine vollständige Eigenkapitalfinanzierung unterstellt wird und dabei Steuererleichterungen durch den Ansatz von Fremdkapitalkosten nicht berücksichtigt werden. Diese werden, da zur Unternehmensbewertung notwendig, beim WACC mit einbezogen, was zu einem steuermodifizierten Fremdkapitalkostensatz führt.[52]

Die *Renditeforderung der Eigenkapitalgeber* (r^{EK}) dagegen lässt sich nicht unmittelbar aus dem Markt oder aus Vertragskonditionen ermitteln. Die übliche Vorgehensweise geht hier

---

[46] Für eine alternative indirekte Ableitung aus Plan-Jahresabschlüssen siehe bspw. Baetge/Niemeyer/Kümmel (2002), S. 275 ff.

[47] Ergeben sich aus der Differenz von Investitionsauszahlungen und Desinvestitionseinzahlungen.

[48] Steuerlast bei vollständiger Eigenkapitalfinanzierung; entspricht nicht den tatsächlichen Steuerzahlungen, die aufgrund anteiliger Fremdfinanzierung des Unternehmens geringer wäre (Abzugsfähigkeit von Fremdkapitalzinsen).

[49] Vgl. Brunner (1999), S. 48.

[50] Vgl. Rappaport (1999), S. 44; Kajüter (2007), S. 29.

[51] Vgl. Ballwieser (1998), S. 85; alternativ nach Mandl/Rabel (1997), S. 328: Gewichtung der einzelnen Fremdkapitalposten mit ihren jeweiligen marktüblichen Konditionen.

[52] Vgl. Ballwieser (1998), S. 85.

von einem risikolosen Basiszinsfuß aus, der um eine Prämie für das übernommene Risiko erhöht wird. Den populärsten Weg dazu stellt das *Capital Asset Pricing Model (CAPM)* dar, das in seiner praktischen Anwendung die Renditeforderung der Eigenkapitalgeber aus historischen Kapitalmarktdaten ableitet.[53] Das Ergebnis ist die Summe aus *risikolosem Basiszinssatz* (r^S) und einem *Zuschlag für das systematische Risiko der Anlage*.[54] Dieses ergibt sich aus dem Produkt von *Beta-Faktor* (β) und *Marktrisikoprämie* ($r^M - r^S$). Der Beta-Faktor spiegelt dabei das systematische Risiko des spezifischen Investments, d.h. des Unternehmens, wider.[55] Die Marktrisikoprämie ergibt sich aus der Differenz von *Rendite des Marktportfolios* (r^M) und *Rendite der risikolosen Anlage* (r^S).

$$WACC = r^{EK} \times \frac{EK}{EK + FK} + (1 - s) \times r^{FK} \times \frac{FK}{EK + FK}$$

$WACC$: Weighted Average Cost of Capital
r^{EK}: Renditeforderung der Eigenkapitalgeber
EK: Eigenkapitalwert
FK: Fremdkapitalwert
s: Steuersatz auf den Unternehmensgewinn
r^{FK}: Renditeforderung der Fremdkapitalgeber

Abbildung 6: Ermittlung des gewichteten Kapitalkostensatzes (WACC)[56]

Zur Ermittlung des WACC muss außerdem noch der Eigenkapitalwert bestimmt werden, wobei dieser eigentlich das Endergebnis der bisher beschriebenen Vorgehensweise mit Hilfe des WACC-Ansatzes sein soll. Um dieses Zirkularitätsproblem zu umgehen, werden entweder

[53] Für Annahmen des CAPM und detaillierte Diskussion siehe Franke/Hax (2004), S. 351 ff.; Kruschwitz (2002), S. 151 ff.; Perridon/Steiner (2002), S. 270 f.; Hochstein (2012), S. 84 ff.; Bauer (2009), S. 52 ff.; Gladen (2008), S. 119 ff.

[54] Vgl. Adam (1996), S. 262.

[55] Zur Diskussion von systematischem und unsystematischen Risiko der Rendite eines Wertpapiers siehe Franke/Hax (2004), S. 353.

[56] In Anlehnung an Baetge/Niemeyer/Kümmel (2002), S. 271.

Iterationsverfahren verwendet[57] oder es wird zur Vereinfachung im praktischen Vorgehen eine Zielkapitalstruktur unterstellt. Diese stellt das Verhältnis von Eigen- und Fremdkapital dar und wird üblicherweise über zukünftige Perioden beibehalten.[58]

$$r^{EK} = r^{s} + (r^{M} - r^{s}) \times \beta$$

r^{EK}: Renditeforderung der Eigenkapitalgeber
r^{S}: Rendite der risikolosen Anlage
r^{M}: Rendite des Marktportfolios
β: Beta-Faktor des Unternehmens

Abbildung 7: Ermittlung der Renditeforderung der Eigenkapitalgeber[59]

Der auf die vorgestellte Weise ermittelte Unternehmenswert stellt also den ursprünglichen Ausgangspunkt und eine mögliche Methode zur Operationalisierung des Postulats der Wertorientierung dar. Für die periodische Unternehmenssteuerung ist er allerdings nicht geeignet: Der Hauptgrund liegt in der Schwierigkeit, zukünftige Cashflows verlässlich und mit vertretbarem Aufwand zu berechnen. Ihre Beurteilung hängt von vielen Einflussfaktoren ab, basiert auf zahlreichen Annahmen und ist insgesamt mit großer Unsicherheit verbunden. Der mit der DCF-Methode ermittelte Unternehmenswert ist damit sehr anfällig für Fehleinschätzungen oder Manipulationen.[60]

Im Folgenden werden wertorientierte Steuerungskennzahlen vorgestellt, die sich zur periodischen Unternehmenssteuerung eignen. Der Schwerpunkt liegt dabei wie bisher auf den internen Bewertungsverfahren bzw. Kennzahlen und hier insbesondere auf den etablierten Kennzahlenkonzepten des *Economic Value Added (EVA)* und des *Cash Value Added (CVA)*.

[57] Vgl. Kruschwitz (2002), S. 238.
[58] Vgl. Ballwieser (1998), S. 85; Copeland/Koller/Murrin (2002), S. 252 f.
[59] In Anlehnung an Weber et al. (2004), S. 53.
[60] Vgl. Ballwieser (2000), S, 163; Weber et al. (2004), S. 115.

2.1.3 EVA und CVA als etablierte Kennzahlenkonzepte

Grundsätzlich dienen wertorientierte Kennzahlen als Messgrößen für das Ziel der Steigerung des Unternehmenswerts. Als periodische Steuerungsgrößen sollen sie die Wertentwicklung eines Unternehmens anzeigen und indem sich Zielgrößen und Handlungsempfehlungen von ihnen ableiten lassen, dienen sie auch zur Bewertung der Managerleistung.[61]

Der Einsatz wertorientierter Steuerungsgrößen hat also das Ziel, die Unternehmensaktivitäten und damit die Leistungen der Mitarbeiter auf die Steigerung des Unternehmenswerts auszurichten. Sie müssen zur periodischen Steuerung also derart geeignet sein, dass sie als akzeptierte Messgröße am Anfang einer Periode zur Zielsetzung und am Ende der Periode zur Beurteilung der Leistung dienen. Die Mitarbeiter sollen durch die Nutzung von Steuerungsgrößen befähigt und motiviert werden, zum Unternehmensziel beizutragen.[62] Dazu müssen wertorientierte Kennzahlen einigen wesentlichen Anforderungen genügen[63], welche an späterer Stelle in Kapitel 2.3.1 auch in den Anforderungen an wertorientierte Incentivierungssyteme aufgehen:

- Eine Kennzahl muss zuallererst *zielkongruent* sein, damit die Mitarbeiter wertsteigernd handeln, d.h. sie muss das Unternehmensziel abbilden oder es klar unterstützen.[64]
- Einerseits sollte eine Kennzahl auf *langfristige Wertschaffung* ausgerichtet sein. Andererseits müssen die Auswirkungen wertorientierter Entscheidungen innerhalb einer Periode am Ende dieser, also möglichst zeitnah, durch die Kennzahl erfasst werden, womit eine zeitliche Entscheidungsverbundenheit erreicht wird und für den Mitarbeiter auch *kurzfristige Handlungsergebnisse* sichtbar werden sollten.[65]
- Der Mitarbeiter muss in der Lage sein, mit seinen Handlungen die Kennzahl zu *beeinflussen*. Darüber hinaus sollten im Sinne einer sachlichen Entscheidungsverbundenheit nur Ergebnisse von Entscheidungen, die ein Mitarbeiter zu verantworten hat, in die Kennzahl einbezogen werden sollten.[66]

---

[61] Vgl. Ewert/Wagenhofer (2000), S. 4.
[62] Vgl. Weber et al. (2004), S. 84 f.
[63] Vgl. Siefke (1999), S. 53 ff.
[64] Vgl. Reichelstein (1997), S. 157; Rogerson (1997), S. 770 ff.
[65] Vgl. Hax (1989), S. 162; Laux (1995), S. 156 f.
[66] Vgl. Atkinson et al. (1997), S. 564; Schmalenbach (1956), S. 22.

- Eine wertorientierte Kennzahl sollte möglichst *nicht manipulierbar* sein. Da sie zur Leistungsbeurteilung dient, haben Mitarbeiter einen Anreiz, sie auf manipulative Weise positiv zu beeinflussen. Außerdem sollte sie *unempfindlich gegenüber Fehlinterpretationen* sein, die aufgrund von in Kennzahlen teilweise einfließenden Schätzungen entstehen können.
- Eine Kennzahl sollte *transparent* sein: Da auf ihrer Grundlage im Unternehmen wichtige und teilweise schnelle Entscheidungen getroffen werden müssen, sollte eine Steuerungskennzahl leicht einsichtig sein und darf keine Verständnisprobleme verursachen.
- Bei der Anwendung einer wertorientierten Kennzahl stellt sich auch die Frage nach ihrer *Wirtschaftlichkeit*, d.h. ihr Nutzen wird mit ihren Kosten abgewogen, die sich aus Implementierung und laufender Anwendung ergeben. Dieser Punkt lässt sich meist nur schwer beurteilen.

Traditionelle Kennzahlen sind den hohen Anforderungen, die an wertorientierte Kennzahlen gestellt werden, oftmals nicht gewachsen. Zu ihnen gehören reine Ergebnisgrößen, wie bspw. *EBIT (Earnings before Interests and Taxes)*, sowie statische Renditekennzahlen, zu denen bspw. die Umsatzrendite *ROS (Return on Sales)* oder die Gesamtkapitalrendite *ROI (Return on Investment)* zählen. In der Literatur zur Wertorientierung umfasst die Kritik an traditionellen Kennzahlen zahlreiche Punkte. Folgende seien beispielhaft genannt:[67]

- Der buchhalterische Gewinn enthält nur die im Jahresabschluss berücksichtigten Fremdkapitalkosten, weist darüber hinaus in der Regel aber keine Eigenkapitalkosten aus. Er reicht also nicht aus, um eine Aussage über die Zufriedenstellung der Renditeansprüche der Eigentümer machen zu können.
- Neuinvestitionen führen normalerweise dazu, dass insb. die Gesamtkapital- und die Eigenkapitalrendite zunächst sinken. Dabei bleibt die Gesamtvorteilhaftigkeit der Investitionen unberücksichtigt. Neue Investitionen führen in der ersten Periode bzw. in der Anfangsphase zu einer Erhöhung des Nenners die häufig den positiven Effekt eines zusätzlichen Ergebnisbeitrags überkompensiert. So entsteht der Anreiz zu Unterinvestition und damit folglich Wachstumshemmung, da Investitionen nicht durch-

[67] Vgl. Knorren (1998), S. 11 ff.; Becker (2002), S. 347; Riedl (2000), S. 113 ff.; Bischoff (1994), S. 19 ff. u. 34 ff.; Copeland/Koller/Murrin (2000), S. 73 ff.; Rappaport (1998), S. 13 ff.; Stewart (1990), S. 21 ff.; Brunner (1999), S. 44 ff.; Günther (1997), S. 211; Baum/Coenenberg/Günther (2007), S. 281 ff.

geführt oder verschoben werden. Im Extremfall kann dieser Effekt sogar Desinvestitionsanreize hervorrufen.

- Traditionelle Kennzahlen sind in der Regel kurzfristig orientiert und beziehen sich nach dem Realisationsprinzip nur auf eine in der Vergangenheit liegende Periode. Sie fördern damit nicht nur eine kurzfristige Maßnahmenorientierung, sondern vernachlässigen auch die Zukunftsorientierung der Investoren.

Diese Probleme versuchen *Übergewinn-, Residualgewinn- oder auch Wertbeitragsgrößen* genannte Kennzahlen zu lösen. Sie vereinen Aussagen zur Rendite, zum investierten Kapital und berücksichtigen die gesamten Kapitalkosten. Der Übergewinn zeichnet sich aus als der absolute Betrag, der nach Abzug der Kapitalkosten mit dem investierten Kapital verdient wird.[68] Dabei werden als Kapitalkosten nicht nur die Kosten des Fremdkapitals, sondern auch die Opportunitätskosten des Eigenkapitals einbezogen. Ein Übergewinn von Null stellt den Punkt dar, an dem die Verzinsungsansprüche aller Kapitalgeber genau bedient werden. Um zu berücksichtigen, dass häufig bereits erreichte positive Übergewinne die Erwartungen für die Zukunft prägen, wird vorgeschlagen, zusätzlich zum Übergewinn auch dessen Veränderung gegenüber dem Vorjahr, d.h. den Delta-Übergewinn, zu betrachten. Ein Anstieg des Übergewinns wird dabei noch mehr als nur ein positiver Übergewinn als Signal für eine Wertsteigerung interpretiert. Dies kann auf zwei Wegen erreicht werden: zum einen über die effizientere Nutzung des bereits existierenden Kapitals – also über eine Renditeverbesserung – und zum anderen durch Neuinvestitionen mit positivem Kapitalwert – d.h. durch profitables Wachstum.[69]

Als populärste Übergewinnkonzepte haben sich über die Jahre die des *Economic Value Added (EVA)* und des *Cash Value Added (CVA)* erwiesen.[70] Beide wurden in den 1990er Jahren von Unternehmensberatungen entwickelt und werden seither sowohl theoretisch als auch praxisbezogen diskutiert und weiterentwickelt.[71]

---

[68] Vgl. Crasselt (2004), S. 121; Crasselt (2011), S. 663 ff.; Merchant/Van der Stede (2007), S. 450 f.
[69] Vgl. Copeland/Koller/Murrin (2000), S. 143; Bauer (2009), S. 147 ff.; Töpfer/Duchmann (2006), S. 30 f.
[70] Vgl. Müller et al. (2006), S. 28; Aders et al. (2003), S. 720; Aders/Hebertinger (2003), S. 15.
[71] Vgl. Crasselt (2001), S. 165; Crasselt (2004), S. 121; Arbeitskreis Internes Rechnungswesen (2010), S. 799.

Beide können grundsätzlich auf zwei verschiedene Weisen ermittelt werden: Bei der direkten Berechnung werden die einzelnen Größen berechnet und die Kennzahl wird entsprechend der Formel ermittelt. Bei der indirekten Berechnung werden die Größen aus dem Jahresabschluss ermittelt, wobei einige Anpassungen vorgenommen werden müssen.[72]

Der EVA geht auf die Unternehmensberatung *Stern Stewart & Co.* zurück. Dem Wertorientierungsziel der Steigerung des Eigenkapitalwerts des Unternehmens nach wurde eine periodische Kennzahl entwickelt, die sich aus der Differenz von betrieblichem Gewinn und Kapitalkosten ermittelt. Der betriebliche Gewinn entsteht durch den Einsatz von Eigen- und Fremdkapital des Unternehmens. Dieses Kapital wiederum verursacht kalkulatorische und echte Kosten, um die der Gewinn reduziert werden muss, so dass die tatsächliche Wertschaffung ermitteln werden kann.[73] Dieser Kerngedanke des EVA realisiert sich durch die Differenz aus *Net Operating Profit After Tax (NOPAT)* und den Zinsen des *investierten Kapitals (IK)*.

$$EVA_t = NOPAT_t^{EVA} - WACC_t \times IK_t^{EVA}$$

EVA: Economic Value Added

t: Periode

$NOPAT$: Net Operating Profit After Tax

$WACC$: Weighted Average Cost of Capital

IK: Investiertes Kapital

Abbildung 8: Berechnungsschema des Economic Value Added (EVA)[74]

Der NOPAT ist dabei der betriebliche Gewinn vor Kapitalkosten und nach angepassten Steuern. Es werden also nicht die tatsächlichen Steuern berücksichtigt, sondern nur die Steuern, die direkt aus dem betrieblichen Gewinn entstehen. Die Kapitalkosten werden vom NOPAT

[72] Direkte Bestimmung am Bsp. des EVA siehe Keller/Plack (2001), S. 348; indirekte Bestimmung am Bsp. des EVA siehe Hostettler (1997), S. 97 ff.; Eidel (2000), S. 229 ff.

[73] Vgl. Crasselt/Schremper (2000), S. 813 ff.; Crasselt (2007), S. 223 f.; Für eine ausführliche Darstellung des EVA-Konzepts siehe Hostettler (1997); Stewart (1999); Ehrbar (1999).

[74] In Anlehnung an Crasselt/Schremper (2000), S. 813; Ewert/Wagenhofer (2000), S.9.

abgezogen und ergeben sich aus dem mit dem gewichteten Kapitalkostensatz (WACC) bewerteten investierten Kapital (IK) zu Buchwerten.

Die Kernaussage des EVA bezüglich des wirtschaftlichen Unternehmenserfolgs einer Periode lässt sich wie folgt festhalten: „Der EVA stellt … ein Ergebnis der betrieblichen Tätigkeit nach Steuern dar, von dem sämtliche Zinsen für das während der Periode investierte Vermögen abgezogen wurden.“[75]

Der CVA wurde von der Unternehmensberatung *The Boston Consulting Group* entwickelt und wird im Praxisfall in Kapitel 4 angewandt. Er stellt die periodische Wertveränderung des Unternehmens auf einer Cashflow-Basis dar.[76] Dazu wird eine weitere wertorientierte Kennzahl verwendet – der *Cash Flow Return on Investment (CFROI)*. Bei der Berechnung des CVA wird dieser Rentabilitätskennzahl für die vergangene Periode der gewichtete Kapitalkostensatz gegenübergestellt und deren Differenz mit der Kapitalbasis multipliziert.

$$CVA_t = (CFROI_t - WACC_t) \times IK_t^{CFROI}$$

CVA: Cash Value Added
t: Periode
$CFROI$: Cash Flow Return on Investment
$WACC$: Weighted Average Cost of Capital
IK: Investiertes Kapital

Abbildung 9: Berechnungsschema des Cash Value Added (CVA)[77]

Der CFROI kann durch die *Interne Zinsfußmethode* ermittelt werden, welche allerdings Schwierigkeiten birgt und enge Prämissen setzt.[78] Deshalb wird die alternative Vorgehensweise, die eine *Ökonomische Abschreibung (ÖA)* einbezieht, vorgezogen.

---

[75] Weber et al. (2004), S. 90.
[76] Vgl. Lewis (1995), S. 125.
[77] In Anlehnung an Knorren (1998), S. 79.

$$CFROI_t = \frac{BCF_t - ÖA_t}{IK_t^{CFROI}}$$

mit:

$$ÖA_t = \frac{WACC}{(1 + WACC)^n - 1} \times aA_{t-1}$$

$CFROI$: Cash Flow Return on Investment

t: Periode

BCF: Brutto Cashflow

$ÖA$: Ökonomische Abschreibung

IK: Investiertes Kapital

$WACC$: Weighted Average Cost of Capital

n: Nutzungsdauer der Investition

aA: Abschreibbares Anlagevermögen

Abbildung 10: Berechnungsschema des Cash Flow Return on Investment (CFROI) auf Basis der Ökonomischen Abschreibung (ÖA)[79]

Dabei ergibt sich der CFROI aus dem Verhältnis des nachhaltigen Cashflows, der sich aus der Differenz von *Brutto Cashflow (BCF)* und ÖA ergibt, und der Kapitalbasis (IK). Die ÖA drückt den zum WACC verzinslichen Betrag aus, welchen das Unternehmen jedes Jahr zurücklegen muss, um das abschreibbare Anlagevermögen über die gesamte Nutzungsdauer zurückzuverdienen.

Setzt man diese Formel für den CFROI in das ursprüngliche Berechnungsschema für den CVA ein, erhält man einen neuen Rechenweg für dessen Ermittlung. Der CVA ergibt sich

[78] Vgl. dazu für weitere Details Eidel (2000), S. 334 ff.; Däumler (2000), S. 83.

[79] In Anlehnung an Plaschke (2003), S. 145 f., 161 ff.

dann aus dem Saldo von BCF minus ÖA abzüglich der Kosten für das Kapital, welches während dieser Periode eingesetzt wurde.[80]

$$CVA_t = BCF_t - ÖA_t - WACC_t \times IK_{t-1}^{CFROI}$$

CVA: Cash Value Added
t: Periode
BCF: Brutto Cashflow
$ÖA$: Ökonomische Abschreibung
$WACC$: Weighted Average Cost of Capital
IK: Investiertes Kapital
$CFROI$: Cash Flow Return on Investment

Abbildung 11: Berechnungsschema des Cash Value Added (CVA) auf Basis der Ökonomischen Abschreibung (ÖA)[81]

Die Kernaussage des CVA bezüglich des wirtschaftlichen Unternehmenserfolgs einer Periode lässt sich entsprechend folgendermaßen festhalten: „Der CVA stellt die zahlungsstromorientierte Differenz aus dem typischen Cashflow aus der betrieblichen Tätigkeit und den Zinsen für das eingesetzte, zu historischen Kosten bewertete betriebsnotwendige Kapital dar, die zusätzlich um eine Abschreibung korrigiert wird, die der Erhaltung des eingesetzten Kapitals dient."[82]

Die Kennzahlenkonzepte des EVA und des CVA können nun mit Bezug zu den am Anfang des Kapitels genannten Anforderungen an Kennzahlen beurteilt und verglichen werden:

---

[80] Vgl. Plaschke (2003), S. 145 f., 161 ff.
[81] In Anlehnung an Plaschke (2003), S. 161.
[82] Weber et al. (2004), S. 95.

- Die Konzepte zeichnen sich insbesondere durch den Einbezug aller Kapitalgeber aus: Neben den Interessen der Fremdkapitalgeber wird auch die Renditeforderung der Eigenkapitalgeber berücksichtigt.[83]
- Aufgrund der Bezeichnung der beiden Spitzenkennzahlen als *value added*-Konzepte, wird die Messung von Wert*schaffung* suggeriert. Ein positiver Wert wird oft verstanden als Höhe der Unternehmenswertsteigerung.[84] EVA und CVA sind allerdings einperiodische Größen und beziehen die zukünftige Unternehmensentwicklung nicht mit ein. Daher ist ihr Bezug zur Wertsteigerung nur indirekt gegeben[85] und sie stellen damit nicht die Wertveränderung während einer Periode dar.[86] Ebenso ist die Steigerung der Kennzahl von einer Periode zur nächsten nicht zwingend mit einer Wertsteigerung verbunden.
- Bei der Wirkung von Abschreibungen auf die Kapitalbasis unterscheiden sich die beiden Konzepte. Zur Bestimmung der Kapitalbasis basiert der EVA auf angepassten Buchwerten. Dabei werden die historischen Anschaffungs- und Herstellkosten um Abschreibungen verringert. Somit reduziert sich bei konstanter Vermögensbasis der Kapitaleinsatz im Zeitverlauf und der EVA steigt an, wenn sich der NOPAT, und damit die Unternehmensleistung, nicht verändert.[87] Darunter leidet die Vergleichbarkeit von EVA-Werten unterschiedlicher Perioden genauso wie die Vergleichbarkeit von Geschäftsbereichen mit unterschiedlicher Vermögens-Altersstruktur.[88] Diese Probleme bestehen beim CVA nicht. Bei gleichbleibenden Rahmenbedingungen zeigt er wegen der zu historischen Kosten bewerteten Kapitalbasis und gleichbleibender Ökonomischer Abschreibung keine Veränderung durch einen Abschreibungseffekt.[89]
- Aufgrund ihrer Einperiodizität erfassen EVA und CVA nur den letzten vergangenen Entscheidungszeitraum. Dies kann – analog zum oben genannten gleichen Kritikpunkt an traditionellen Kennzahlen – dazu führen, dass langfristige Investitionen nicht vorgenommen werden und damit der kurzfristige Erfolg gesteigert wird.[90]

---

[83] Vgl. Weber et al. (2004), S. 15 f.
[84] Vgl. Reiners (2001), S. 26; Wolf (2003), S. 29 f.
[85] Vgl. Dirrigl (1998), S. 565.
[86] Vgl. Hachmeister (2003), S. 102 f.; Weber et al. (2004), S. 94.
[87] Vgl. Crasselt (2004), S. 121 ff.; Henselmann (2001), S. 175; Vgl. Hachmeister (2003), S. 101.
[88] Vgl. Weber et al. (2004), S. 90.
[89] Vgl. Crasselt/Schremper (2001), S. 273; Hachmeister (2003), S. 100 f.
[90] Vgl. Pfaff/Bärtl (1999), S. 98 ff.

- Soll ein Unternehmensbereich mit einer bestimmten Kennzahl gesteuert werden, sollten die Bereichsmanager in der Lage sein, diese Kennzahl zu beeinflussen. Da EVA und CVA Kapitalkosten berücksichtigen, trifft dies insbesondere auf die Kapitalverwendung zu. Konkrete Ansatzpunkte zur Beeinflussung auf operativer Ebene lassen sich ohne eine weitere Aufschlüsselung des Ergebnisses und der Kapitalgröße indes nicht erkennen.
- Gegen Fehleinschätzungen oder auch bewusste *böswillige* Beeinflussung, d.h. Manipulation, sind auch EVA und CVA nicht gefeit. Bei beiden Konzepten spielt die Nutzungsdauer des eingesetzten Kapitals bei der Ermittlung der Abschreibungen eine wichtige Rolle: je länger die angesetzte Nutzungsdauer, umso niedriger die Abschreibungswerte und damit ein umso höherer EVA oder CVA.[91] Außerdem besteht bei weiteren Annahmen, bspw. bei der Festlegung des Kapitalkostensatzes, oder bei der teilweise notwendigen Verwendung von Daten des externen Rechnungswesens die Möglichkeit, gezielt Spielräume bei der Ermittlung der Kennzahlen auszunutzen.[92]
- Beide Konzepte sind in ihrer Anwendung anspruchsvoll, erfordern Expertenwissen und stellen hohe Anforderungen auch an die Nutzer und Adressaten der Kennzahlen.[93]
- Die Wirtschaftlichkeit der Kennzahlen ist auch in diesen Fällen schwer zu beurteilen. Bei der Einführung eines Kennzahlenkonzeptes muss in der Regel mit Beraterkosten gerechnet werden. Die Ausgangsdaten für beide Konzepte sollten im Rechnungswesen zur Verfügung stehen. Allerdings muss aufgrund der durchzuführenden Anpassungen und erforderlichen Interpretationen der Ergebnisse mit Mehraufwand in der laufenden Anwendung gerechnet werden. Nicht zu unterschätzen sind außerdem notwendige Schulungsmaßnahmen.[94]

Die beschriebenen Grundkonzepte des EVA und des CVA können sich in der Umsetzung aus einer Vielzahl von Varianten, Annahmen und unternehmensspezifischen Anpassungen jeweils zu sehr individuellen Ansätzen gestalten. Dies widerspricht nicht ihrer Intention, da sie im Sinne des internen Rechnungswesens in erster Linie zweckorientiert ausgestaltet sein müssen.

---

[91] Vgl. Zimmerman (1997), S. 107.
[92] Vgl. Eidel (2000), S. 317 f.; Baetge (1998), S. 22 ff.; Hahn/Hintze (1999), S. 338.
[93] Vgl. Weber et al. (2004), S. 15.
[94] Vgl. Fischer (2000), S. 25 f.; Weber et al. (2004), S. 102 f.

Schwierig werden dadurch allerdings die Interpretation und der Vergleich von ausgewiesenen Kennzahlenwerten unterschiedlicher Unternehmen.[95]

Wertorientierte Kennzahlenkonzepte an sich sind der zentrale Ausgangspunkt für eine wertorientierte Unternehmenssteuerung. Allein reichen sie allerdings nicht aus, um den Fokus auf die Wertsteigerung des Unternehmens zu richten. Es geht darüber hinaus vielmehr um die eigentliche Herausforderung, die mit einer wertorientierten Steuerung verbunden ist, nämlich um die erfolgreiche Umsetzung im gesamten Unternehmen und die wertsteigernde Beeinflussung des Unternehmenswerts bei allen Entscheidungen im Unternehmen.[96] Im Folgenden werden dazu Ansatzpunkte eines Steuerungssystems und mit dem Portfolio- sowie dem Werttreibermanagement zwei wertorientierte Instrumente vorgestellt.

2.1.4 Operationalisierung eines wertorientierten Steuerungssystems im Unternehmen

Es kann davon ausgegangen werden, dass das Konzept der Wertorientierung nur dann tatsächliche Steuerungswirkung entfacht, wenn es über die reinen theoretischen Überlegungen hinaus konsequent im Unternehmen umgesetzt und verankert wird. Die Berechnung von Kennzahlen wird bspw. nach Weber et al. als Grundvoraussetzung angesehen, entscheidend seien allerdings wertorientiertes Denken und Handeln aller Manager und Mitarbeiter. Die bloße Implementierung im Unternehmen reiche aufgrund der mit dem Konzept verbundenen Intention und seiner Komplexität aber nicht aus. Wertorientierung sollte also als *Chefsache* etabliert und mit entsprechendem Aufwand kontinuierlich am Leben gehalten werden.[97]

Zur erfolgreichen Umsetzung der wertorientierten Steuerung wurde in vorigen Abschnitten schon von einem notwendigen Steuerungs*system* gesprochen. Wie in Abbildung 12 dargestellt ist dieses gekennzeichnet durch interdependente Steuerungsgrößen mit dem Ziel, Handlungen und Entscheidungen unterschiedlicher Akteure mit dem wertorientierten Unternehmensziel in Einklang zu bringen. Dazu müssen die Steuerungsgrößen mit den Führungsfunktionen des

[95] Vgl. Weber et al. (2004), S. 56; Weaver (2001), S. 50 f.
[96] Vgl. Hebertinger/Schabel/Velthius (2005), S. 159; Happel (2001), S. 35.
[97] Vgl. Weber et al. (2002); S. 7 f.; Weber et al. (2004), S. 35 f.

Unternehmens verknüpft werden.[98] Nach *Weber et al.* muss das Steuerungssystem eines Unternehmens im Wesentlichen[99] in drei zentralen Führungsfunktionen implementiert werden:[100]

- Um Unternehmenswert generieren zu können, müssen alle Akteure wertsteigernde Ziele verfolgen. Die Zielsetzung und Planung eines Unternehmens sollte also von wertorientierten Steuerungsgrößen bestimmt werden.
- Manager und Mitarbeiter müssen durch Anreize zu wertsteigerndem Handeln und Entscheiden motiviert werden. Die Anreizgestaltung eines Unternehmens sollte dementsprechend auf wertorientierten Steuerungsgrößen basieren.
- Innerhalb einer Periode müssen die Entscheidungsträger mit benötigten Informationen über die Zielerreichung versorgt werden, um diese kontrollieren und ggf. steuernd eingreifen zu können. Das Berichtswesen sollte also von wertorientierten Steuerungsgrößen geleitet werden.

Darüber hinaus sei aber nochmals betont, dass Wertorientierung als eine Denkhaltung und Handlungsorientierung für alle Unternehmensbereiche und -funktionen gesehen wird. Inwieweit diese dann in ihrem Tagesgeschäft mit direkt der wertorientierten Steuerung zuzuordnenden Instrumenten arbeiten, ist sicher stark unterschiedlich – ein kaufmännischer Funktionsbereich tagtäglich, dagegen bspw. ein technischer Entwicklungsbereich seltener. Bewusste nicht nur übergeordnete, sondern handlungsleitende Maxime muss aber immer die Generierung von Unternehmenswert sein.

Um die für das Steuerungssystem notwendigen Informationen und Basisdaten generieren zu können und Wertorientierung über die Kennzahlenkonzepte hinaus im Unternehmen applizier- und vermittelbar zu machen, bedarf es übergreifender wertorientierter Instrumente. Dazu werden im Folgenden das auf übergeordneter strategischer Ebene anzuwendende Portfolio-Management in Kürze – dafür ein wenig ausführlicher im Unternehmensbeispiel in Kapitel 4 – beschrieben sowie das für ein durchgängiges wertorientiertes Steuerungssystem erfolgsentscheidende Werttreibermanagement dargestellt.

---

[98] Zu Führungsfunktionen siehe Kapitel 1.1.

[99] D.h. bei Betrachtung der wertorientierten Steuerung aus der internen Perspektive; Vgl. Arbeitskreis Internes Rechnungswesen (2010), S. 800; Zur externen Perspektive und damit unter Einbezug des Value Reporting/Investor Relations vgl. bspw. Weber et al. (2004), S. 248 ff.; Baetge/Heumann (2006), S. 345 ff.

[100] Vgl. Weber et al. (2004), S. 23 f.; Velthius/Wesner (2005), S. 12 ff.

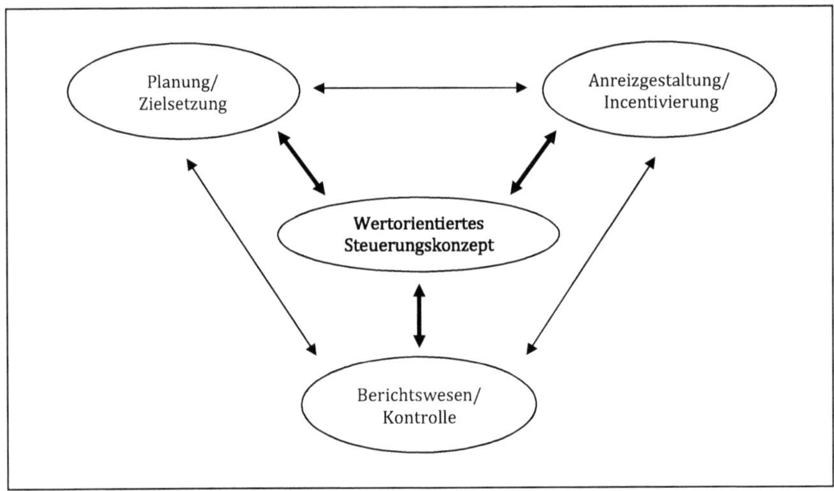

Abbildung 12: Wesentliche Führungsfunktionen eines wertorientierten Steuerungssystems[101]

Unternehmen bestehen heutzutage oft aus verschiedenen Geschäftsbereichen und -einheiten. Um sie im Vergleich analysieren und einschätzen zu können, kann man sich des *Portfolio-Managements* bedienen. Es versucht, in Modellform anhand einer mehrdimensionalen Betrachtung von quantitativen und qualitativen Beurteilungskriterien eine Aussage über die strategischen Entwicklungsoptionen des Unternehmens und seines Geschäfts-Portfolios zu treffen. Dazu müssen über die finanzielle Einschätzung mittels wertorientierter Kennzahlen hinaus auch strategische Faktoren in das Modell einfließen.[102] Ergebnis ist ein ganzheitliches Bild der Unternehmenssituation und erforderlichen Richtungsentscheidungen: Bereiche, die finanziell und strategisch *im grünen Bereich* sind, sollten weiter ausgebaut werden. Einheiten, die sowohl finanziell als auch strategisch eine schwache Position haben, müssen – sollte sich ihre Situation nicht durch einen signifikanten *Turnaround* verbessern – abgebaut werden. Darüber hinaus sind weitere Kombinationen finanzieller und strategischer Positionen im Modell möglich, die über weitere Analysen letztendlich zu den Empfehlungen führen, Bereiche in den grünen Bereich zu überführen, zu desinvestieren oder zu verkaufen.[103]

---

[101] In Anlehnung an Weber et al. (2004), S. 23; Arbeitskreis Internes Rechnungswesen (2010), S. 800.
[102] Vgl. Baum/Coenenberg/Günther (1999), S. 179 ff; Günther (1991), S. 182 ff; Knorren (1998), S. 90 ff.
[103] Vgl. Plaschke (2003), S. 317 ff.

Von dieser strategischen Sichtweise und auch von den Kennzahlenkonzepten an sich gehen allerdings noch keine konkreten Richtlinien und Anweisungen für wertorientiertes Handeln aus. Der einzelne Mitarbeiter kann seinen Beitrag zur Unternehmenswertsteigerung in der aggregierten Operationalisierung der Wertorientierung noch nicht einordnen. Diese Notwendigkeit soll das *Werttreibermanagement* erfüllen.[104] Dabei werden in Werttreiberhierarchien die finanziellen Spitzenkennzahlen über nachgeordnete monetäre oder nicht-monetäre Größen konkretisiert.[105] Diese werden als Werttreiber bezeichnet, eine Veränderung dieser Größen treibt die Wertentwicklung des Unternehmens.[106]

Nach dieser Definition wird klar, dass es unzählige Einflussfaktoren gibt, die in irgendeiner Weise auf den Unternehmenswert wirken – bspw. entweder von innen oder von außen, über wirtschaftliche oder politische Zusammenhänge. Um systematische Wertreiberhierarchien aufstellen zu können, muss also zuerst eine Kategorisierung der Werttreiber erfolgen. Dies kann auf Basis zweier Unterscheidungsmerkmale erfolgen: Einerseits über die Beeinflussbarkeit des Werttreibers, d.h. inwiefern das Unternehmen überhaupt in der Lage ist, steuernd auf ihn zu wirken. Zum anderen über die Unsicherheit, welcher wertfokussierte Handlungen des Unternehmens unterliegen können. Diese Unsicherheit entsteht aus Wissensdefiziten, die ein Unternehmen in bestimmten Bereichen zwangsläufig hat, in denen es das Ergebnis seiner Handlungen und damit deren Wertsteigerungswirkung nicht exakt vorhersehen kann.[107]

Mit diesen Unterscheidungskriterien lassen sich nun drei Kategorien von Wertreibern aufstellen:[108]

- *Strategische Werttreiber* sind zwar gut durch das Unternehmen beeinflussbar, allerdings beziehen sie sich eher auf neue oder veränderte Geschäftsfelder und sind deshalb mit großen Wissensdefiziten des Unternehmens – also Unsicherheit – verbunden.
- *Operative Werttreiber* sind gekennzeichnet dadurch, dass sie vom Unternehmen stark und direkt beeinflussbar sind und gleichzeitig die Unsicherheit der mit ihnen verbun-

[104] Vgl. Rappaport (1999), S. 67 ff.; Lewis (1995), S. 62 ff.; Copeland/Koller/Murrin (2002), S. 132 ff.; Kajüter (2005), S. 344.
[105] Vgl. Weber et al. (2002), S. 19 f., 73 f.; Vgl. Weber/Schäffer (2008), S. 189 f.
[106] Vgl. Brunner (1999), S. 67; Kajüter (2005), S. 343.
[107] Vgl. Goeldel (1997), S. 76 ff.
[108] Vgl. Welge/Al-Laham (2001), S. 185 ff.

denen Steuerungshandlungen gering ist. Dies ist meist in einem bestehenden Geschäftsfeld der Fall.

- *Externe Werttreiber* sind vom Unternehmen nur in geringem Ausmaß oder nur indirekt beeinflussbar. Sie haben dennoch eine wichtige Funktion für das Unternehmen, weil sich über sie veränderte Rahmenbedingungen erkennen lassen und aus den resultierenden Chancen und Risiken wiederum notwendige Handlungen ausgehen.

Da zwischen den Werttreiberkategorien Zusammenhänge und Abhängigkeiten bestehen, sollte darüber hinaus auch immer eine integrierte Betrachtung erfolgen und somit eine Berücksichtigung des daraus resultierenden Koordinationsbedarfs.[109]

Aus den Werttreiberkategorien lassen sich nun entsprechende *Werttreiberhierarchien* entwickeln, die dem einzelnen Manager und Mitarbeiter konkrete Handlungsfelder und -anleitungen geben, um zur Steigerung des Unternehmenswerts beizutragen. Da es keine allgemein gültigen Wertreiberhierarchien gibt, müssen diese immer unternehmens- und branchenspezifisch ausgestaltet sein.[110] Dazu werden Wertreiber entsprechend ihrer gegenseitigen Beziehung in eine Ordnung gebracht: Ihre formallogische oder sachlogische Wirkungsweise zueinander bestimmt dabei die hierarchische Beziehung. Es werden also Ursache-Wirkungs-Zusammenhänge abgebildet, die das Wertsteigerungsziel, ausgedrückt in einer Spitzenkennzahl, *herunterbrechen* auf einzelne treibende Faktoren. Formallogisch geschieht dies über die mathematische Aufspaltung in immer weitere Formelbestandteile. Wo dies nicht möglich ist, werden sachlogische Aufspaltungen vorgenommen, indem vermutete oder bestmöglich begründete Wertreiber-Beziehungen vorausgesetzt werden. An diesen Stellen können aber Veränderungen im Zeitablauf nicht ausgeschlossen werden, weshalb eine Werttreiberhierarchie mit ständiger Überprüfung verbunden ist.[111]

Ein Beispiel für eine strategische Werttreiberhierarchie ist die *Balanced Scorecard*. Sie verbindet Werttreiber überwiegend durch sachlogische Zusammenhänge und bildet diese aus der finanziellen Perspektive, Kundenperspektive, Lern- und Entwicklungsperspektive sowie der Perspektive der internen Geschäftsprozesse ab. So entsteht eine *ausgewogene Ziele- und Maßnahmenübersicht*, die quantitative und qualitative Kennzahlen miteinander verbindet und

---

[109] Vgl. Ewert/Wagenhofer (2003), S. 454 ff.; Weber (2004), S. 115.
[110] Vgl. Karrer (2006), S. 166; Koller/Goedhart/Wessels (2010), S. 417 f.
[111] Vgl. Weber et al. (2004), S. 105 ff.

über Faktoren, die gegenwärtig den Unternehmenswert steigern, hinaus auch zukünftige strategische Einflussmöglichkeiten berücksichtigt. Die Balanced Scorecard wird auch als Bindeglied zwischen Unternehmensstrategie und ihrer operativen Umsetzung gesehen.[112]

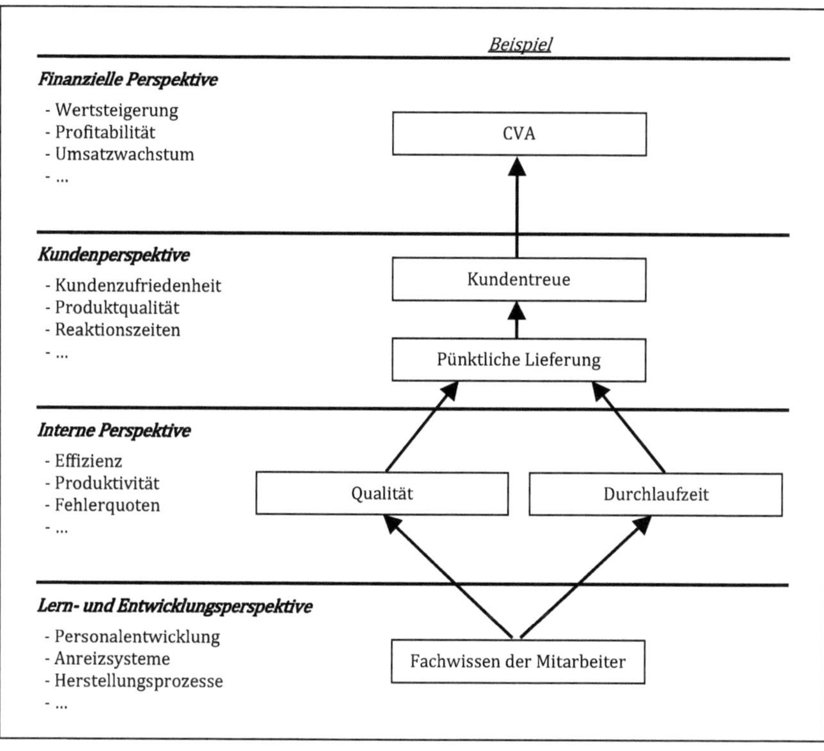

Abbildung 13: Die Balanced Scorecard als Beispiel einer strategischen Werttreiberhierarchie[113]

In nachfolgender Abbildung ist eine operative Werttreiberhierarchie am Beispiel des EVA dargestellt. Da operative Werttreiberhierarchien eine Schlüsselfunktion bei der Etablierung

[112] Vgl. Weber/Schäffer (2000), S. 22ff. u. 52 ff.; Vgl. Weber/Schäffer (2008), S. 190 ff.; Ewert/Wagenhofer (2008), S. 559 ff.; Küpper (2008), S. 385; zum Konzept der Balanced Scorecard vgl. Kaplan/Norton (1996), (1997) u. (2007).

[113] In Anlehnung an Kaplan/Norton (1997), S. 29

der wertorientierten Steuerung im gesamten Unternehmen einnehmen, werden deren wesentliche Vorteile bzw. Potentiale kurz erläutert:[114]

- Sie dienen zur in vorherigen Abschnitten bereits angesprochenen notwendigen *Operationalisierung* des Ziels der Unternehmenswertsteigerung, indem von der periodischen Spitzenkennzahl abgeleitete Handlungsorientierungen ausgehen. Damit können Mitarbeiter ihren Beitrag zum Gesamtunternehmensziel einordnen. Auch im Rahmen von Zielvereinbarungen können operative Werttreiberhierarchien deshalb genutzt werden.
- Darüber hinaus dienen sie zur *Fokussierung* auf die wesentlichen Einflussfaktoren auf den Unternehmenswert und damit zur Bündelung und zum zielgerichteten Einsatz der Ressourcen. Dabei ist es wichtig, die Auswahl der Faktoren regelmäßig zu überprüfen.
- Mit Hilfe einer operativen Werttreiberhierarchie kann nicht nur die wertorientierte Steuerung, sondern auch das gesamte Geschäftsmodell in seinen einzelnen Facetten im Unternehmen *kommuniziert* werden. So kann diese zur Verbesserung der unternehmensinternen Koordination und als Basis für einheitliche Diskussionen über die Unternehmensentwicklung dienen.[115]
- Operative Werttreiberhierarchien dienen außerdem zur Planung und Kontrolle, indem sie durch die Systematisierung der Einflussfaktoren auf den Unternehmenswert den Ablauf der Planung unterstützen sowie Transparenz bei deren Plausibilisierung erzeugen. Außerdem lassen sich Abweichungen systematisch ihren Ursachen zuordnen.

Daneben gibt es aber auch Einschränkungen, die bei der Anwendung von operativen Werttreiberhierarchien beachtet werden müssen:[116]

- Insbesondere durch sachlogische Verknüpfungen und den damit eher *vermuteten* Wirkungsbeziehungen zwischen den Werttreibern können *Scheingenauigkeiten* entstehen, die Unsicherheiten in der Planung verdecken. Eine ständige Überprüfung und Weiterentwicklung der operativen Werttreiberhierarchien ist daher notwendig.
- Bei der Aufspaltung der Spitzenkennzahl mit der Anforderung der Operationalisierung des Wertsteigerungsziels bis auf Mitarbeiterebene ergibt sich die Frage nach der *Tiefe* der operativen Werttreiberhierarchien. Sie sollten auf jeden Fall soweit gehen, dass die unterste Werttreiberebene genügend Handlungsorientierung und Anleitung für die täg-

---

[114] Für eine umfangreichere Erläuterung siehe Weber et al. (2004), S. 109 ff.
[115] Vgl. Müller (2000), S. 353.
[116] Vgl. Knorren (1998), S. 120 f.; Weber/Schäffer (1999), S. 285.

liche Arbeit bietet. Dies ist mit Aufwand in der Erstellung und vor allem Pflege verbunden und bietet außerdem größeres Fehlerpotenzial je tiefer die Hierarchie reicht.

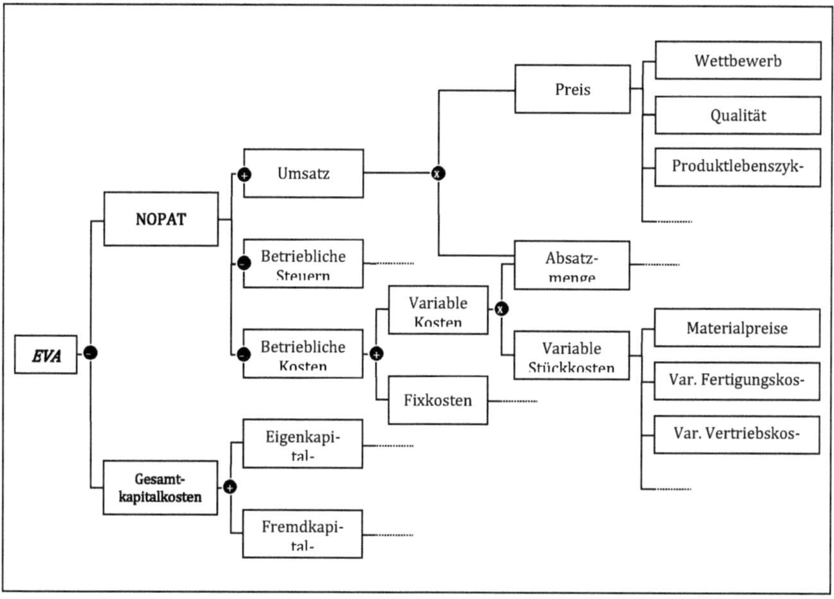

Abbildung 14: Beispiel einer formallogischen und sachlogischen Aufgliederung des EVA in einer operativen Werttreiberhierarchie[117]

Für externe Werttreiber existiert aufgrund der vielfältigen sachlogischen Wirkungsbeziehungen keine gängige Darstellungsform. Als Anhaltspunkt dient hier eine Übersicht der wesentlichen Einflussfaktoren in *Abbildung 15*.

Für das obige Kapitel zur wertorientierten Unternehmensteuerung lassen sich folgende Kernaussagen zusammenfassen, die gleichzeitig den Charakter eines wertorientierten Steuerungssystems ausmachen:[118]

---

[117] In Anlehnung an Weber et al. (2002), S. 37.
[118] Vgl. Riedl (2000), 87 ff.; Plaschke (2003), S. 19.

- Als wertorientiertes Unternehmensziel ist die Steigerung des Unternehmenswerts definiert.
- Es existiert ein wertorientiertes Managementsystem, in dem alle Aktivitäten auf das wertorientierte Unternehmensziel ausgerichtet sind.
- Durchgängige wertorientierte Methoden und Instrumente kommen im Managementsystem zum Einsatz.

Die Darstellung eines umfassenden, aber dennoch entsprechend dem Zweck dieser Arbeit nicht zu detaillierten, Gesamtverständnisses der wertorientierten Unternehmenssteuerung sei an dieser Stelle abgeschlossen.

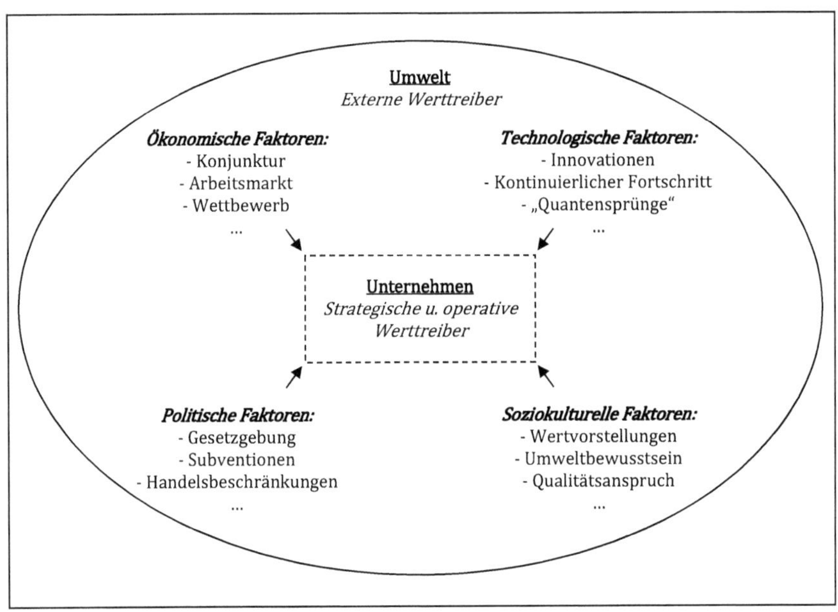

Abbildung 15: Übersicht externer Werttreiber-Faktoren[119]

[119] Eigene Darstellung; vgl. zum Inhalt Welge/Al-Laham (2001), S. 185 ff.

2.2 Anreizsysteme

Im vorhergehenden Kapitel wurde eine separate Einführung zur wertorientierten Steuerung gegeben und dargestellt, welche umfassenden Herausforderungen damit für ein Unternehmen einhergehen. Dabei wurde auch die Notwendigkeit herausgestellt, im Rahmen eines Steuerungssystems die Anreizsetzung wertorientiert zu gestalten. Da ein Anreizsystem aber nicht zwingenderweise eine wertorientierte Unternehmenssteuerung voraussetzt, folgt in diesem Kapitel nun eine ebenso separate Fundierung dieses Themenbereichs und ihrer spezifischen Ausgangspunkte als Voraussetzung für eine im darauffolgenden Kapitel vorgenommene Integration zur wertorientierten Incentivierung.

Dies geschieht wie folgt: Zuerst wird in *Begrifflichkeiten und Anreizarten* eingeführt, um den in dieser Arbeit relevanten Fokus bei der Betrachtung von Anreizsystemen einzuordnen. *Ausgewählte Theorien* begründen danach die Notwendigkeit der Einrichtung von Anreizsystemen. Anschließend lassen sich Ziele bzw. *Funktionen* definieren, welchen ein Anreizsystem im Unternehmen dient. Zuletzt folgt die Darstellung der *Incentivierung als variable Komponente eines Anreizsystems*, für die sich typische Gestaltungsmöglichkeiten herausgebildet haben.

2.2.1 Begrifflichkeiten und Anreizarten

Das Wirtschaften in Unternehmen erfolgt in höchstem Maße arbeitsteilig. Komplexe Entscheidungsprozesse werden aufgrund von Spezialisierungsvorteilen und natürlicherweise begrenzter individueller Informationsverarbeitungskapazitäten in Arbeitspakete aufgeteilt und zusammen mit den zur Lösung notwendigen Entscheidungsbefugnissen – angefangen vom Eigentümer – an nachgelagerte Stellen delegiert. Das hat zur Folge, dass die Zielsetzungen der Eigentümer und Manager sowie involvierten Mitarbeiter meist nicht vollkommen übereinstimmen, da diese im persönlichen Eigeninteresse bzw. Interesse ihres persönlichen Bereiches arbeiten. Darüber hinaus hat jeder Manager einen gewissen Informationsvorsprung, was die Geschäftstätigkeiten seines Verantwortungsbereiches angeht, den er zur Verfolgung seiner eigenen Ziele nutzen kann.[120] Hier kommen Anreizsysteme ins Spiel, die dafür sorgen sollen, dass die Zielsetzungen der Manager mit den Interessen der Eigentümer und der Unternehmensleitung im Einklang stehen.[121]

Anreize sind zentrale Grundlage des menschlichen Verhaltens und dienen im Unternehmenskontext als Stimuli, um die Bereitschaft von Mitarbeitern zu wecken, Leistungen im Sinne des Unternehmens zu erbringen.[122] Sie werden als Situationsbedingungen beschrieben, welche zielorientiert angeboten werden. Allein führen sie allerdings noch nicht zur Motivation eines Mitarbeiters. Erst im Zusammenspiel mit von ihnen aktivierten *Motiven* reizen sie diesen zu einem bestimmten Verhalten an. Motive sind Bedürfnisse aufgrund empfundener Mangelzustände, die zu einer latenten Verhaltensbereitschaft führen, diese zu befriedigen.[123]

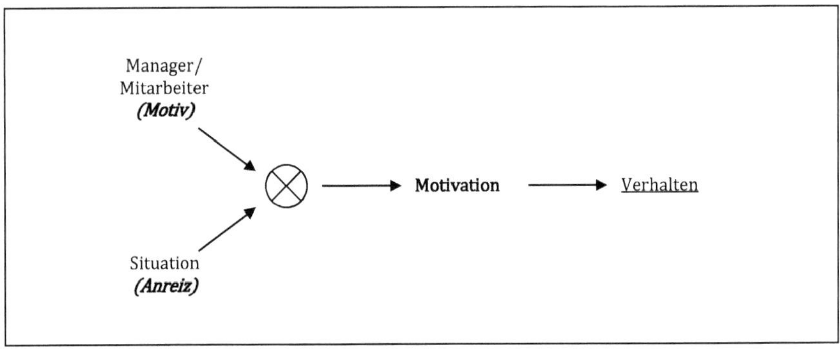

Abbildung 16: Entstehung von motiviertem Verhalten[124]

Es lassen sich im Allgemeinen *intrinsische und extrinsische Motive* unterscheiden:[125]

---

120 Vgl. Weber et al. (2004), S. 193 f.

121 Vgl. Merchant/Van der Stede (2007), S. 393; Weinert (1989), S. 123; Hungenberg (2008), S. 369.

122 Vgl. Hungenberg/Wulf (2011), S. 425.

123 Vgl. von Rosenstiel (1999), S. 49 ff., Berthel (1997), S. 19.

124 In Anlehnung an Rheinberg (1997), S. 68.

125 Vgl. Frey (1997), S. 21; Schanz (1991), S. 15; Hofmann (2002), S. 71; Wobei eine Klassifizierung auch auf andere Weisen stattfinden kann. Vgl. dazu Herzberg/Mausner/Snyderman (1967), S. 81; von Rosenstiel (1975), S. 231.

- Erstere entstehen aus einem inneren selbständigen Antrieb heraus. Sie führen unmittelbar dazu, dass der Mitarbeiter seine Leistung erbringt, ohne dass er dafür eine Belohnung bekommt.
- Extrinsische Motive basieren auf äußerem Antrieb, sind mit den Folgen einer Tätigkeit verknüpft und führen deshalb nur mittelbar dazu, dass ein Mitarbeiter zu einer Handlung motiviert wird.

In unterschiedlichen Definitionen verwischt oft die Grenze zwischen Motiven und Anreizen, manchmal werden sie auch als Synonyme verwendet. Es scheint sinnvoll, festzuhalten, dass intrinsische Motive *mit einer Art natürlichem Drang* zu Motivation führen und bei extrinsischen Motiven von Anreizen zu motiviertem Handeln aktiviert werden muss.

Einzelne Menschen und Mitarbeiter haben sehr unterschiedliche Motive und reagieren dementsprechend verschieden auf Anreize.[126] Es lässt sich also nur im individuellen Fall und situationsspezifisch sagen, welche Motive einen Menschen handlungsleitend beeinflussen.

Anreize wiederum werden üblicherweise in *materielle und immaterielle Anreize* klassifiziert:[127]

- Materielle Anreize sind finanzieller Art – in Form von Entgelt – oder monetär bewertbar, d.h. in Form von Zusatzleistungen wie eines Firmenwagens oder einer betrieblichen Altersvorsorge.
- Immaterielle Anreize dagegen sind monetär nicht bewertbar, d.h. der Mitarbeiter kann sie nicht direkt in Form von Geld messen und so nicht als Bestandteil seines Gesamteinkommens auffassen. Dazu gehören bspw. die Sinnhaftigkeit des Arbeitsinhalts selbst, die Unternehmenskultur oder das Image des Unternehmens, also der unternehmenspolitische Rahmen. Außerdem gehören der soziale Status und Anerkennung zu den Anreizen, die dem Mitarbeiter ein Gefühl der Wertschätzung vermitteln. Auch das Karrieresystem eines Unternehmens ist ein nicht-finanzieller Anreizfaktor, d.h. die klar strukturierten Möglichkeiten über gute Leistungen und definierte Personalentwicklungsmaßnahmen höherwertige Positionen in Aussicht gestellt zu bekommen.

---

[126] Vgl. Kreps (1997), S. 362.
[127] Vgl. Mergel/Reimann (2000), S. 16; Winter (1996), S. 15; Becker (1993), S: 327 f.

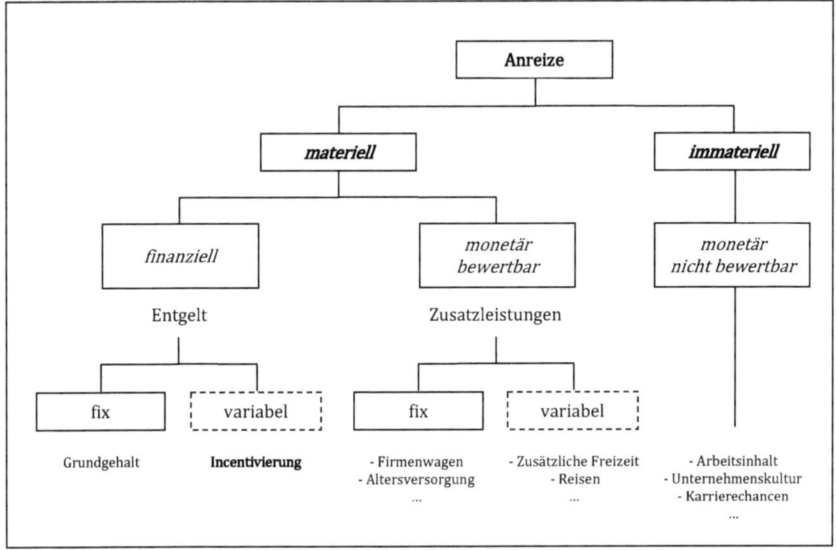

Abbildung 17: Klassifizierung von Anreizarten[128]

Das *Anreizsystem* eines Unternehmens umfasst die Gesamtheit der vom Unternehmen ausgehenden Anreize, welche für die Mitarbeiter einen subjektiven Wert haben. In der Betriebswirtschaftslehre liegt der Fokus überwiegend auf materiellen Anreizen mit der Intention, über extrinsische Motive der Mitarbeiter motiviertes Verhalten zur zielgerichteten Leistungserbringung hervorzurufen.[129] Es wird davon ausgegangen, dass Geld sehr gut zur Motivation dient, da es einen hohen Nutzen als Tauschmittel besitzt und so zur Befriedigung vieler Bedürfnisse eingesetzt werden kann. Allerdings wird zunehmend erkannt, dass auch immaterielle Anreize für Mitarbeiter eine große Rolle spielen.[130] Daneben spielt der Normierungsgedanke bei der Gestaltung von Anreizsystemen in Unternehmen eine wichtige Rolle: auf die unterschiedlichsten Bedürfnisse jedes Mitarbeiters einzugehen, wäre mit unverhältnismäßig hohem Aufwand verbunden.[131]

---

[128] In Anlehnung an Winter (1996), S. 15.
[129] Vgl. Riegler (2000), S. 151.
[130] Vgl. Imberger (2006), S, 135 ff.; Merchant/Van der Stede (2007), S. 396.
[131] Vgl. Plaschke (2003), S. 49; Winter (1997), S. 618.

2.2.2 Ausgewählte Theorien zu Anreizsystemen

Eine Begründung für die Nutzung von Anreizsystemen und Empfehlungen für deren Ausgestaltung lassen sich aus verschiedenen ökonomischen und sozialwissenschaftlichen Theorien ableiten. Entsprechend des Facettenreichtums menschlicher Verhaltensweisen sowie der Vielfältigkeit der Annahmen über deren Rahmenbedingungen existieren zahlreiche theoretische Ansatzpunkte. Alle dienen dazu, konkrete Anforderungen für die Gestaltung von Systemen aufzustellen, die Mitarbeiter anreizen, im Sinne ihres Unternehmens für dessen Ziele zu handeln.[132] Da keine Theorie die komplexe Realität vollumfänglich erfassen kann, sondern durch ihr Erfahrungs- und Erkenntnisobjekt[133] eingegrenzt wird, trägt jeder Ansatz – quasi als ein Puzzleteil – mit seinen Empfehlungen zur praktischen und praktikablen Gestaltung von Anreizsystemen bei.

Im Folgenden werden Theorien entsprechend ihres Beitrags zur Gestaltung von Anreizsystemen ausgewählt und vorgestellt: Wie im vorherigen Abschnitt dargestellt, ist die *Motivation* der Mitarbeiter Voraussetzung für ihr zielgerichtetes Verhalten. Dementsprechend können *Motivationstheorien* grundlegende Erkenntnisse zur Anreizgestaltung beitragen. Ebenfalls wurde im vorhergehenden Kapitel bereits angedeutet, dass Mitarbeiter ihre Handlungen unter Berücksichtigung ihrer Motive und der diesen gegenüber gebotenen Anreizen *auswählen* müssen. Es sollten folglich auch *entscheidungstheoretische* Erkenntnisse bei der Anreizgestaltung einfließen. Zuletzt wird im hier vorgenommenen Theorie-Umriss der *Principal-Agent-Theorie* eine herausgehobene Bedeutung zuteil, da sie den Konflikt zwischen Unternehmens- und Mitarbeiterinteressen untersucht und damit zur Notwendigkeit und Gestaltung von Anreizsystemen in Unternehmen wesentliche Anhaltspunkte liefert.

Ihren Ursprung haben *motivationstheoretische Ansätze* in den 1930er Jahren, als im Zuge der Human-Relations-Bewegung[134] erste Überlegungen zu Ursachen und Wirkungen von Motivation in der wirtschaftswissenschaftlichen Forschung Einzug fanden. Allerdings hat sich daraus

---

[132] Vgl. Brühl (2009), S. 448.

[133] Erfahrungs- und Erkenntnisobjekt definieren notwendigerweise den spezifischen Themenbereich und konkrete Fragestellungen einer Theorie und grenzen deren Anwendungsbereich gleichermaßen ein. Vgl. Elschen (1991), S. 1010.

[134] Der Begriff bezeichnet eine ökonomische Richtung, die in den 1930er Jahren in den USA entstand und die die Beziehung von Führungskräften und Mitarbeitern sowie Mitarbeitern untereinander untersucht, mit dem Ziel, die betriebliche Arbeitsleistung zu erhöhen. Vgl. Mayo (1945).

keine einheitliche Motivationstheorie entwickelt, sondern es haben sich zahlreiche unterschiedliche Ansätze herausgebildet. Grundsätzlich lassen sich Motivationstheorien in zwei wesentliche Strömungen, in *Inhalts- und Prozesstheorien*, unterscheiden.[135]

Ausgewählte Theorien zu Anreizsystemen			
Motivationstheorie		*Entscheidungstheorie*	
Inhaltstheorien **Bedürfnis-Theorie** (Maslow) **Zwei-Faktoren-Theorie** (Herzberg)	Prozesstheorien **Erwartungs-Valenz-Theorie** (Vroom) **Zieltheorie** (Locke)	**Anreiz-Beitrags-Theorie** (March/Simon)	**Principal-Agent-Theorie** (Jensen/Meckling)

Abbildung 18: Überblick ausgewählter Theorien zu Anreizsystemen

Beim inhaltstheoretischen Forschungszweig der Motivation, der versucht, inhaltlich zu erklären, welche Motive bzw. was Menschen motiviert, gehören *Maslows Bedürfnis-Theorie* und *Herzbergs Zwei-Faktoren-Theorie* zu den prägendsten Ansätzen. Beide Theorien sind empirisch nur unzureichend erklärt und deshalb vielfach kritisiert worden. Vorweggenommen sei auch, dass sie nur grobe Erkenntnisse darüber liefern, wie Mitarbeiter in Unternehmen motiviert werden. Dennoch haben beide eine hohe Verbreitung gefunden.[136]

- Maslows Bedürfnis-Theorie unterscheidet verschiedene Bedürfniskategorien des Menschen, die angeboren oder erlernt sein können und sich hierarchisch ordnen lassen. Diese beginnen bei der untersten Hierarchieebene mit physiologischen Bedürfnissen und reichen über Sicherheitsbedürfnisse, soziale Bedürfnisse und Ich- bzw. Wertschätzungsbedürfnisse bis zur obersten Hierarchieebene der Bedürfnisse der Selbstverwirklichung. Das Verhalten wird angetrieben durch stufenweise Befriedigung dieser Bedürfnispyramide mit dem Ziel der Selbstbefriedigung, d.h. wenn ein Mensch die

[135] Vgl. Hungenberg/Wulf (2011), S. 277.
[136] Vgl. Winter (1996), S. 42 ff.; Hungenberg/Wulf (2011), S. 279.

unterste Bedürfniskategorie befriedigt hat, strebt er nach Erfüllung der nächsten.[137] Dabei können je nach Stand der Persönlichkeitsentwicklung mehrere Bedürfnisse zur selben Zeit wirken, wobei immer eine Kategorie dominant ist.[138]

Der Verdienst von Maslows Bedürfnis-Theorie wird in dem Entwurf eines einfachen und eingängigen Schemas zur Abbildung der Bedürfnisvielfalt gesehen sowie der Erkenntnis, dass zunächst geklärt werden muss, auf welcher Bedürfnisebene sich ein Mitarbeiter gerade befindet, um ihn dann mit zielgerichteten Anreizen tatsächlich zu motivieren. Daraus lassen sich folglich Hinweise ableiten, welche Anreize in ein Anreizsystem aufgenommen werden könnten.[139]

- Herzbergs Zwei-Faktoren-Theorie konzentriert sich auf die Arbeitszufriedenheit und unterscheidet dabei in die Ausprägungskategorien Zufriedenheit und Nicht-Zufriedenheit auf der einen Seite und Unzufriedenheit und Nicht-Unzufriedenheit auf der anderen. Aus Untersuchungen wird gefolgert, dass es in diesem Zusammenhang zwei Faktorengruppen gibt: *Motivatoren* erzeugen Zufriedenheit, können bei Fehlen aber nur Nicht-Zufriedenheit verursachen. Dies sind vor allem Faktoren, die einen engen Zusammenhang zur Arbeit eines Mitarbeiters haben, wie bspw. der Arbeitsinhalt oder Anerkennung. *Hygienefaktoren* sorgen hingegen dafür, dass Unzufriedenheit eines Mitarbeiters verhindert wird, aber lösen auch keine Zufriedenheit aus. Bestenfalls sorgen sie also für Nicht-Unzufriedenheit und sind vor allem als Rahmenbedingungen der Leistungserbringung identifiziert worden, wie bspw. Arbeitsmittel oder soziale Beziehungen.[140]

  Aus Herzbergs Arbeit kann gefolgert werden, dass die Aufmerksamkeit nicht nur auf den Rahmenbedingungen liegen sollte. Hier sei es wichtig, ein Niveau der Nicht-Unzufriedenheit zu erreichen. Motivation allerdings ergibt sich nur aus den Motivatoren, welche dementsprechend bei der Anreizgestaltung besondere Berücksichtigung finden sollten.

Die prozesstheoretische Motivationsforschung beschäftigt sich nicht mit der Frage, *was* Menschen motiviert, sondern damit, *wie* Motivation entsteht und verhaltensbeeinflussend wirkt,

[137] Vgl. Maslow (1954), S. 80 ff.
[138] Vgl. Wagner/Grawert (1991), S. 346.
[139] Vgl. Rosenstiel (1999), S. 57; Schanz (1994), S. 87; Hungenberg/Wulf (2011), S. 281.
[140] Vgl. Herzberg/Mausner/Snyderman (1967), S. 81 ff., 113 ff.; Herzberg (1966); Herzberg (1980), S. 209.

also mit dem Motivationsprozess.[141] Sie sind komplexer als Inhaltstheorien, sind aufgrund ihrer Ursache-Wirkungs-Beziehungen konkreter und haben auch wegen ihrer besseren empirischen Nachweisbarkeit einen höheren Stellenwert bei der Anreizgestaltung.[142] Nachfolgend werden die *Erwartungs-Valenz-Theorie* sowie die *Zieltheorie* vorgestellt.

- Die Erwartungs-Valenz-Theorie geht auf *Vroom*[143] zurück und gilt als Grundstein nachfolgender neuerer Prozesstheorien. Danach entsteht unterschiedlich stark motiviertes Verhalten aus dem Produkt von Erwartungen und Valenzen. Erwartungen sind dabei subjektive Wahrscheinlichkeiten, mit der ein Mitarbeiter erstens davon ausgeht, dass ein höherer Arbeitseinsatz ein höheres Ergebnis zur Folge hat und zweitens aus einem höheren Ergebnis eine höhere Entlohnung resultiert. Valenzen drücken den subjektiven Wert aus, der einer Entlohnung beigemessen wird, d.h. den Grad ihrer Bedürfnisbefriedigung. Je stärker diese Erwartungen und Valenzen ausgeprägt sind, umso stärker ist die Motivation für ein bestimmtes Verhalten. Darüber hinaus vergleicht ein Mitarbeiter seine Handlungsalternativen über die Größe ihres Erwartungs-Valenz-Produkts.[144]

  Mit der Erwartungs-Valenz-Theorie können individuelle Motivationsunterschiede erklärt werden und darüber hinaus ergeben sich wichtige Implikationen für die Anreizgestaltung: Anreizsysteme sollten möglichst individualisiert ausgerichtet sein. Außerdem muss ein erkennbarer Zusammenhang von Leistung und Entlohnung bestehen.
- Die Zieltheorie der Motivation von *Locke*[145] besagt, dass die Motivation eines Mitarbeiters wesentlich beeinflusst wird von präzisen und anspruchsvollen Zielen und von Feedback über die Zielerreichung. Ziele steuern Richtung, Intensität und Dauerhaftigkeit des Handelns, was bei positiver Ausprägung zu höherer Leistung beiträgt. Die Stärke der Motivation ist dabei abhängig von der Ziel-Schwierigkeit und der Ziel-Spezifität. Ersteres beschreibt, wie anspruchsvoll, und Zweites drückt aus, wie klar und präzise ein Ziel ist. Je anspruchsvoller und spezifischer, desto höher ist seine Motivationswirkung, vorausgesetzt, der Mitarbeiter akzeptiert das Ziel und identifiziert sich damit. Es sind dann also die sog. Ziel-Akzeptanz und Ziel-Identifikation gegeben.

---

141 Vgl. Hungenberg/Wulf (2011), S. 287.
142 Vgl. auch im Weiteren Hungenberg/Wulf (2011), S. 286 ff.
143 Vgl. Vroom (1964); Zur weiteren Entwicklung der Theorie siehe Porter/Lawler (1968); Lawler (1973).
144 Vgl. Winter (1996), S. 48; Baxter (1988), S. 89 ff.; Weinert (1992), S. 272 ff.; Wunderer/Grunwald (1980), S. 195 ff.
145 Vgl. Locke/Latham (1990); Locke/Latham (2002).

Höhere Leistung entsteht aus der höheren Motivation allerdings erst dann, wenn der Mitarbeiter auch die individuellen Fähigkeiten hat, um das Ziel zu erreichen. Darüber hinaus kann die Motivation durch Feedback über die Resultate nochmals erhöht werden, weil dadurch das Verhalten zielgerichtet korrigiert werden kann.
Der Wert der Zieltheorie für Anreizsysteme liegt insbesondere in konkreten Gestaltungsanforderungen hinsichtlich der Zielfindung.[146]

Auch entscheidungstheoretische Beiträge können als Ausgangspunkt für die Gestaltung von Anreizsystemen dienen. Insbesondere die *Anreiz-Beitrags-Theorie* von *March/Simon*, bei der es um die individuellen Entscheidungsprämissen von Organisationsteilnehmern geht, ist hier relevant.[147] Demnach bewertet ein Individuum den ihm abverlangten Beitrag mit den angebotenen Anreizen des Unternehmens, um anschließend eine Abwägung der Nutzendifferenz vorzunehmen. Sowohl bei einer Teilnahmeentscheidung als auch bei der Leistungsmotivation zeigt sich dieses Verhalten.[148] Manager sind also bereit, ihrerseits Leistung zu erbringen, wenn sie im Gegenzug adäquate Anreize, also Leistungen des Unternehmens, bekommen.[149] Die Anreiz-Beitrags-Theorie liefert für die Anreizgestaltung Ansatzpunkte, wie Leistung beim Manager erzeugt, aufrechterhalten oder verhindert wird.[150]

Eine besonders hervorgehobene Bedeutung für Anreizsysteme erhält des Weiteren die *Principal-Agent-Theorie.* Sie untersucht das Handeln von über- und untergeordneten Personen in einer Unternehmenshierarchie unter Berücksichtigung möglicherweise konfliktärer Interessen sowie unterschiedlicher Informationsstände und leitet daraus Hinweise für die Gestaltung von Verträgen ab. Der *Principal* wird dabei allgemein als Auftraggeber und der *Agent* als Auftragnehmer bezeichnet. Folglich gibt die *Principal-Agent-Theorie* Hinweise auf die Gestaltung von Anreizverträgen zwischen Anreizgeber und Anreizempfänger.[151]Da die Principal-Agent-Theorie grundsätzlich nicht auf bestimmte Beziehungsebenen eingeschränkt ist, kann sie Hinweise für die Einrichtung von Anreizsystemen über alle Hierarchieebenen im Unternehmen geben.

---

[146] Vgl. Hungenberg/Wulf (2011), S. 290 f.
[147] Vgl. March/Simon (1976), S. 81 ff.; Barnard (1938).
[148] Vgl. Evers (1991), S. 739; Wächter (1991), S. 207 f.
[149] Vgl. Simon (1997), S. 146.
[150] Vgl. Emde (2004), S. 63.
[151] Vgl. Jensen/Meckling (1976), S. 305 ff.; Picot (1991), S. 145 ff.

Oftmals betrachtete Beziehungsebene ist die des Unternehmenseigentümers und des von ihm eingesetzten Geschäftsführers. Entscheidender Ausgangspunkt für die Principal-Agent-Theorie ist hier die Delegation von Entscheidungsbefugnissen vom Eigentümer auf den Geschäftsführer, da dieser aufgrund seiner speziellen Fähigkeiten und Qualifikationen zur Führung des operativen Geschäfts meist besser geeignet ist als der Eigentümer. Daraus ergeben sich jedoch Informationsasymmetrien zwischen Principal und Agent, weil der Geschäftsführer aus seiner Markt- und Geschäftsnähe einen Informationsvorsprung gegenüber dem Eigentümer hat.[152] Gleiches gilt für die Beziehungsebene zwischen Unternehmenszentrale als Principal und den Bereichsmanagern als Agenten. Diese hat in großen Unternehmen als Schnittstelle bspw. zur Allokation von Ressourcen und Delegation von Ergebnisverantwortung entscheidende Bedeutung. Entsprechend große Auswirkungen kann die Gestaltung eines Anreizsystems auf die Steuerung von Bereichen und das Verhalten von Bereichsmanagern haben wie in Kapitel 3 zu sehen sein wird.

Unter der Annahme, dass sich die Agenten opportunistisch und nutzenmaximierend verhalten, kommt es zu vier Problembereichen der asymmetrischen Informationsverteilung:[153]

- *Hidden Characteristics*: Dieses Problem entsteht vor Vertragsabschluss zwischen Principal und Agent aufgrund von Eigenschaften des Agenten, die dem Principal ex-ante verborgen sind, d.h. es fällt dem Principal schwer, die Qualitäten des potentiellen Agenten einzuschätzen. Dieser hat wiederum das Interesse, sich möglichst kompetent anzubieten. Auf diese Weise resultiert die Gefahr, dass der Principal eine Vertragsbeziehung zu einem Agenten eingeht, die er eigentlich nicht wünscht. Die Unternehmensleitung könnte also Bereichsmanager beauftragen, die nicht die erforderlichen Fähigkeiten haben.
- *Hidden Intention*: Dem Principal ist beim Vertragsabschluss nicht bekannt, ob der Agent ex-ante verborgene Absichten hat, die ihn danach aufgrund der an den Agenten delegierten Entscheidungsbefugnisse schädigen könnten. Die Unternehmensleitung könnte also Bereichsmanager beauftragen, die zwar die erforderlichen Fähigkeiten haben, aber darüber hinaus bewusst oder unbewusst für die Unternehmensleitung nachteilige Entscheidungen treffen.

---

[152] Vgl. Spremann (1991), S. 602 ff.
[153] Vgl. Breid (1994), S. 238; Fama (1980), S. 288 ff.; Kah (1994), S. 21 ff.

- *Hidden Information*: Nach Vertragsabschluss zwischen Principal und Agent, und damit nach der Delegation von Entscheidungsbefugnissen, kann der Principal nicht beurteilen, ob der Agent eine Entscheidung in seinem Sinne trifft, da er den Informationsstand des Agenten zum Zeitpunkt der Entscheidung nicht kennt. Die Unternehmensleitung weiß also nicht, ob die Entscheidungen der Bereichsmanager zu ihrer Zielsetzung passen.
- *Hidden Action*: Nach Vertragsabschluss und auch nach dem Treffen einer Entscheidung kann der Principal das Verhalten und die Leistung des Agenten nicht beurteilen, da er seine genauen Aktivitäten nicht beobachten kann. Die Unternehmensleitung kann also nicht beurteilen, ob der Arbeitseinsatz der Bereichsmanager ausreichend war oder ob bspw. auch exogene Faktoren auf das Unternehmensergebnis gewirkt haben.

Die *normative* und die *positive* Principal-Agent-Theorie versuchen, diese Probleme in verschiedenen Richtungen zu lösen. Die normative Vorgehensweise ist stark formal-analytisch geprägt und trifft strenge Modellannahmen, die in der praktischen Realität so aber meist nicht zutreffen. Die positive Theorierichtung folgt einem explikativen und empirischen Ansatz.[154]

Die zentralen Erkenntnisse der Principal-Agent-Theorie für Anreizsysteme beziehen sich oftmals auf die in Kapitel 2.1.3 eingeführte Anforderung der Zielkongruenz, d.h. der Schaffung von Anreizen und die Gestaltung von Anreizsystemen für den Agenten, so dass dessen Handeln nicht nur seine eigene Interessen, sondern insbesondere die Zielsetzung des Principals positiv beeinflusst:[155]

- Problematisch kann in diesem Zusammenhang bspw. die Koppelung der Belohnung eines Bereichsmanagers an den Gesamtunternehmenserfolg sein statt an seinen individuellen Ergebnisbeitrag, denn sie reizt ihn zum Trittbrettfahrerverhalten an. Seine Motivation, den eigenen Beitrag auf optimale Weise zu leisten, sinkt, da er sowieso am Erfolg aller Einheiten in Summe partizipiert. Um dieses Problem zu lösen, müssten Indikatoren ermittelbar sein, die den Beitrag eines Bereichsmanagers zum Gesamterfolg klar abgrenzt.
- Ein weiteres Beispiel stellt die Vorgabe eines Soll-Werts als Komponente des Anreizsystems für den Agenten sein. Dadurch können verfälschte Anreize und Informationsprobleme auftreten, so dass zusätzlich der Bedarf besteht, dass solche Anreizsys-

---

[154] Vgl. Plaschke (2003), S. 40.
[155] Vgl. Elschen (1991), S. 212 f.; Eisenhardt (1989), S. 61 ff.

teme eine unverfälschte Informationsweitergabe vom Agenten an den Principal sicherstellen. Spezielle diese Erkenntnis wird im weiteren Verlauf dieser Arbeit, insb. in Kapitel 3.2, von besonderer Bedeutung sein, wenn es um die Entstehung oder Lösungsansätze von Gaming-Verhalten geht.

Die hier vorgestellten Theorien geben jeweils für sich und umso mehr in Summe einige Hinweise für die praxisorientierte Gestaltung von Anreizsystemen und welchen Anforderungen diese genügen sollten. In einem Unternehmen ist es aus Kostengründen allerdings nicht wirtschaftlich, diese Erkenntnisse auf jeden einzelnen Mitarbeiter anzuwenden und individuell gestaltete Anreizsysteme anzubieten. Wie im nächsten Abschnitt noch im Zusammenhang mit Eingrenzungen zu hier betrachteten Anreizsystemen zu sehen sein wird, sind zwar unterschiedliche Anreizsysteme in einem Unternehmen üblich, das ist im Normalfall jedoch nur für wenige unterschiedliche Mitarbeitergruppen der Fall.

Das Anreizsystem eines jeden Unternehmens muss folglich als suboptimal bezeichnet werden, da es niemals so gestaltet sein kann, dass es alle Mitarbeiter entsprechend ihrer unterschiedlichsten Bedürfnisse *optimal* zu motiviertem Verhalten anreizt. Die typischen Gestaltungsvorschläge und praktischen Umsetzungsformen können als Versuch gesehen werden, ein für alle Mitarbeiter bestmögliches Anreizsystem zu entwickeln. Dabei spielen qualitative Erklärungsansätze und Begründungen eine große Rolle. Da sie den Anspruch haben, ein quantitativ nicht vollumfänglich erfassbares System mit Plausibilitätsüberlegungen sachlogisch zu erklären, setzen sie sich oftmals einer gewissen Angreifbarkeit aus.

In Summe können aus den oben jeweils beschriebenen Theorien eine Reihe von Anforderungen für die Gestaltung von Anreizsystemen abgeleitet werden.[156] Bevor diese in Kapitel 2.3.1 zusammenfassend formuliert und im Hinblick auf das Ziel der Wertorientierung konkretisiert werden, soll noch kurz auf Funktionen von Anreizsystemen im Allgemeinen und auf die Funktion variabler Vergütungsbestandteile im Speziellen eingegangen werden.

---

[156] Vgl. Winter (1996), S. 49 ff.; Plaschke (2003), S. 49 f.; Seifert (2001), S. 19 f.

2.2.3 Funktionen von Anreizsystemen

Das grundlegende Ziel eines Anreizsystems liegt darin, die Interessen der Anreizempfänger mit denen des Anreizgebers in Einklang zu bringen. Das Problem besteht – wie im Rahmen der Principal-Agent-Theorie erläutert – darin, die Manager als opportunistische Nutzenmaximierer dazu zu bringen, die übergeordneten Ziele der Unternehmensleitung zu verfolgen. Über ein Anreizsystem soll ihr Leistungsverhalten entsprechend gesteuert werden.[157] Es hat den Zweck, in der Auswahl bzw. vor Eintritt in das Unternehmen, die geeigneten Manager herauszufiltern; sie zur zielgerichteten Erfüllung ihrer Aufgaben zu motivieren; dabei nicht nur ihr eigenes bzw. das Interesse ihrer Verantwortungsbereiche zu verfolgen, sondern sich mit anderen Managern und Bereichen auf das Gesamtunternehmensinteresse abzustimmen; sowie bei erfolgreicher Erfüllung ihrer Aufgabe dazu beizutragen, dass die Manager im Unternehmen bleiben. Es können also vier spezifische Funktionen von Anreizsystemen ausgemacht werden:

- *Personalselektionsfunktion*:[158] Anreizsysteme können die Attraktivität des Unternehmens auf dem Arbeitsmarkt erhöhen, indem es sich über bestimmte Anreizkriterien von Wettbewerbern abhebt. Darüber hinaus dienen sie dazu, einen gewünschten Managertyp entsprechend der Leistungsmerkmale des Anreizsystems zu selektieren. Risikofreudige Manager werden bspw. einen hohen variablen Anteil bevorzugen. Aber nicht nur beim Eintritt ins Unternehmen, sondern auch im internen Karrierewettbewerb können die Informationen, die im Rahmen des Anreizsystems zur Leistungsbewertung herangezogen werden, als Selektionshilfe für die Personalentwicklung verwendet werden.
- *Motivationsfunktion*:[159] Die zentrale Funktion von Anreizsystemen ist die der Erzeugung und Lenkung der Manager*energie* – von deren Vorhandensein im Sinne von Arbeitskraft und -wille ausgegangen wird – auf Handlungen, die zum Gesamtunternehmensziel beitragen. Dabei geht es nicht nur darum, einen hohen Leistungsinput zu erzeugen, sondern vor allem um die Kanalisierung der Aktivitäten auf gesamtzielführende Maßnahmen. Das Anreizsystem soll die Manager zu unternehmerischer Initiati-

[157] Vgl. Schanz (1991), S. 8; Merchant/Van der Stede (2007), S. 394.
[158] Vgl. Lawler (1990), S. 24 ff.; Winter (1996), S. 64 ff.
[159] Vgl. Winter (1996), S. 39 u. 62; Merchant/Van der Stede (2007), S. 395.

ve *verleiten* und sie mit in die Verantwortung für die Entwicklung des Unternehmens nehmen.

- *Koordinationsfunktion*:[160] Ohne den Anreiz, die eigenen Aktivitäten nicht nur auf den eigenen Bereich, sondern konform zur Gesamtzielsetzung und der Strategie des Unternehmens auszurichten, würden rational handelnde Manager nicht im kollektiven Interesse handeln. Dann würden sog. Ressortegoismen eine abgestimmte Vorgehensweise verhindern und jeder Manager würde versuchen, seinen Nutzen – im Extremfall auf Kosten des Anderen und zu Lasten des Gesamtunternehmensergebnisses – zu maximieren. Deshalb sollte ein Anreizsystem die Koordination und Zusammenarbeit zwischen Unternehmensteilbereichen fördern und auf ein gemeinsames Ziel fokussieren.
- *Personalretentionsfunktion*: Um ein Unternehmen nachhaltig und langfristig erfolgreich zu gestalten, sind Manager mit entsprechend weitreichendem Denkhorizont notwendig. Um diese langfristig an das Unternehmen zu binden, sollte ein Anreizsystem so attraktiv ausgestaltet sein, dass es den Verbleib der Manager unterstützt.[161] Dies kann über aktive finanzielle Anreizvorteile gegenüber Wettbewerbern geschehen oder passiv in Form von Austrittsbarrieren, bspw. den Verfall von langfristigen Gehaltsoptionen bei Verlassen des Unternehmens.[162]

Um diese Funktionen erfüllen zu können, muss ein Anreizsystem einer Reihe von Gestaltungsprinzipien und Anforderungen genügen. Diese werden in Kapitel 2.3.1 unter Einbezug der Wertorientierungs-Perspektive dargestellt. Zunächst gilt es, den typischen Aufbau eines heutigen Anreizsystems zu erläutern.

2.2.4 Incentivierung als variable Komponente eines Anreizsystems

Nach der grundlegenden Definition von Anreizen, einem Überblick der theoretischen Grundlagen zu Anreizsystemen sowie ihrer Funktionen, wird der Untersuchungsgegenstand für den weiteren Verlauf der Arbeit nun auf materielle Anreize in Form von Entgelt eingegrenzt.[163]

---

[160] Vgl. Winter (1996), S. 66 ff. u. 182 ff.; Salter (1973), S. 24; Merchant/Van der Stede (2007), S. 394 f.
[161] Vgl. Guthof (1995), S. 34; Lawler (1990), S. 24.
[162] Vgl. Plaschke (2003), S. 100.
[163] Siehe dazu die Gliederung von Anreizarten und die hervorgehobene Motivationswirkung von Geld in Kapitel 2.2.1.

Darüber hinaus folgt eine Fokussierung auf dessen variablen Bestandteil, der als *Incentivierung* definiert wird. Dieser Begriff leitet sich aus dem englischen Wort *Incentive* ab, welches als Synonym für *Anreiz* verwendet werden kann,[164] darüber hinaus aber die positive Konnotation von *Ansporn* impliziert und somit die über ein Incentivierungssystem von den Mitarbeitern erwünschte zielgerichtete Motivation stärker betont.[165]

Eine große Bedeutung in diesem Zusammenhang hat auch der Begriff des *Bonus*. Er ist definiert als finanzielle Vergütung nach Erreichung eines im Voraus definierten Ziels[166], d.h. einer dann zum Grundgehalt gewährten *Sondervergütung*.[167] Dessen Antonym stellt der sog. *Malus* dar.[168] Er bezeichnet die in einem Incentivierungssystem theoretisch mögliche Bestrafung, wobei in der Unternehmenspraxis allerdings schon das Ausbleiben eines Bonus oder die Verschiebung einer Gehaltserhöhung als Bestrafung empfunden wird.[169]

Die potenziellen Komponenten der Gesamtvergütung eines Managers lassen sich zunächst grundsätzlich in einen *fixen* und in einen *variablen Entgeltbestandteil* unterteilen:

- Das fixe Grundgehalt stellt dabei die Basisabsicherung dar. Diese sollte die Grundbedürfnisse der Manager im Sinne eines angemessenen Lebensstandards befriedigen und auch attraktiv sein, selbst wenn im Extremfall in schlechten Ergebnislagen der variable Anteil entfällt. Die absolute Höhe des Grundgehalts variiert stark in Abhängigkeit von der Verantwortung oder Hierarchiestufe oder aber auch der Branche, in der ein Manager tätig ist. In keinem Fall sollten jedoch existenzbedrohende Ängste aufgrund eines zu niedrigen Fixums entstehen.[170]
- Für den variablen Anteil – also die Incentivierung – sind theoretisch viele unterschiedliche Variationsmöglichkeiten denkbar. In Kapitel 2.3.2 werden diese noch näher erläutert. Zwei typische Bausteine eines Incentivierungssystems lassen sich jedoch aufgrund ihres unterschiedlichen Zeithorizonts vorab hervorheben: eine kurzfristig und eine langfristig ausgerichtete Komponente, die sog. *Short Term Incentives (STI)* und

---

[164] Vgl. Duden (2013), Stichwort: Incentive.
[165] Vgl. Plaschke (2003), S. 22.
[166] Vgl. Locarek-Junge/Imberger (2006), S. 548.
[167] Vgl. Duden (2013), Stichwort: Bonus.
[168] Vgl. Duden (2013), Stichwort: Malus.
[169] Vgl. Merchant/Van der Stede (2007), S. 393.
[170] Vgl. Stelter/Roos (1999), S. 1124; Brühl (2009), S. 454.

Long Term Incentives (LTI).[171] Durch den variablen Anteil ihrer Vergütung sollen die Manager in die Lage der Unternehmensleitung versetzt werden. Damit dieser eine Motivationswirkung entfalten kann, muss er einen signifikanten Anteil an der Gesamtvergütung betragen. In der Regel steigt die variable Komponente mit zunehmender Verantwortung und damit entsprechend steigendem Einfluss auf das Unternehmensergebnis und kann dann weit über 50% betragen.[172]

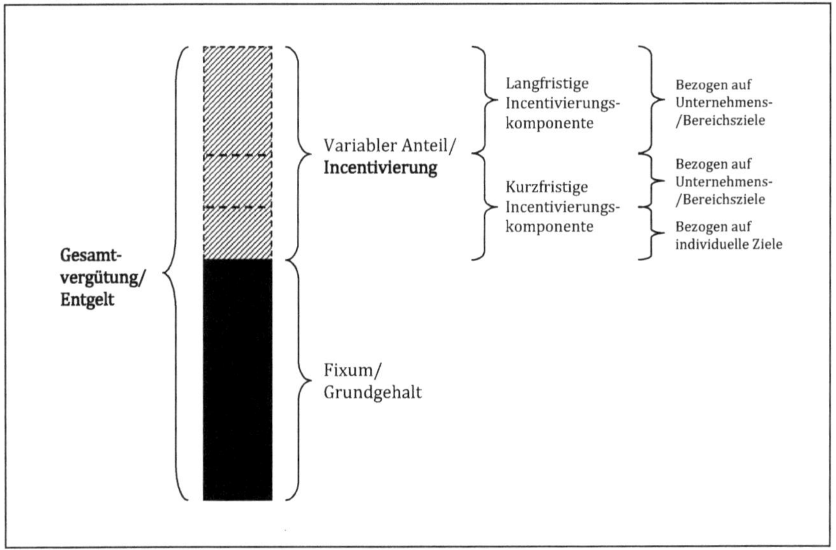

Abbildung 19: Typische Komponenten der Gesamtvergütung

Die kurzfristige Komponente konzentriert sich auf Zielgrößen, die sich in der Regel auf eine einjährige Periode beziehen und teilweise aus übergeordneten Kennzahlen abgeleitet werden. Sie kann zudem weiter in Unterkomponenten aufgegliedert werden, je nach unternehmensspezifischer Intention. Für die kurzfristige Incentivierungskomponente gelten folgende drei Grundprinzipien:[173]

---

[171] Vgl. Kramarsch (2004), S. 35 ff.
[172] Vgl. Stern (1993), S. 36; Merchant/Van der Stede (2007), S. 396 f.; Brühl (2009), S. 452.
[173] Vgl. Becker (1990), S. 114; Stelter (1999), S. 216.

- Kurzfristige Anreizsetzungen sollten dazu dienen, Manager zu zielgerichtetem Handeln anzuleiten und sollten daher auf beeinflussbaren Größen basieren. Es sollte ein klarer Fokus auf die wesentlichen Ziele des kommenden Jahres gesetzt werden, wobei die Manager nicht mit zu vielen Zielvorgaben überfordert werden dürfen.
- Es sollten individuelle Ziele belohnt werden. Dazu können sie auf persönlichen Zielvereinbarungen basieren, die sich auf die spezifische aktuelle Situation der Manager beziehen.
- Die kurzfristigen Zielsetzungen müssen kompatibel mit den innerhalb der langfristigen Komponente angestrebten Zielen sein. Es dürfen keine Zielantinomien auftreten, sondern es ist Aufgabe der kurzfristigen Incentivierung, die langfristig angestrebten Zielgrößen zu konkretisieren und zu unterstützen.

Neben einer vom Unternehmen einheitlich vorgegebenen Aufteilung der Incentivierung in bestimmte Komponenten, ist es auch denkbar, ein sog. *Cafeteria-System* einzurichten. Um verschiedene *Managertypen* und ihre individuellen Bedürfnisse zu berücksichtigen, kann der einzelne Manager dabei aus einem Sortiment angebotener Anreize diejenigen Bausteine selbst auswählen, welche für ihn am reizvollsten sind. Auf diese Weise soll jeder Manager aus seinem individualisierten Anreizsystem die größtmögliche Motivation schöpfen.[174] Ein Beispiel für ein implementiertes Cafeteria-System findet sich bei Sanofi-Aventis.[175] Das aus den USA stammende Modell hat sich in der deutschen Unternehmenspraxis allerdings noch nicht flächendeckend durchgesetzt.[176]

Traditionelle Anreizsysteme werden für ihre zu kurzfristige Ausrichtung kritisiert: Sie schaffen oftmals Anreize, Handlungen und Entscheidungen nur am kurzfristigen Erfolg auszurichten und vernachlässigen dabei die langfristige Entwicklungsperspektive des Unternehmens. Im Extremfall fördern sie sogar kurzfristige Gewinnmaximierung auf Kosten zukünftiger Erfolgschancen.[177] Die langfristige Komponente spielt deshalb eine immer wichtiger werdende Rolle bei der Gestaltung eines Incentivierungssystems.[178] Dabei kann davon ausgegangen werden, dass – selbst wenn die langfristige Komponente *nur* als Periode mit einer Länge von

---

[174] Vgl. Imberger (2003), S. 151; Seifert (2001), S. 171 ff.
[175] Vgl. Sanofi-Aventis (2009), S. 9.
[176] Vgl. Scherm/Süß (2011), S. 143 f.; Führing (2006), S. 268.
[177] Vgl. Rappaport (1978), S. 82 ff.; Meadows (1981), S. 176 f.
[178] Vgl. Plaschke (2003), S. 247 ff.

drei Jahre bemessen wird – es die Intention einer langfristig ausgerichteten Anreizsetzung ist, Manager generell zu einer Erweiterung ihres Zeithorizonts und zu einem Interesse an langfristigem Erfolg zu bewegen – weit über diese drei Jahre hinaus.

Ein erfolgreiches Unternehmen braucht schlussendlich die richtige Balance zwischen kurz- und langfristig orientierten Incentivierungskomponenten.[179] Welchen Anforderungen diese genügen sollten und wie diese konkret gestaltet werden können, wird im folgenden Kapitel betrachtet.

2.3 Integrierte Betrachtung des Untersuchungsgegenstands

Nach jeweils separater Betrachtung der Themenbereiche der wertorientierten Unternehmenssteuerung und der Anreizsysteme erfolgt nun deren beider Zusammenführung und damit die integrierte Betrachtungsweise: Das Thema der vorliegenden Arbeit lautet *Wertorientierte Incentivierung*, welches mit dem bis hierhin erarbeiteten Kenntnisstand folgendermaßen zu definieren ist:

- Die wertorientierte Incentivierung unterstützt das Ziel der Steigerung des Unternehmenswerts und ist in das wertorientierte Managementsystem integriert.
- Sie ist variable Komponente des Entgeltsystems eines Unternehmens und unterstützt maßgeblich die Funktionen des Anreizsystems.

Nachfolgende *Abbildung* stellt die Zusammenhänge der Herleitung und Vorgehensweise zur Generierung eines wertorientierten Incentivierungssystems entsprechend der vorangegangenen Kapitel und folgenden Abschnitte dar. Es werden im Weiteren also die Anforderungen, die an ein wertorientiertes Incentivierungssystem zu stellen sind, untersucht sowie die Ausgestaltung der Parameter, welche ein Incentivierungssystem letztendlich technisch konkretisieren und in der Unternehmenswirklichkeit umsetzen.

[179] Vgl. Stonich (1984), S. 57.

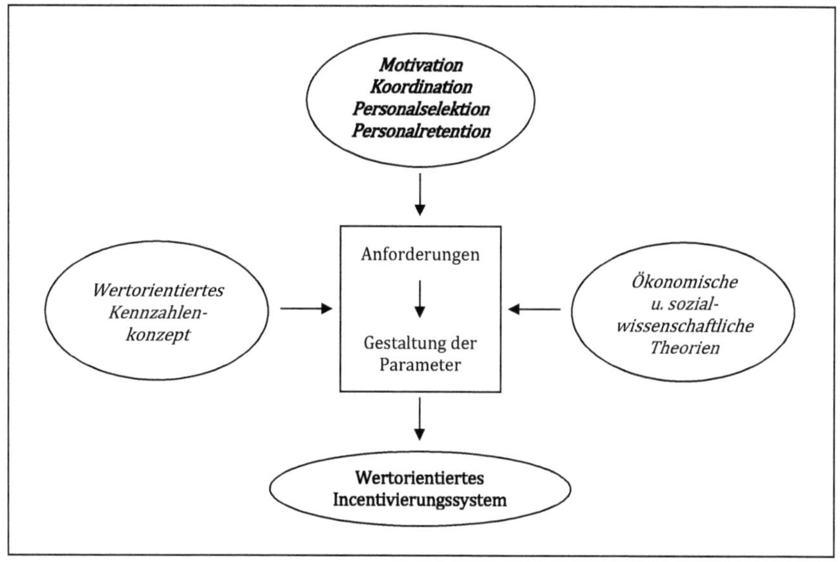

Abbildung 20: Zusammenhänge bei der integrierten Betrachtung eines wertorientierten Incentivierungssystems

2.3.1 Anforderungen und Beurteilung eines wertorientierten Incentivierungssystems

Auf der einen Seite sind residualgewinnbasierte Kennzahlen ein zentraler Baustein des wertorientierten Steuerungssystems eines Unternehmens. Für die Incentivierung finden sich auf der anderen Seite unterschiedliche Theorien entsprechend der Vielfalt menschlicher Verhaltensweisen und geben somit schon vorab die Antwort auf die Frage, warum es keine theoretisch begründbare *perfekte Gestaltung eines Incentivierungssystems* gibt.

Damit ein Incentivierungssystem seine intendierte wertorientierte Anreizwirkung bestmöglich entfalten und die in Kapitel 2.2.3 zum Ziel gesetzten Funktionen erfüllen kann, muss es bestimmten Gestaltungsanforderungen genügen.[180] Diese Anforderungen können verwendet

[180] Vgl. Winter (1996), S. 71.

werden, um als Leitlinien bei der Gestaltung eines wertorientierten Incentivierungssystems oder nach dessen Etablierung zur Überprüfung und Einschätzung seiner Wirksamkeit zu dienen.[181] Allerdings ist darauf zu achten, dass die Kriterien nicht immer trennscharf sind, sie sich auf der einen Seite widersprechen können, d.h. eine sehr gut erfüllte Anforderung führt zu schwächerer Ausprägung eines anderen Kriteriums, und andererseits auch voneinander abhängig sind, d.h. eine bestimmte Anforderung kann nur gut ausgeprägt sein, wenn auch eine oder mehrere andere gut erfüllt sind. Es besteht also die Notwendigkeit, je nach unternehmensspezifischer Intention einen geeigneten und insgesamt positiven *Ausprägungsmix* herzustellen.

In der Literatur findet sich eine Vielzahl von verschiedenen Anforderungen an Incentivierungssysteme.[182] Die Auswahl und Anzahl der maßgeblichen Kriterien weicht zum Teil stark voneinander ab. Einige Autoren beschränken sich auf fünf Kriterien,[183] während andere deutlich mehr Kriterien vorschlagen[184]. Jene Anforderungen, die nur vereinzelt genannt werden, lassen sich meist aber einem anderen Kriterium unterordnen. Im Folgenden werden die genannten Kriterien kurz erläutert:

- *Anreizkompatibilität bzw. Zielkongruenz*: Durch Sicherstellung der Anreizkompatibilität werden nur solche Verhaltensweisen und Ergebnisse belohnt, die – wie auch bei den Anforderungen an wertorientierte Kennzahlen in Kapitel 2.1.3 beschrieben – zielkongruent mit dem Interesse der Unternehmensleitung sind. Sie sollten also folglich den Wert des Unternehmens steigern.[185] Das bedeutet, „Manager können ihre eigenen Belohnungen dann und nur dann erhöhen, wenn sie das Vermögen der Eigentümer vermehren".[186] Dies ist die zentrale Anforderung an Incentivierungssysteme, die sich aus der Principal-Agent-Theorie und dem Verhältnis zwischen Unternehmensleitung und Managern ergibt. Aus diesem Grund sollten alle verwendeten Messgrößen in engem Zusammenhang zur Wertentwicklung des Unternehmens stehen.[187]

---

[181] Vgl. Martin (1988), S. 164.
[182] Vgl. bspw. Winter (1996), S. 71 ff.; Hostettler (1996), S. 36 ff.; Plaschke (2003), S. 101 ff.; Greth (1998), S. 91 ff.; Becker (1990), S. 19; Bleicher (1992), S. 19; Hahn/Willers (1986), S. 392.
[183] Vgl. bspw. Hostettler (2006), S. 26.
[184] Vgl. bspw. Winter (1996), S. 71 ff.
[185] Vgl. Winter (1996), S. 90.
[186] Winter (1996), S. 90.
[187] Vgl. Plaschke (2003), S. 106.

- *Beeinflussbarkeit*: Manager müssen in der Lage sein, durch gezielte Maßnahmen die Bemessungsgrundlage und damit ihre Belohnung zu beeinflussen. Beeinflussbarkeit – oder auch sog. *Controllability* – wird erreicht, wenn den Managern ein eindeutiger Verantwortungsbereich und klare Entscheidungskompetenzen zugewiesen sind. Darüber hinaus muss es ihnen möglich sein, die Stellhebel zur Beeinflussung der Bemessungsgrundlage – die operativen Werttreiber – identifizieren zu können.[188]

- *Manipulationsfreiheit*: Diese Anforderung bezieht sich auf die Bemessungsgrundlagen und die Funktionsweise eines Incentivierungssystems, d.h. Manager dürfen keine Möglichkeit haben, eine Kennzahl oder ihre Entlohnungsberechnung zu ihrem Vorteil und damit zum Nachteil des Unternehmens zu manipulieren. Der gegenteilige Fall, nämlich dass die Unternehmensleitung ohne Wissen der Manager das Incentivierungssystem zu ihrem Vorteil und damit zum Nachteil der Manager beeinflusst, sollte ebenso ausgeschlossen werden. Bewusste, nicht-intendierte und böswillige Eingriffe sind vorstellbar bspw. bei buchhalterischen Ergebnisgrößen oder bei jeder Art subjektiver Entscheidungs- und Vereinbarungsnotwendigkeit, die einem gewissen Diskussionsspielraum unterliegen.[189] Dieser Punkt ist eng verbunden mit der Anforderung der Beeinflussbarkeit, denn Manipulierbarkeit ist eine schlechte Art der Beeinflussbarkeit. Zudem besteht hier auch eine starke Abhängigkeit zum nun folgenden Kriterium der Planungsgenauigkeit, da im vorliegenden Kontext insbesondere die der Incentivierung vorgelagerten Prozesse der Planung und Zielsetzung nicht anfällig für Manipulationen sein sollten.

- *Planungsgenauigkeit:* Diese ist insbesondere dann wichtig, wenn Manager auf Basis von Planzielen entlohnt werden. Sie sollte in diesen Fällen zu einer realistischen Datenbasis für die Zielsetzung führen. Wenn Manager an der Zielsetzung ihres Bereichs beteiligt sind, ist es darüber hinaus notwendig, dass die Informationen, die Basis ihrer Planung sind, offengelegt werden. Es sollte im Optimalfall keinen Spielraum für Zieldiskussionen oder -manipulationen durch einen Manager oder auch die Unternehmensleitung geben.[190] Planungs**un**genauigkeiten können auch bewusst hingenommen

[188] Vgl. Lawler (1990), S. 14 ff.; Pellens/Crasselt/Rockholtz (1998), S. 14; Rappaport (1983), S. 58.
[189] Vgl. Pellens/Crasselt/Rockholtz (1998), S. 14; Knorren/Weber (1997), S. 34 ff.
[190] Vgl. Winter (1996), S. 82 ff., Plaschke (2003), S. 282 f.

oder herbeigeführt werden. Dies ist im betrachteten Kontext insbesondere deshalb wichtig zu bedenken, da die Manager, was die Planung ihres Verantwortungsbereichs angeht, einen Informationsvorsprung gegenüber der Unternehmensleitung haben und diesen – wie in Kapitel 3 zu sehen sein wird – zu ihrem Vorteil nutzen können. Hier wird der starke Querbezug der Planungsgenauigkeit zur Anforderung der Manipulationsfreiheit deutlich. Des Weiteren kann es auch zu Querwirkungen bei den weiter unten beschriebenen Anforderungen Akzeptanz und Gerechtigkeit kommen, bspw. wenn eine ungenaue oder auch unrealistische Planung für die Manager nachteilige Auswirkungen hat. Besonders schwierig erfüllbar wird die Anforderung der Planungsgenauigkeit zudem durch die ebenfalls weiter unten behandelte Anforderung der langfristigen Ausrichtung eines Incentivierungssystems: Je weiter eine Planung in die Zukunft reicht, umso unsicherer sind die getroffenen Annahmen und damit wahrscheinlich ihre Genauigkeit und Realisierbarkeit. Der Anforderung der Planungsgenauigkeit kommt – für sich und auch im Zusammenspiel mit anderen Anforderungen – folglich ein hoher Stellenwert zu, im hier behandelten Kontext insbesondere in den Kapiteln 3 und 4.

- *Leistungsorientierung*: Ein Incentivierungssystem sollte in erster Linie die individuelle Leistung eines Managers belohnen. Bei outputorientierten Bemessungsgrundlagen ist es in einem volatilen Umfeld schwierig, nur das reine Ergebnis zu verwenden. Umfeldfaktoren, die die Manager nicht beeinflussen können – also ihre Leistungsbedingungen – können ansonsten zu einer Konterkarierung ihrer Leistung führen. Ein bereinigtes Ergebnis, das den Output des persönlichen Leistungsverhaltens widerspiegelt, sollte Grundlage für die Belohnung eines Managers sein.[191]

  Allerdings ist dabei anzumerken, dass Eigentümer oder Unternehmensleitung diesen Schutz vor Umfeldeinflüssen nicht erfahren. In positiver wie negativer Ausprägung wirken sich externe Faktoren voll auf ihre Zielerreichung – der Wertentwicklung des Unternehmens – aus. Entsprechend der Zielsetzung, die Manager in die Rolle der Unternehmensleitung zu versetzen, gibt es deshalb auch Forderungen, die Belohnung vom unbereinigten Leistungsresultat eines Managers abhängig zu machen.[192] Damit wäre dieser sowohl an den Chancen als auch an den Risiken voll beteiligt.

---

[191] Vgl. Winter (1996), S. 77; Becker (1990), S. 22 f.
[192] Vgl. Isele (1991), S. 185.

- *Langfristigkeit und Nachhaltigkeit*: Das Unternehmensziel im Rahmen der wertorientierten Unternehmensführung besteht in einer langfristigen Wertsteigerung. Daher muss auch das Incentivierungssystem langfristig ausgerichtet sein, sodass nachhaltige Wertsteigerungen belohnt werden. Dadurch soll verhindert werden, dass Manager den Anreiz haben, kurzfristige Gewinne auf Kosten des langfristigen Unternehmenswertes zu realisieren.[193]

- *Dualität*: Aus der langfristigen Ausrichtung des Unternehmens darf es nicht zur Vernachlässigung operativer Aspekte und kurzfristiger Ziele kommen. Ebenso müssen Manager, wie in Kapitel 2.1.3 schon erwähnt, den Bezug ihrer Handlungen zu den Auswirkungen auf den Unternehmenserfolg und ihre Incentivierung auch zeitnah spüren. Es muss also ein Anreizmix erzeugt werden, der sowohl kurz- als auch langfristige Zielsetzungen in einem ausgewogenen Verhältnis berücksichtigt.[194]

- *Objektivität*: Die Ergebnisse des Incentivierungssystems sollten möglichst unabhängig von der Partei oder Person sein, die diese auswertet und in eine Belohnung überführt. Darunter wird auch die Gültigkeit und Zuverlässigkeit von Messungen verstanden. Dies bedeutet, es muss das gemessen werden, was gemessen werden soll und die Ergebnisse müssen bei wiederholter oder paralleler Messung identisch sein.[195]

- *Relevanz*: Diese Anforderung betrifft den Wert der Anreize für einen Manager. Es muss ein spürbarer Zusammenhang zwischen einer Veränderung der Bemessungsgrundlage und der resultierenden Belohnung bestehen.[196] Es muss sich schlichtweg für einen Manager lohnen, sich anzustrengen. Nur ein signifikanter Bonus wird wahrgenommen und kann einen Motivationseffekt entfalten.[197]

- *Akzeptanz*: Akzeptiert ein Manager das ihm geltende Incentivierungssystem, bedeutet das, er kann dessen Funktionsweise nachvollziehen und ist *einverstanden* damit. Diese

---

[193] Vgl. Koch/Pertl (2009), S. 6; Riegler (2000), S. 43; Hostettler (2006), S. 26; Merchant/Van der Stede (2007), S. 404.
[194] Vgl. Becker (1990), S. 67; Winter (1996), S. 80 f.
[195] Vgl. Lattmann (1991), S. 862; Schnell/Hill/Esser (1992), S. 158 ff.
[196] Vgl. Becker (1990), S. 25 f.; Winter (1996), S. 618 f.
[197] Vgl. Hostettler (2006), S. 26; Merchant/Van der Stede (2007), S. 403.

Anforderung ist notwendig, um Motivation überhaupt erst erzeugen zu können und einen Manager bei seinen Handlungen zu beeinflussen. Schwierigkeiten bei der Akzeptanz kann es insbesondere in Einführungs- und Änderungsphasen eines Incentivierungssystems geben. Mit Hilfe verstärkter interner Kommunikation sollten dann alle Punkte intensiv verständlich gemacht und erläutert werden.[198]

- *Transparenz*: Die Transparenz des Anreizsystems fördert die „individuelle Durchschaubarkeit und Verständlichkeit".[199] Nur wenn die Manager das System nachvollziehen können, d.h. den Zusammenhang ihrer Leistung mit ihrer Entlohnung verstehen und das als fair empfinden, sind sie willig und in der Lage, ihre Handlungen daran auszurichten. Das Kriterium der Transparenz ist also eng mit dem der Akzeptanz und Gerechtigkeit verknüpft.[200] Dabei ist wie in Kapitel 2.1.3 bereits dargestellt die Verständlichkeit der wertorientierten Kennzahl an sich bereits eine wichtige Grundvoraussetzung.

- *Gerechtigkeit*: Diese Anforderung ist einerseits im Sinne von Wettbewerbsfähigkeit nach außen gerichtet und zielt auf den Vergleich zu anderen Unternehmen. Diese *Markt*gerechtigkeit steht andererseits der *Leistungs*gerechtigkeit gegenüber, die unternehmensintern zur Wahrnehmung führen soll, dass die Entlohnung in ihrer absoluten Höhe als auch im Vergleich zu anderen incentivierten Managern angemessen ist.[201]
  Aus Sicht der Mitarbeiter im Unternehmen, die nicht zum Bezugskreis der Incentivierung zählen, ist es zudem für deren Gerechtigkeitsempfinden und Motivation wichtig, dass der Bonus im Rahmen der wertorientierten Incentivierung mit der Prämie in anderen Entgeltsystemen im Unternehmen, bspw. im Tarifbereich, korreliert. Dies kann insbesondere in wirtschaftlich schwierigen Zeiten kritisch sein, wenn die Prämie sich nach dem Ausmaß einer – evtl. niedrigen – Gewinngröße bemisst und der Bonus auf der – evtl. gut erfüllten – Erreichung von Zielen beruht.

[198] Vgl. Winter (1996), S. 89 f.; Riegler (2000), S. 43.
[199] Winter (1996), S. 73.
[200] Vgl. Riegler (2000), S. 43; Winter (1996), S. 73 f.; Pellens/Crasselt/Rockholtz (1998), S. 14.
[201] Vgl. Winter (1996), S. 75; Wälchli (1995), S. 169 f.

- *Querdurchlässigkeit*: Ein wertorientiertes Incentivierungssystem darf in einem divisionalen Konzern nicht dazu führen, dass Manager nur in einem wirtschaftlich *gesunden* Geschäftsbereich arbeiten wollen, weil sie dort eine bessere Chance auf einen Bonus sehen. Ansonsten würde dies über die Zeit dazu führen, dass alle guten Manager in erfolgreichen Bereichen arbeiten. Dieser Punkt ist also eng verknüpft mit den Anforderungen an Akzeptanz und Gerechtigkeit. Er wird hier trotzdem als eigenständiger Punkt aufgeführt, da Querdurchlässigkeit insbesondere durch eine planbasierte Incentivierung erreicht werden soll, diese aber über die Anforderung an Planungsgenauigkeit mit einigen Schwierigkeiten verbunden ist.

- *Wirtschaftlichkeit*: Wie andere betriebswirtschaftliche Instrumente, oder wie auch die Verwendung einer wertorientierten Kennzahl an sich, muss auch das Incentivierungssystem wirtschaftlich sein. Das bedeutet, dass der durch das Incentivierungssystem entstandene Nutzen die entstandenen Kosten übertreffen muss. Ist dies nicht der Fall, wurde kein zusätzlicher Wert für das Unternehmen geschaffen. Die Kosten des Incentivierungssystems sind die ausgezahlten Boni sowie die Aufwendungen für die Implementierung und Verwaltung des Systems. Das Incentivierungssystem sollte sich zumindest selbst finanzieren. Den Nutzen zu berechnen gestaltet sich allerdings problematisch, die Veränderung des Unternehmenswerts ließe sich nur in einer absolut stabilen Umwelt dem Incentivierungssystem zuordnen. Langfristig positive Effekte des Incentivierungssystems sollten aber auf jeden Fall erkennbar sein und qualitativ bewertet werden können.[202]

Diese breite Palette von Anforderungen ist Bedingung für die Erfüllung der Funktionen von Anreizsystemen und damit für eine *funktionierende* wertorientierte Incentivierung. Aufgrund ihrer Wechselwirkungen untereinander ist es allerdings nicht möglich, eine eindeutige hierarchische Ordnung der Anforderungen herzustellen.[203] Für die unternehmensspezifische Anwendung zur Beurteilung eines wertorientierten Incentivierungssystems kann es dennoch nützlich sein, festzulegen, welche Kriterien eher im Vordergrund stehen als andere. Dazu kann eine Gewichtung der einzelnen Anforderungskriterien vorgenommen werden. Ein sol-

---

[202] Vgl. Winter (1996), S. 72 f.; Pellens/Crasselt/Rockholtz (1998), S. 14; Merchant/Van der Stede (2007), S. 404; Wälchli (1995), S. 172 f.

[203] Vgl. Winter (1996), 71 f.

ches Beurteilungsschema kann zum einen vor der Implementierung einer wertorientierten Incentivierung für die Verantwortlichen als Leitplanke zur anschließenden Ausgestaltung des Systems genutzt werden. Es ist allerdings keine *Bauanleitung*, die nach Befolgung zu genau einer möglichen Ausgestaltungsform kommt. Vielmehr sind zahlreiche, sich im Detail unterscheidende Systeme möglich, so wie es auch in der Literatur keinen Konsens und keine einhellige Vorgehensweise bei der Gestaltung von wertorientierten Anreizsystemen gibt.[204] Zum anderen können die Anforderungskriterien zur Beurteilung eines bereits etablierten Incentivierungssystems, bspw. zu einer Befragung der Manager wie in Kapitel 4 durchgeführt, dienen und so dazu beitragen, ein differenziertes Bild über die Wirkungsweise des Incentivierungssystems aufzuzeigen.

2.3.2 Festlegung der Parameter wertorientierter Incentivierung

Anreizsysteme bestehen aus einer *Menge von Anreizen (Belohnungen und Bestrafungen), einer Menge von Kriterien (Leistungsmaße, Bemessungsgrundlagen) und den zwischen diesen Mengen definierten Kriteriums-Anreiz-Relationen.*[205] Diese Definition gibt den technischen Rahmen wieder, der im Folgenden nun konkretisiert und mit alternativen Gestaltungsformen der wertorientierten Incentivierung gefüllt wird.

2.3.2.1 Wahl der Bemessungsgrundlage

Die Bemessungsgrundlage stellt in einem wertorientierten Incentivierungssystem die Messgröße zur Leistungsbeurteilung dar. Anhand dieses im Voraus festgelegten *Performance-Maßes* wird über das Ausmaß der Incentivierung entschieden. Die Auswahl der Bemessungsgrundlage soll sicherstellen, dass die Zielsetzung der Manager im Sinne der Principal-Agent-Theorie die der sog. Agenten, mit der Zielstellung der Unternehmensleitung, des Principals, in Übereinstimmung gebracht wird: Wenn die Manager ihr Handeln mit dem Ziel der Incentive-Maximierung so leiten, dass die Bemessungsgrundlage beeinflusst wird, dann optimieren sie

[204] Vgl. Müller/Hirsch (2005), S. 84; Locarek-Junge/Imberger (2006), S. 546.
[205] Vgl. Winter (1997), S. 616.

ihr Einkommen, indem sie gleichzeitig die Zielsetzung der Unternehmensleitung anstreben. Somit wird eine Interessenkonformität beider Parteien erreicht.[206]

Die Bemessungsgrundlage kann input- oder outputorientierte Größen zur Leistungsmessung heranziehen. Inputorientierte Messgrößen beurteilen die Leistung der Manager auf Basis ihres Handelns, d.h. sie orientieren sich an der eingebrachten Leistung. Dieses Vorgehen ist allerdings nur zweckmäßig, wenn die Aktivitäten der Manager beobachtbar sind und von der Unternehmensleitung in ihrer Wirksamkeit beurteilt werden können. Voraussetzung dafür ist eine starke Kontrolle der Manager und ein hoher Informationsstand der Unternehmensleitung, was zu hohen Kosten führt und außerdem die ursprüngliche Intention des Manager-Einsatzes konterkariert – nämlich die Delegation von Entscheidungsbefugnissen und damit die Beauftragung der Manager aufgrund ihres Expertenwissens zur Entlastung der Unternehmensleitung. Outputorientierte Größen dagegen messen ein Leistungsergebnis, ohne bei der Beurteilung dessen Zustandekommen zu berücksichtigen.[207]

Die Bemessungsgrundlage eines wertorientierten Incentivierungssystems richtet sich üblicherweise nach dem Unternehmenswert und ist somit outputorientiert. Im Erfolgsfall partizipiert ein Manager also über die Teilnahme am Incentivierungssystem an der Steigerung des Unternehmenswerts. Auf die konkrete Ermittlung des Unternehmenswerts und deren zwei grundlegende Vorgehensweisen, einerseits aus dem Kapitalmarkt und andererseits mit Hilfe interner Unternehmensbewertungsverfahren, wurde in Kapitel 2.1.2 bereits eingegangen. Dieser Unterscheidung entsprechend kann die Bemessungsgrundlage eines wertorientierten Anreizsystems entweder aktienkurs- oder kennzahlenorientiert ausgestaltet sein:

- *Aktienkursorientierte Bemessungsgrundlagen* orientieren sich direkt am Shareholder Value und bilden damit das originäre Ziel der wertorientierten Unternehmenssteuerung ab.[208] Es kann bspw. der Aktienkurs an sich als Messgröße dienen oder die Summe aus Aktienkurs und Dividendenzahlung, der *Total Shareholder Return (TSR)*.[209]

[206] Vgl. Weber et al. (2004), S. 199 f.; Hungenberg (2006), S. 359 f.
[207] Vgl. Riegler (2000), S. 152.
[208] Vgl. Crasselt (2008), S. 289.
[209] Vgl. Weber et al. (2004), S. 201; Plaschke (2003), S. 115 ff.

Allerdings wird die alleinige Orientierung der Incentivierung am Aktienkurs kritisch gesehen, da dieser externen Einflussfaktoren ausgesetzt ist, die die Manager nicht beeinflussen können. Im Extremfall spiegelt sich dies in volkswirtschaftlichen Krisenzeiten in einem allgemeinen Kursverfall wider.[210]

- *Kennzahlenorientierte Bemessungsgrundlagen* sind über die unternehmensinterne Ermittlung des Unternehmenswerts indirekt mit dem Ziel der Steigerung des Shareholder Value verbunden. Sie können mit wertorientierten Kennzahlen oder deren Werttreibergrößen ausgestaltet sein. Letztere können einerseits finanzieller Art sein und sind formal aus der wertorientierten Spitzenkennzahl abgeleitete Ergebnisgrößen oder anderseits nicht finanzieller Art und damit nicht-monetär bewertbare Werttreibergrößen.[211]

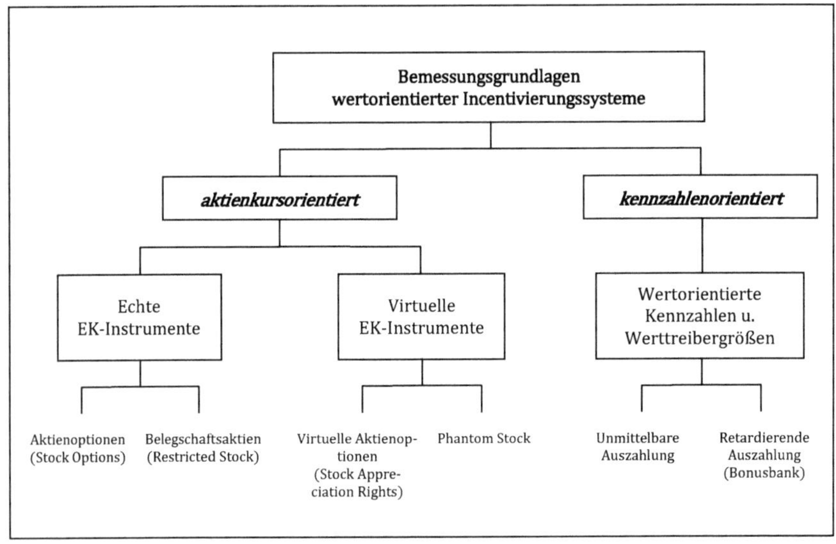

Abbildung 21: Wertorientierte Bemessungsgrundlagen und Entlohnungsformen[212]

[210] Vgl. Mandl/Rabel (1997), S. 308 f.; Weber et al. (2004), S. 201; Zur Kritik an rein börsenorientierten Anreizsystemen vgl. auch Aders/Herbertinger/Wiedemann (2003), S. 356; Töpfer/Duchmann (2006), S. 39.

[211] Siehe Kapitel 2.1.4 und darin Ausführungen zum Werttreibermanagement.

[212] In Anlehnung an Pellens/Crasselt/Rockholtz (1998), S. 12.

In Kapitel 2.1.3 wurden mit EVA und CVA bereits zwei mögliche Kennzahlenkonzepte vorgestellt. In Kapitel 2.1.4 wurden außerdem Werttreiberbäume dargestellt – in ihrer operativen Ausführung ebenso am Beispiel des EVA. Hier ist also eine weitere Darstellung von kennzahlenorientierten Bemessungsgrundlagen nicht mehr notwendig.

An dieser Stelle wird stattdessen die Gelegenheit genutzt, der Vollständigkeit halber und aufgrund ihrer praktischen Relevanz, entsprechend *Abbildung 21* einen kurzen Überblick der aktienkursorientierten Bemessungsrundlagen zu geben.[213] Diese können unterschieden werden in *echte* und *virtuelle* Eigenkapitalinstrumente. Zu den echten Eigenkapitalinstrumenten zählen Belegschaftsaktien, im Englischen sog. *Restricted Stocks*, und Aktienoptionen, im Englischen *Stock Options*.[214] Virtuelle Eigenkapitalinstrumente sind einerseits virtuelle Aktien bzw. *Phantom Stocks* sowie andererseits Virtuelle Optionen bzw. *Stock Appreciation Rights*:

- *Belegschaftsaktien* dienen dazu, Manager in die gleiche Position wie Eigentümer zu bringen und damit die Principal-Agent-Problematik zu umgehen. Aktien können einem Manager zugeteilt werden oder er kann sie zu günstigen Konditionen erwerben. In beiden Fällen unterliegen die Belegschaftsaktien einer mehrjährigen Sperrfrist – daher die englische Bezeichnung als *Restricted Stocks*. Mit dem Besitz dieser echten Aktien halten die Manager eine unmittelbare Beteiligung an ihrem Unternehmen, was bedeutet, dass ihr Wert dem Kursrisiko ausgesetzt ist und damit der Anreiz besteht, einen persönlichen Beitrag zur Wertsteigerung des Unternehmens zu leisten.[215]
- *Aktienoptionen* sind Kaufoptionen, die Manager auf Aktien ihres Unternehmens bekommen. Sie erhalten damit das Recht, nicht jedoch die Pflicht, die Aktie innerhalb eines fixierten Zeitraums oder zu einem definierten Zeitpunkt zu einem zum Vertragszeitpunkt festgelegten Preis zu erwerben. Wenn der Aktienkurs über dem festgelegtem Preis liegt, werden sie ihr Optionsrecht wahrnehmen und durch den anschließenden Verkauf ihrer Aktien einen Gewinn erzielen. Liegt der Börsenkurs niedriger, werden die Manager ihre Option nicht nutzen und ihr Ausübungsrecht verfällt.[216]

---

[213] Ausführlicher zum Thema siehe Pellens/Crasselt/Rockholtz (1998); Crasselt/Pellens (2010).
[214] Vgl. auch im Weiteren Crasselt/Pellens (1998); Merchant/Van der Stede (2007), S. 398 ff.
[215] Vgl. Ellig (1984), S. 45 f.; Becker (1990), S. 36 f.
[216] Vgl. Crasselt (2000), S. 135 ff.; Crasselt (2011), S. 749 ff.; Achleitner/Wichels (2000), S. 11 ff.; von Rosen/Leven (2000), S. 5 f.

- Virtuelle Eigenkapitalinstrumente führen zu Entgeltzahlungen, die abhängig sind vom Verlauf des Aktienkurses des Unternehmens. Das heißt es werden keine echten Aktien gehandelt, sondern interne Modelle gebildet, aus denen vom Börsenkurs abhängige Zahlungen resultieren. Bei *virtuellen Aktien* erhält ein Manager eine bestimmte Anzahl fiktiver Aktien, deren Kursgewinn er nach einem festgelegten Zeitraum ausbezahlt bekommt. *Virtuelle Optionen* funktionieren grundsätzlich nach dem gleichen Prinzip wie echte Aktienoptionen, mit dem Unterschied, dass keine tatsächliche Kaufoption besteht, sondern eventuelle Kursgewinne zum festgelegten Preis als Gehaltsbestandteil ausbezahlt werden. Als Vorteile virtueller gegenüber echten Eigenkapitalinstrumenten werden steuerliche Vorteile für das Unternehmen und keine Verwässerung der Aktionärsstruktur genannt.[217]

Über die Frage der Kennzahl an sich hinaus, muss entschieden werden, ob die Bemessungsgrundlage als absolute Messgröße ausgestaltet ist oder auf einer relativen Betrachtung beruhen soll:[218]

- Bei einer absoluten Betrachtung der Bemessungsgrundlage wird nur der allein stehende Wert der Kennzahl bewertet. Ziel ist dann eine positive Wertentwicklung des Unternehmens.
- Die erste Möglichkeit einer relativen Betrachtung vergleicht die absoluten Kennzahlenwerte zweier unterschiedlicher Perioden miteinander. Vorgabe ist in diesem Fall, positive Delta-Werte zu erzielen und damit tatsächliche Wertsteigerung für die Eigentümer zu generieren.
- Die zweite Möglichkeit der relativen Ausgestaltung der Bemessungsrundlage ist die Verwendung eines Index zur Leistungsbeurteilung. Für einen definierten Zeitraum wird hierbei also die Wertentwicklung vergleichbarer Einheiten als Maßstab zu Grunde gelegt. Meist erfolgt dies über unternehmensexterne Benchmarks oder Branchenindizes. Dadurch werden gesamtwirtschaftliche und branchenspezifische Faktoren, die die Manager nicht beeinflussen können, für die Incentivierung eliminiert. Vorgabe ist es also, unter den gleichen Bedingungen wie sie auch die Wettbewerber vorfinden, besser als diese zu sein. Dadurch werden einerseits auch in wirtschaftlich schlechten Zeiten relativ gute Ergebnisse honoriert und andererseits werden gute Ergebnisse, die

---

[217] Vgl. Bühner (1989), S. 2183; Ellig (1984), S. 44 f.; Pellens/Crasselt/Rockholtz (1998), S. 12 ff.
[218] Vgl. Plaschke (2003), S. 254 ff.

auf externe Faktoren zurückzuführen sind, gefiltert, so dass unberechtigte Erfolge, sog. *Windfall Profits* oder *Lottery Gains*, nicht für die Incentivierung berücksichtigt werden.[219]

Die Auswahl der als Bemessungsgrundlage verwendeten Kennzahlen hängt im Wesentlichen von zwei Faktoren ab: Zum Einen muss die Bemessungsgrundlage den individuellen Beitrag der Manager zur Steigerung des Unternehmenswerts abbilden. Zum Anderen hängt die Auswahl auch davon ab, welche Kennzahlen bereits im Unternehmen etabliert sind. Aus Verständlichkeits- und Einheitlichkeitsgründen macht es Sinn, auf bereits verwendete Kennzahlen zurück zu greifen oder diese als Orientierung zu verwenden.[220]
Bei einer homogenen Arbeitsaufgabe, die inhaltlich eindeutig strukturiert und auf ein einziges direkt zuordenbares Ziel ausgerichtet ist, fällt die Wahl einer geeigneten und alleinigen Bemessungsgrundlage in der Regel leicht. Aufgrund der inhaltlichen Vielfältigkeit der Manageraufgabe stellt sich jedoch die Frage, ob die Verwendung einer einzigen Bemessungsgrundlage ausreichend ist. Meist kennzeichnet sich die Tätigkeit von Managern durch ein breites Spektrum stark heterogener Teilaufgaben und -ziele. Mit zunehmendem Umfang delegierter Entscheidungskompetenz nehmen die Teil-Verantwortlichkeiten der Manager außerdem zu. Folglich reicht eine einzige Bemessungsgrundlage nicht aus und würde möglicherweise sogar zu Fehlanreizen führen. Deshalb ist es notwendig, bei der Gestaltung eines Incentivierungssystems mehrere Bemessungsgrundlagen berücksichtigen zu können.[221]

2.3.2.2 Belohnungsfunktion und Auszahlungsmodus

Die Belohnungsfunktion verknüpft den Umfang der gewährten Belohnung mit der Zielerreichung. Sie definiert damit die Höhe der Belohnung in Abhängigkeit von der Ausprägung der Bemessungsgrundlage.[222] Bei der Festlegung der Belohnungsfunktion kommt es auf ihren Verlauf an und die Frage, ob es Kappungsgrenzen geben soll oder nicht.

---

[219] Vgl. Winter (1996), S. 898 ff.; Knorren (1998), S. 198.
[220] Vgl. Weber et al. (2004), S. 202.
[221] Vgl. Schreyögg/Hübl (1992), S. 82 ff.; Weber et al. (2004), S. 203.
[222] Vgl. Merchant/Van der Stede (2007), S. 402; Becker (1987), S. 94; Kossbiel (1994), S. 78; Laux (1999), S. 28 f.; Riegler (2000), S. 153; Hungenberg (2006), S. 360.

Zur individuellen Belohnungsberechnung eines Managers wird meist auf ein Modell mit Bonusfaktor zurückgegriffen: das Erreichen einer im Voraus festgelegten Zielgröße führt zur Auszahlung eines ebenfalls zuvor vereinbarten Zielbonus. Dieser Zielbonus wird definiert mit dem Faktor 1,0. Die Abweichungen von der Zielgröße können nun über eine Belohnungs- bzw. Bonusfunktion mit bestimmten Faktoren verknüpft werden. Je nach Gestaltung der Bonusfunktion können Abweichungen zur Zielgröße – wie im Folgenden dargestellt wird – verschieden starke Faktorveränderungen bedeuten.[223] Konstituierender Ausgangspunkt in diesem Modell ist die Vorgabe einer ex-ante bestimmten oder hergeleiteten Zielgröße. Sie drückt die als notwendig erachtete Wertentwicklung des Unternehmens aus oder ist daraus abgeleitet und birgt, wie in Kapitel 3 zu sehen sein wird, erhebliches Spannungspotenzial für die Funktionsweise des Incentivierungssystems.

Der *Verlauf der Belohnungsfunktion* definiert die Entwicklung des Belohnungsfaktors je nach Ausprägung der Zielerreichung. Dieser Zusammenhang kann grundsätzlich über eine Gerade mit der Steigung 1, mit einem flacheren oder steileren Verlauf abgebildet werden. Deren unterschiedliche Auswirkungen stellen sich folgendermaßen dar:[224]

- Bei einer linearen Belohnungsfunktion mit der Steigung 1 ist das Verhältnis von Steigerung des Zielerreichungsgrads und Belohnungssteigerung im definierten Intervall an jeder Stelle gleich. Positive und negative Entwicklungen des Zielerreichungsgrads werden damit gleich behandelt. Die einfachste Variante ist die einer Basisgeraden.
- Bei einem steileren Funktionsverlauf muss die Zielerreichung für einen Euro mehr Belohnung im Vergleich dazu weniger stark steigen. Sie führt zu einem hohen Anreiz, zusätzliche Wertsteigerung zu generieren, auch wenn diese nur mit sehr hohem Aufwand realisierbar ist. Damit sind für das Unternehmen im Erfolgsfall aber auch erhöhte Kosten verbunden. Für die Manager bedeutet das aber auch, dass im Misserfolgsfall ihre Belohnung entsprechend schneller sinkt.
- Eine flacher verlaufende Belohnungsfunktion honoriert Wertsteigerungsverbesserungen mit einem verhältnismäßig geringeren Entlohnungszuwachs. Auch Veränderungen in negative Richtung werden mit schwächeren Belohnungseinbußen verknüpft.

In Abbildung 22 wird eine Belohnungsfunktion dargestellt, die die drei beschriebenen Verläufe beispielhaft zeigt.

---

[223] Vgl. Plaschke (2003), S. 276 f.
[224] Vgl. Plaschke (2003), S. 278 ff.; Weber et al. (2004), S. 204 f.

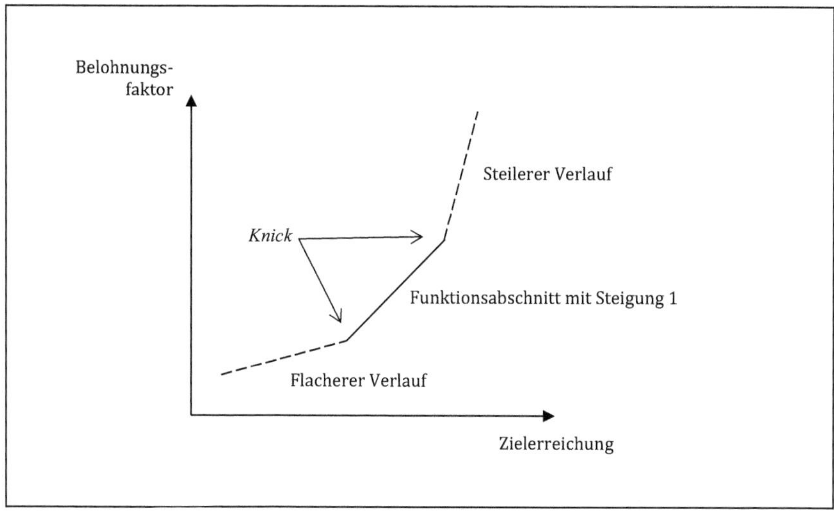

Abbildung 22: Beispielhafte Abschnittsverläufe einer Belohnungsfunktion

Neben diesen drei grundsätzlichen Alternativen einer Belohnungsfunktion, gibt es viele weitere denkbare Kombinationsmöglichkeiten, die nicht nur unterschiedliche Steigungen, sondern auch abschnittsweise unterschiedliche Verläufe oder konkave bzw. konvexe Krümmungen, aufweisen können. In jedem Fall muss der Funktionsverlauf unternehmensspezifisch bestimmt und genau überlegt werden, denn gewünschten Wirkungen, die durch den Verlauf der Belohnungsfunktion beim Manager hervorgerufen werden sollen, können oft auch ungewünschte Nebeneffekte gegenüberstehen.[225] Im Beispiel eines streng konvexen Funktionsverlaufs führt das im positiven Sinne dazu, dass mit anwachsender Wertschaffung zwar ein immer stärkerer Anreiz zu weiterer Steigerung entsteht, die Ergebnisgenerierung jedoch stark kurzfristig ausgerichtet ist und Folgeperioden vernachlässigt werden.

An dieser Stelle wird überdies sehr deutlich, dass Zielsetzung und damit verknüpfte Planung zentrale Stellhebel im Kontext der wertorientierten Incentivierung sind. Die Art und Weise wie diese Prozesse ablaufen und mit welchen Verantwortlichkeiten und Einflussnahmemöglichkeiten diese für die Manager verbunden sind, hat entscheidenden Einfluss auf die inten-

[225] Vgl. Plaschke (2003), S. 280 f.

dierte und tatsächliche Wirkungsweise eines Incentivierungssystems. In Kapitel 3.1 werden die Prozesse der Planung und Zielsetzung daher schwerpunktmäßig aufgegriffen.

Kappungsgrenzen sind Schwellenwerte, die definieren, bis zu welchen Werten es bei einer Änderung der Bemessungsgrundlage zu einer Veränderung der Belohnung kommt.[226] Sie legen also die ein- oder beidseitige Begrenzung oder Öffnung der Belohnungsfunktion fest:

- Eine untere Grenze verhindert Maluszahlungen des Managers im Misserfolgsfall und ist damit Ausdruck eines Incentivierungssystems, das eher auf positive Anreizsetzung baut. Ist die Belohnungsfunktion nach unten hin offen, sind auch negative Anreize – folglich Sanktionen bzw. Bestrafungen – möglich. Sollen die Manager komplett in die Lage von Investoren versetzt werden, müssen sie in ihrer Incentivierung auch mit einem Verlustpotenzial rechnen. Allerdings wird diese Frage kritisch diskutiert.[227] Wird ein negativer Bonusfaktor berechnet, greift das Unternehmen quasi in den Geldbeutel des Managers, was eine extrem negative Motivationswirkung hat und zu einem extrem sicherheitsbewussten Verhalten des Managers führen kann.
- Eine obere Grenze kappt die variablen Verdienstmöglichkeiten eines Managers. So wird ausgeschlossen, dass externe Effekte wie konjunkturelle Extrementwicklungen oder starke Börsenschwankungen, die nicht aus der individuellen Leistung des Managers resultieren, zu – gegenüber Investoren oder anderen Mitarbeitern – nicht vermittelbaren Gehaltsexzessen führen. Die Kosten für die Entlohnung der Manager werden für das Unternehmen außerdem auf ein Maximum eingeschränkt und besser kalkulierbar. Auf der anderen Seite werden außergewöhnliche Leistungen eines Managers automatisch nicht entsprechend hoch honoriert, was beim Betroffenen zu nachlassender Motivation führen kann. Sobald er die obere Kappungsgrenze erreicht hat, wird er sich *kein Bein mehr rausreißen*.[228]

Grundsätzlich wird angenommen, dass die Motivation der Manager umso höher ist, je größer die in Aussicht gestellte erreichbare Belohnung vordefiniert wird. Aber es müssen auch intertemporale Effekte bei der Festlegung des Funktionsverlaufs berücksichtigt werden: Arbeitet ein Manager über mehrere Jahre in einem Unternehmen oder auf der gleichen Position im

---

226 Vgl. Weber et al. (2004), S. 205.
227 Vgl. Weilenmann (1999), S. 203 f.
228 Vgl. Bertram (2001), S. 268 f.; Svoboda (2001), S. 249; Merchant/Van der Stede (2007), S. 402.

Unternehmen und wird jeweils für Einjahresperioden mit Kappungsgrenzen incentiviert, dann hat er möglicherweise einen Anreiz, Handlungsergebnisse in eine andere Periode zu verschieben, um seine Entlohnung zu optimieren.[229] Auch dies ist ein kritischer Punkt, der in Kapitel 3, insbesondere 3.2, wieder aufgegriffen wird.

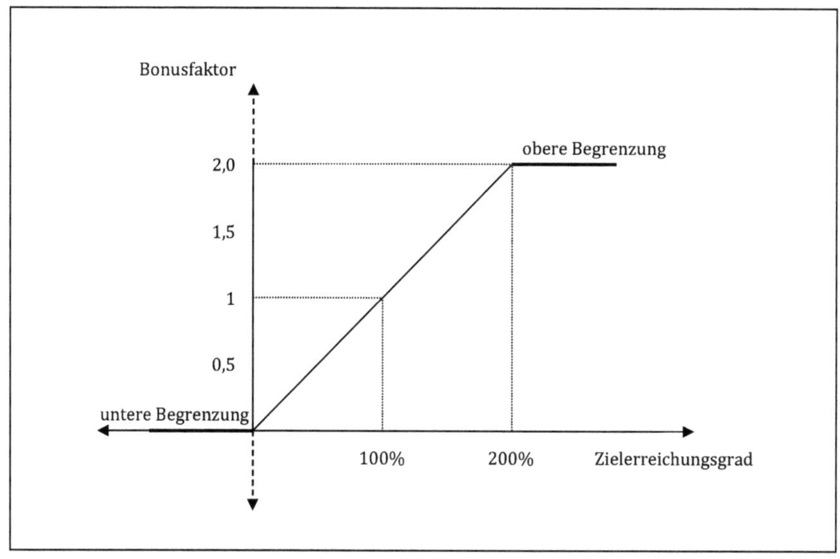

Abbildung 23: Beispiel einer linearen Belohnungsfunktion mit Kappungsgrenzen im Modell mit Bonusfaktor

Bei der Festlegung des *Auszahlungsmodus* wird im ersten Schritt der Zeitpunkt der Auszahlung bestimmt. Dieser sollte möglichst direkt nach Ende der Periode gewählt werden, die der Bestimmung der Belohnungshöhe zugrundeliegt. Deckt sich die incentivierte Periode mit einem Geschäftsjahr, liegt der Zeitpunkt der Auszahlung aufgrund von Jahresabschlusstätigkeiten normalerweise ungefähr am Ende des ersten Quartals der Folgeperiode.

Im zweiten Schritt wird der Anteil der erworbenen Entgeltansprüche festgelegt, der zur Auszahlung kommt. Es kann zu einer vollständigen einmaligen Auszahlung kommen oder zu

229 Vgl. Riegler (2000), S. 153.

mehreren anteiligen Auszahlungen zu verschiedenen Zeitpunkten. Diese sukzessiven bzw. retardierenden Auszahlungsmodi werden im Englischen als *Deferred Compensation* bezeichnet, also verzögerte Vergütung.[230] Die Abwicklung dieser Idee erfolgt über eine sog. *Bonusbank*.[231] Sie ist eine besondere Form der Incentivierungsgestaltung, von der spezielle Anreize ausgehen, welche bei bestimmten Intentionen des Incentivierungssystems hilfreich sein können. Später in dieser Arbeit, in Kapitel 3.2.4.3, wird die Bonusbank deshalb näher erläutert.

2.3.2.3 Weitere Gestaltungsfragen

Neben der grundsätzlichen Festlegung der Parameter des wertorientierten Incentivierungssystems müssen weitere Fragen bei der Gestaltung und Implementierung im Unternehmen geklärt werden. Hierzu zählen insbesondere folgende Parameter:

- Bestimmung der absoluten Entlohnungshöhe und der variablen Anteile: Bei der absoluten Höhe der Managervergütung hat das Unternehmen zwar verschiedene strategische Ausrichtungsmöglichkeiten – beim relativen Vergütungsniveau kann bspw. eine Benchmarking- oder eine Matchingstrategie gewählt werden[232] – innerhalb einer Branche sind die Verdienstmöglichkeiten auf gleichem Hierarchielevel aber in der Regel vergleichbar.[233] Ebenso das Verhältnis zwischen fixer und variabler Entlohnung: Bei eher sicherheitsorientierter Kombination liegt der Schwerpunkt auf der fixen, bei eher leistungsorientiertem Verhältnis auf der variablen Vergütung.[234]

- Freiwilligkeit der Teilnahme:[235] Ob die Teilnahme am Anreizprogramm des Unternehmens verpflichtend oder freiwillig ist, hängt im unternehmensspezifischen Kontext auch von der weiteren Gestaltung des Anreizsystems ab und muss vom Unternehmen vor dem Hintergrund der intendierten Anreizwirkung entschieden werden. Eine obligatorische Teilnahme kann negative Folgen haben, wenn damit eine Vorleistung des

---

[230] Vgl. Weber et al. (2004), S. 205 f.
[231] Vgl. Fründ (2015), S. 61 ff.; Plaschke (2003), S. 200 ff.
[232] Vgl. Stock-Homburg (2010), S. 419.
[233] Eine Ausnahme stellt das Top-Management dar, bei dem es auch innerhalb einer Branche zu großen Gehaltsunterschieden kommen kann. Hier spielen auch andere Faktoren wie bspw. die Verhandlungsposition des Top-Managers eine gewichtige Rolle.
[234] Vgl. Stock-Homburg (2010), S. 434.
[235] Vgl. Weber et al. (2004), S. 199.

Mitarbeiters oder Maluszahlungen verbunden sind. Im Normalfall nehmen aber alle Manager am Incentivierungssystem teil.

- Individuelle Entlohnung oder Teambeteiligung:[236] Wenn starke Interdependenzen zwischen Geschäftsbereichen oder einzelnen Bereichen eines Unternehmens bestehen, ist es möglich, dass eine individuelle Ergebnismaximierung aus Gesamtunternehmenssicht suboptimal ist. Eine individuelle Entlohnung sollte dann um eine Teambeteiligung ergänzt oder gar von ihr ersetzt werden. Dazu kann eine übergeordnete Zielgröße als Bemessungsgrundlage aufgenommen werden, so dass der Fokus der Manager über den eigenen Bereich hinausgehen muss. Noch weiter in Richtung Teambeteiligung kann die Implementierung eines gemeinsamen Bonuspools für besonders interdependente Bereiche gehen. Damit könnte die Gesamtvergütung eines Managers teilweise aus teamorientierten Zielen und Entlohnungen resultieren, also direkt von den Leistungen anderer Manager abhängen.

- Teilnehmerkreis:[237] Die Einrichtung und der laufende Betrieb eines Incentivierungssystems verursacht Kosten für das Unternehmen. Neben der generellen Administration des Systems müssen variable Entgeltbestandteile ausbezahlt werden. Zum Einen ist es deshalb eine Kosten-Nutzen-Abwägung, welche Mitarbeiter zum Teilnehmerkreis des Incentivierungssystems gehören. Zum Anderen macht es aus Motivationsgesichtspunkten aber auch nur dann Sinn, Mitarbeiter in ein – normalerweise unternehmensweit einheitlich aufgebautes System – zu integrieren, wenn sie dessen Bemessungsgrundlage beeinflussen können. Sie sollten also aufgrund ihres Aufgabengebiets und ihrer Entscheidungsbefugnisse in der Lage sein, bspw. auf den Unternehmenswert oder das Bereichsergebnis direkt durch Ihr Handeln wirken zu können.

- Kulturelle Unterschiede: Nicht nur die Personalbeurteilungssysteme eines Unternehmens müssen sensibel für kulturelle Unterschiede sein, auch die Incentivierung muss internationalen Anforderungen gerecht werden.[238]

---

[236] Vgl. Albach (2001), S. 655 ff.; Wälchli (1995), S. 381 ff.; Winter (1996), S. 146.
[237] Vgl. Weber et al. (2004), S. 198 f.
[238] Vgl. Stock-Homburg (2010), S. 449 ff. u. 462 ff.

- Vorgehen beim Ausscheiden oder Bereichswechsel eines Managers:[239] Egal, ob ein Manger innerhalb eines Unternehmens zu einem anderen Bereich geht oder das Unternehmen ganz verlässt, sollten Regelungen im Incentivierungssystem für seinen Wechsel getroffen werden. Grundsätzlich ist es denkbar, dass er mit dem Ausscheiden alle Ansprüche auf zukünftige Entlohnungszahlungen verliert. Diese im Englischen sog. *golden handcuffs* sollen den Manager zum Verbleib im Unternehmen anreizen. Allerdings würde das dazu führen, dass er ab dem Zeitpunkt der Planung des Wechsels seinen Zeithorizont für Maßnahmen und Entscheidungen extrem verkürzt. Er hätte das Ziel, kurzfristig noch einmal den maximal möglichen Bonus zu erreichen, tut das eventuell aber auf Kosten längerfristiger Potenziale. Also sollte das Incentivierungssystem den Manager trotz seines Wechsels noch für eine bestimmte Zeit an der Entwicklung seines alten Bereichs beteiligen. Somit würde er auch noch in der letzten Zeit seiner Anstellung im alten Bereich auf eine langfristige Ausrichtung seiner Entscheidungen achten, da er an zukünftigen Entwicklungen weiterhin partizipiert. Darüber hinaus wäre er interessiert daran, dass er einen kompetenten Nachfolger bekommt, den er in diesem Fall intensiver unterstützen würde.

- Incentivierung von Wachstums- oder Verlustbereichen: Je nachdem, in welchem wirtschaftlichen Umfeld sich ein Unternehmen oder ein Geschäftsbereich bewegt, kann es sein, dass den Managern die Generierung von Wert sehr schwer oder sehr leicht fällt. Deshalb gibt es teilweise Bestrebungen, für ebensolche Bereiche in Sondersituationen spezielle Incentivierungssystematiken anzuwenden.[240] Dies erscheint unter Gerechtigkeits-und Beeinflussungsaspekten sowie im Bezug auf die Leistungsorientierung sinnvoll. Jedoch wird es in der Umsetzung schwierig sein, jeweils Grenzen zu definieren, ab welchen die jeweiligen Bereiche dann als *Sonderbereiche* gelten und sich damit ab einem definierten Schwellenwert plötzlich in einem anderen Incentivierungssystem – mit für die Manager veränderter absoluter Vergütungshöhe – wiederfinden.

---

[239] Vgl. Becker (1990), S. 162; Winter (1996), S. 144 ff.
[240] Vgl. Plaschke (2003), S. 253 f.

2.4 Zwischenfazit zur wertorientierten Incentivierung

Abschließend lässt sich die vorläufige Definition der wertorientierten Incentivierung[241] um einen dritten Punkt erweitern:[242]

1. Die wertorientierte Incentivierung unterstützt das Ziel der Steigerung des Unternehmenswerts und ist in das wertorientierte Managementsystem integriert.
2. Sie ist variable Komponente des Entgeltsystems eines Unternehmens und unterstützt maßgeblich die Funktionen des Anreizsystems.
3. Sie bildet ein System aus wertorientierten Bemessungsgrundlagen, welche als outputorientierte Leistungskriterien dienen, sowie finanziellen Anreizen, verbunden durch definierte Kriteriums-Anreiz-Relationen.

Allerdings ist sich – anknüpfend an die bereits getroffene Aussage, dass es kein perfektes Incentivierungssystem gibt[243] – die Literatur über die Gestaltung unterschiedlicher Grundformen hinaus nicht einig, wie ein erfolgsabhängiges wertorientiertes Vergütungssystem letztlich im Optimalfall ausgestaltet sein sollte. Es stehen nach *Merchant* bspw. immer noch viele Rätsel offen, die es – sofern dies überhaupt möglich ist – zu lösen gilt.[244]

[241] Punkt 1. und 2. siehe Anfang des Kapitels 2.3.
[242] Vgl. Kossbiel (1994), S. 77 ff.; Winter (1996), S. 18 f.; Plaschke (2003), S. 25 f.
[243] Siehe Anfang Kapitel 2.3.1.
[244] Vgl. Merchant (2010), S. 559 ff.

3 Steuerungsphilosophie und Gaming-Phänomene im Kontext wertorientierter Incentivierung

Ausgangspunkt für ein wertorientiertes Steuerungssystem stellt wie gezeigt eine wertorientierte Spitzenkennzahl und das zugehörige Kennzahlenkonzept dar. Davon ausgehend ist es nicht nur auf alle Führungsfunktionen auszurichten, sondern auch auf alle Manager und Mitarbeiter im Unternehmen, um das zuoberst gesetzte Ziel der Wertsteigerung zu erreichen.

Die wertorientierte Incentivierung baut auf einem uneinheitlichen Theoriegerüst auf und charakterisiert sich durch eine klare Vorstellung ihr zugeschriebener Funktionen sowie einer Reihe von Anforderungen als Gestaltungshilfen. Für die Ausgestaltung der Incentivierungs-Parameter im Unternehmen haben sich bestimmte Grundmuster entwickelt, die je nach intendierter Anreizwirkung unterschiedlichste Varianten zulassen. Im Fokus steht dabei in der Regel, die Erreichung des obersten Unternehmensziels bestmöglich durch die Verknüpfung von individueller oder bereichsspezifischer Zielerreichung und variabler Entgeltzahlung zu unterstützen.

Ein zentrales Element der wertorientierten Steuerung und Incentivierung sind folglich Ziele und insbesondere das Zustandekommen von Zielen. In Kapitel 2.1.4 wurden wertorientierte Planung und Zielsetzung bereits als wesentliche Führungsfunktion eines Steuerungssystems vorgestellt. In Kapitel 3.1 soll zunächst aufgezeigt werden, welche grundlegenden Ausrichtungen dieses Unternehmensprozesses im Sinne einer Philosophie – beruhend auf dem gewählten Budgetierungs-, Planintegrations- und Zielsetzungsansatz – hierbei denkbar sind und welchen spezifischen Einfluss dies jeweils auf das Steuerungsverhalten und die Gestaltung der Incentivierung eines Unternehmens hat.
Weiterer zentraler Gegenstand wertorientierter Steuerung und Incentivierung sowie Zündstoff fortwährender Anreizdiskussionen sind die von der Gestaltung des Steuerungs- und Incentivierungssystems hervorgerufenen Handlungs- und Verhaltensmuster der Manager. Neben intendiertem Verhalten produzieren Incentivierungssysteme oft auch nicht-intendierte Anreize bzw. lassen nicht-intendiertes Verhalten zu. Im Extremfall führt das zu einer aktiven und bewussten Ausnutzung der Schwächen des Incentivierungssystems durch die Manager, dem sog. *Gaming*. In Kapitel 3.2 wird daher im ersten Schritt dargestellt, welche Auswirkung die Grundsatzentscheidung zur Steuerungsphilosophie eines Unternehmens auf Ansatzpunkte und

Ausprägung von Gaming-Phänomenen hat, um im zweiten Schritt konkrete Gaming-Phänomene darzustellen und Möglichkeiten zur Lösung dieses Problems zu diskutieren.

3.1 Steuerungsphilosophie als Ausgangspunkt der Gestaltung eines wertorientierten Incentivierungssystems

Bei der Diskussion von Gestaltungsmöglichkeiten wertorientierter Incentivierungssysteme werden Planung und Zielsetzung oft als – trotz formaler Integration in ein Steuerungssystem – vor- oder nebengelagerte Prozesse betrachtet und bspw. ein Zielwert als nicht weiter differenzierter Fixpunkt in einer Belohnungsfunktion gesehen. Im Weiteren stehen dann die mathematische Funktionsweise und Effekte des Incentivierungssystems an sich im Fokus des Interesses, wobei vernachlässigt wird, dass das Zustandekommen des Zielwerts großen Einfluss auf das Verhalten der incentivierten Manager und damit auf *das Funktionieren* des Incentivierungssystems hat. Aus diesem Grund werden Planung und Zielsetzung im Folgenden als wesentliche Ausgangspunkte zur Diskussion von Gestaltungsmöglichkeiten wertorientierter Incentivierungssysteme behandelt.

Der Planungs- und Zielsetzungsprozess im Unternehmen lässt sich – wie im Folgenden noch dargestellt wird – durch eine Reihe verschiedener Kriterien differenzieren.[245] Im Rahmen der wertorientierten Incentivierung stehen dabei besonders dessen mögliche vertikale Abstimmungsformen im Fokus, da sie maßgeblich für die Parametrisierung der Incentivierungskomponenten sind.[246] Sie entscheiden im Wesentlichen darüber, inwieweit nachgelagerte Hierarchiestufen und Organisationseinheiten Einfluss auf ihre Zielsetzung und damit auf ein zentrales Element ihrer Incentivierung haben. Darüber hinaus hat die Entscheidung für ein Vorgehen Folgewirkungen, die prägend für das wertorientierte Steuerungssystem und -verhalten eines Unternehmens sind.

Im Folgenden werden die vertikalen Abstimmungsformen der Planung und Zielsetzung jeweils als Ausgangspunkte für eine grundsätzliche Ausrichtung im Sinne einer Steuerungsphilosophie diskutiert. Der Begriff der *Steuerungsphilosophie* ist in der Literatur zur wertorien-

---

[245] Siehe Kapitel 3.1.2.
[246] Siehe Kapitel 2.3.2.

tierten Steuerung nicht einheitlich definiert. Er findet in dieser Arbeit Verwendung, um die hervorgehobene Bedeutung der Budgetierungs-, Planungs- und Zielsetzungsverfahren für die wertorientierte Incentivierung hervorzuheben.

Im Zentrum des Interesses stehen dabei folgende Fragen:

- Was wird im Rahmen der vorliegenden Arbeit unter dem Begriff der Steuerungsphilosophie verstanden? (Kapitel 3.1.1)
- In welchem Zusammenhang stehen Planung und Zielsetzung zueinander und welche hervorgehobene Bedeutung haben sie für die Incentivierung? (Kapitel 3.1.2)
- Welche grundlegenden Ansätze zur Planung und Zielsetzung lassen sich unterscheiden und inwiefern unterscheiden sie sich hinsichtlich ihrer Auswirkung auf das weitere Steuerungsverhalten eines Unternehmens im Sinne einer Steuerungsphilosophie? (Kapitel 3.1.3)
- Welche Schlussfolgerungen lassen sich aus der Ausrichtung eines Unternehmens nach einer Steuerungsphilosophie auf die Gestaltung des Incentivierungssystems ableiten? (Kapitel 3.1.4)

3.1.1 Zum Begriff Steuerungsphilosophie

Der Begriff der *Steuerungsphilosophie* taucht vereinzelt in der betriebswirtschaftlichen oder ingenieurswissenschaftlichen Literatur oder im Wortschatz anderer Veröffentlichungen auf und wird dabei sinngemäß – ohne dies jedoch zu spezifizieren – als Synonym für eine *grundsätzliche Ausrichtung* verwendet. Meist beziehen sich die dortigen Inhalte auf den Ablauf von Projekten, die Organisation von Unternehmensbereichen oder auch auf technische Steuerungsabläufe.[247] Auch im Planungs-Zusammenhang wir der Begriff sporadisch verwendet.[248] Es existiert allerdings keine in einem spezifischen Kontext einheitliche Definition. Für nachfolgende Beschreibungen wird daher nun das in dieser Arbeit zu Grunde liegende Begriffsverständnis aufgezeigt.

---

[247] Vgl. Sass/Sienz (2007), S. 72; Reichenbach (2011), S. 262; Holzer/Bauer/Hauke (2007); S. 32 f.; Schmahl/Schmidt (2006), S. 203 ff.

[248] Vgl. Greiner (2006), S. 39 ff.; Pfläging (2003), S. 63, 65, 115.

Eine *Philosophie* steht synonym für *Weltanschauung,* Denkrichtung bzw. *Einstellung* oder *Sicht der Dinge* sowie als *Art und Weise des Angehens und Lösens eines Problems.*[249] Anders gesagt, bei einer Philosophie handelt es sich um eine grundsätzliche Prägung, die tief verankert ist und in der Regel große Auswirkungen bzw. einen großen Wirkungskreis hat. Im Gegensatz zu einem *Prinzip*, welches bestimmt wird von klaren *Regeln* und *Gesetzmäßigkeiten,*[250] ist eine Philosophie vielschichtiger und daher in ihren Ursache-Wirkungs-Beziehungen nicht in allen Facetten eindeutig abgrenzbar und argumentierbar.

Bei beiden Begriffen ist die konkrete Bedeutung kontextabhängig. Ihre Unterscheidung lässt sich im Unternehmenskontext folgendermaßen erläutern: Das Unternehmens*prinzip* der Wertorientierung ist definiert als dem Grundsatz der Steigerung des Unternehmenswerts folgend, wohingegen eine Auffassung der Wertorientierung als Unternehmensphilosophie aufgrund des Formalisierungsgrades des Wertorientierungsansatzes zu wenig Raum *zum Philosophieren* ließe.[251] Die in der Betriebswirtschaftslehre definierte Unternehmens*philosophie* ist allgemeinhin gekennzeichnet durch soziale, gesellschaftliche, kulturelle und/oder politische Komponenten und zeichnet somit das Bild und Selbstverständnis des Unternehmens in der Gesellschaft[252] – quasi die *höhere Bedeutung* des Unternehmens als Teil *eines Großen und Ganzen.*

Eine Philosophie innerhalb eines Unternehmens auf einen bestimmten Sachverhalt bezogen lässt sich mit ähnlichen Eigenschaften charakterisieren und hätte demnach Einfluss über den eigentlichen Sach- oder Funktionsbereich hinaus auch auf andere Bereiche. Die Diskussion basiert dabei nicht nur auf mathematischer Beweisführung oder formaler Argumentation, welche schlussendlich in eine Vorteilhaftigkeitsaussage münden. Besonders qualitative Themenbereiche und Fragestellungen sind folglich prädestiniert für *philosophische Streitfragen* im Unternehmen; deren Diskussion ist folglich streitbar, insbesondere in einem wissenschaftlichen Rahmen.

---

[249] Vgl. Duden (2013), Stichwort: Philosophie.

[250] Vgl. Duden (2013), Stichwort: Prinzip.

[251] Als Philosophiefrage könnte man in diesem Zusammenhang höchstens die Frage nach der Ausrichtung des Unternehmens nach dem Prinzip des Shareholder Value oder dem Stakeholder Value auffassen, wobei das moderne Verständnis der Wertorientierung diese Frage in der Berücksichtigung beider Prinzipien beantwortet; siehe Kapitel 2.1.1.

[252] Vgl. Schierenbeck (2003), S. 61; Domschke/Scholl (2008), S. 346 ff.

Um weitere Ausschweifungen zur Wortbedeutung zu vermeiden – *Philosophie ist die Wissenschaft, über die man nicht reden kann, ohne sie selbst zu betreiben*[253] –, wird eine weitere Diskussion des ohnehin nicht allgemeingültig definierten Philosophiebegriffs hier nicht vorgenommen.[254] Folgende Eigenschaften können aus den vorhergehenden Überlegungen dennoch zusammenfassend für den Zweck dieser Arbeit und eine Philosophie im Unternehmenskontext – bzw. für unternehmerische Entscheidungen, welche *eine Frage der Philosophie* sind – festgehalten werden:

- Die Entscheidung hat weitreichende Konsequenzen. Die Berücksichtigung von Auswirkungen auf *das Große und Ganze* ist notwendig.
- Eine objektive Abwägung von Vor- und Nachteilen an *harten Fakten* ist nicht vollständig möglich oder lässt keine eindeutige Schlussfolgerung zu.
- Erst durch die individuelle Gewichtung von Vor- und Nachteilen und die Berücksichtigung von Rahmenbedingungen wird eine Alternative vorteilhafter.
- Die individuelle Gewichtung kann auf einer Werteinstellung, Erfahrungen oder auch auf einem *Bauchgefühl* basieren, ist streitbar und kann sich durch die Veränderung von Rahmenbedingungen ändern.
- Die Änderung einer Philosophie gleicht meist einem Paradigmenwechsel, stellt hohe Anforderungen an alle Führungsfunktionen und Mitarbeiter und ist langfristig ausgerichtet.

Auch die Definition von *Steuerung* im Sinne von *Management* oder *Lenkung* bietet viel Interpretationsspielraum für den Begriff der Steuerungsphilosophie. Die Definition von Steuerung kann fokussiert werden auf die Durchführung zielführender Eingriffe bzw. Anpassungsmaßnahmen.[255] Sie bedient sich dabei der Kontrolle, die im Kern wiederum das einfachste Instrument der Abweichungsanalyse in Form der Informationsgewinnung aus dem Vergleich eines zu Periodenbeginn generierten Budgetierungs-, Plan- oder Ziel-Wertes – dieser dient meist auch Incentivierungszwecken – mit einem Ist-Wert zum Periodenende darstellt. In der Unternehmenspraxis wird aus dem Plan- oder Ziel-Wert in der Regel ein Soll-Wert ermittelt, sofern sich die Rahmenbedingungen oder die in der Güterproduktion oft als Bezugsbasis

[253] Vgl. Weizsäcker (1971).

[254] Für weitere Diskussion des Philosophiebegriffs siehe Anzenbacher (2004); Appiah (2003); Ferber (2003); Rosenberg (2002).

[255] Siehe auch Kapitel 2.1.1.

verwendeten Mengen verändern. Dieser wird dann mit dem Ist-Wert zum Periodenende oder unterjährig mit dem aktuellen Ist- oder dem voraussichtlichen Ist-Wert zum Periodenende – der auch als *Wird*-Größe bezeichnet wird – verglichen.[256] Im Folgenden entfallen aus Vereinfachungsgründen die Unterscheidungen in Soll- und Wird-Größe, da dies für die Zwecke dieser Arbeit nicht relevant ist. Der Fokus liegt im Weiteren auf dem einem Ist-Vergleichswert gegenübergestellten Bezugswert, wobei in eine Plan-, Ziel- oder eine Ist-Steuerung als mögliche drei Ausprägungsformen der Unternehmenssteuerung im Sinne einer Steuerungsphilosophie unterschieden wird. An dieser Stelle sei betont, dass es hierbei nicht um die Schaffung grundsätzlich neuer Inhalte geht, sondern die Begriffsbildung auf bestehende Literatur zur Budgetierung, Planung und Zielsetzung zurückgreift. Wie oben bereits erwähnt, soll die Benennung als Steuerungsphilosophie und auch die Bezeichnung ihrer drei Ausprägungsformen hervorheben, dass diese stärker in die Diskussion der wertorientierten Steuerung und Incentivierung einbezogen werden sollten und große Auswirkung auf die Gestaltung und Funktionsweise wertorientierter Incentivierungssysteme haben.

Um dies zu tun, müssen die Themen *Planung* und *Zielsetzung* betrachtet und in den Zusammenhang der Steuerung und Incentivierung eingeordnet werden. Daraus resultiert also folglich ein Verständnis der Steuerungsphilosophie basierend auf einer grundsätzlichen Ausrichtung des Unternehmens auf einen Planungs- und Zielsetzungsansatz als Führungsteilfunktion der wertorientierten Unternehmenssteuerung mit prägender Auswirkung auf die weiteren wesentlichen Führungsfunktionen des Steuerungssystems.

Nach der begrifflichen Schärfung und Unterscheidung von *Planung* und *Zielsetzung* sowie deren Bedeutung bei der Gestaltung der Incentivierung bzw. variabler Vergütungssysteme im nächsten Kapitel, werden danach die unterschiedlichen Ausprägungen einer Steuerungsphilosophie auf Basis vertikaler Abstimmungsformen der Planung und Zielsetzung konkretisiert.

---

[256] Vgl. Bea/Friedl/Schweitzer (2005), S. 75 f.

3.1.2 Besondere Bedeutung von Planung und Zielsetzung für die Gestaltung variabler Vergütungssysteme

Da die heutige Gesellschaft und damit auch die Unternehmensumwelt geprägt sind von einem hohen Grad an technischer, kultureller und wirtschaftlicher Komplexität, sind ordnende Entwürfe und konzeptionelle Grundlagen notwendig, um diese zu meistern und Ziele zur Weiterentwicklung zu erreichen.[257] Die Planung ist dabei notwendige Gestaltungshilfe, die definiert wird als „ein von Personen getragener, rationaler, informationsverarbeitender Prozess zum Erstellen eines Entwurfs, welcher Maßnahmen für das Erreichen von Zielen vorausschauend festlegt".[258] Das Ergebnis der Planung ist ein Plan oder ein Plansystem, d.h. „ein strukturiertes Gefüge einzelner Pläne".[259] Der Einsatz von Plänen wird als formales Instrument zur Formulierung und Kommunikation von Zielen gesehen.[260]

Dieser Definition nach sind Ziele also grundsätzlich Bestandteil der Planung, ohne dass aus der Definition im ersten Schritt erkenntlich wird, ob die Ziele der Planung vorangestellt sind, d.h. vordefinierte Planungsprämisse bilden, oder aus der Planung hervorgehen, d.h. die Zielbildung also Ergebnis der Planung ist. Diese Unterscheidung trägt nachfolgend in Kapitel 3.1.3 maßgeblich zur Unterscheidung der Steuerungsphilosophien bei.

Eng verknüpft mit der Planung ist der dieser folgende Prozess der Steuerung.[261] Wenn ein Plan in die Tat umgesetzt bzw. realisiert werden soll, bedarf er zwangsweise steuernder Eingriffe auf allen hierarchischen Ebenen, um die Maßnahmen aufgrund sich evtl. veränderter Rahmenbedingungen neu zu justieren und die Zielerreichung sicherzustellen. Der Steuerungsprozess lässt sich in die Phasen der Durchsetzung, Kontrolle (Vorgabe von Soll-Werten, Ermittlung von Ist-Werten, Soll-Ist-Vergleich und Abweichungsermittlung, Abweichungsanalyse) sowie Sicherung, d.h. Auslösen von Anpassungsmaßnahmen, unterscheiden.[262]

---

[257] Vgl. Bea/Friedl/Schweitzer (2005), S. 16; Küpper (2008), S. 81.
[258] Bea/Friedl/Schweitzer (2005), S. 18.
[259] Bea/Friedl/Schweitzer (2005), S. 18.
[260] Vgl. Weber/Schäffer (2008), S. 61 ff.; Merchant/Van der Stede (2007), S. 329 f.; Gladen (2008), S. 27; Ehrmann (2007), S. 19 f.
[261] Vgl. Weber/Schäffer (2008), S. 242.
[262] Vgl. Schweitzer (1994), S. 581 ff; Wild (1982), S. 33 ff.; Friedl (2003), S. 185 ff.

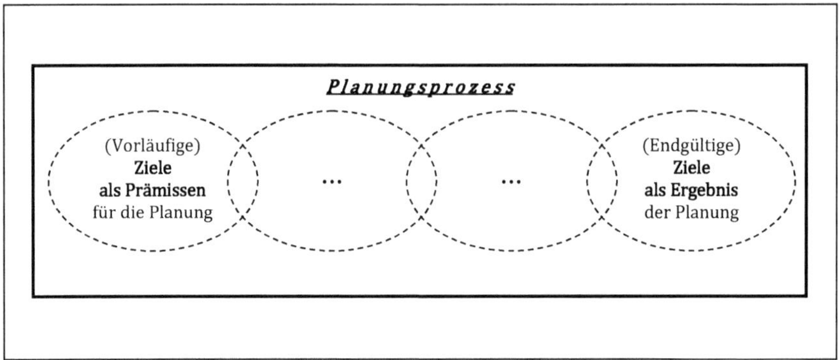

Abbildung 24: Rolle von Zielen im Planungsprozess

Die beiden Führungsinstrumente Planung und Steuerung dienen also im Wesentlichen dem Erreichen von Zielen.[263] „Ziele geben Auskunft über das ... angestrebte Ergebnis und den Zeitpunkt, bis zu dem es zu erreichen ist."[264] Ziele können dabei durch das Zielobjekt, die Zieleigenschaft, den Zielmaßstab, die Zielfunktion und den Zeitbezug gekennzeichnet werden. Allgemein lassen sich die in einem Unternehmen verfolgten Ziele in sachliche, soziale, ökologische sowie formale Ziele einteilen.[265]

Zielen kann eine erhebliche Motivationswirkung zugesprochen werden, insbesondere wenn es sich um formale bzw. monetäre Zielsetzung handelt.[266] In Studien zur sog. *Goal-Setting-Theory,* wird gezeigt, dass anspruchsvolle Ziele im Vergleich zu vagen und abstrakten Zielen – wie z.B. *Gib dein Bestes* – zu einer höheren Arbeitsleistung führen. Hohe Ziele sind motivierend, da sie mehr von einer Person abverlangen als einfache Ziele. Das Gefühl des Erfolgs stellt sich für Mitarbeiter dann ein, wenn sie sehen, dass sie durch das Verfolgen und Erreichen von Zielen in der Lage sind, sich ihren beruflichen Herausforderungen zu stellen und an

---

[263] Vgl. Weber/Schäffer (2008), S. 63; Bea/Friedl/Schweitzer (2005), S. 120 f.; Merchant/Van der Stede (2007), S. 329 f.

[264] Friedl (2003), S. 180.

[265] Vgl. Troßmann (1998), S. 16 f.; Küpper (2008), S. 82; Weber et al. (2002), S. 22 ff.; Hauschildt (1980), S. 2419; auch für eine weitere Detaillierung dieser Einteilungen.

[266] Vgl. Merchant/Van der Stede (2007), S. 395; vgl. dazu auch Kapitel 2.2.1.

ihren Aufgaben zu wachsen.[267] Der Zusammenhang zwischen Zielen und Leistung wird dabei anhand folgender Mechanismen erklärt:[268]

- Anspruchsvolle Ziele resultieren im Vergleich zu anspruchslosen Zielsetzungen in einer größeren Anstrengung und Beharrlichkeit bei der zu verfolgenden Aufgabe.
- Ziele lenken die Aufmerksamkeit, die Anstrengung und die Aktivitäten der Mitarbeiter in Richtung zielrelevanter Handlungen.
- Ziele motivieren Personen, ihr Potenzial auszuschöpfen, aufgabenrelevantes Wissen im Gedächtnis zu behalten sowie neues Wissen zu generieren, wenn neue komplexe Aufgaben hinzukommen.
- Ziele in Verbindung mit Selbstvertrauen bei der zu erledigenden Aufgabe haben eine starke Wirkung auf die Motivation der Mitarbeiter. So fallen Ziele, die von Personen mit hohem Selbstvertrauen gesetzt wurden, höher aus, als die von Personen mit einem geringen Selbstvertrauen.

Ziele stellen also einen zentralen Steuerungshebel innerhalb des Unternehmens dar. Falsche Zielsetzungen können folglich in geringerer Wertsteigerung und Verminderung der Wettbewerbsfähigkeit eines Unternehmens resultieren. Neben Leistungssteigerungen können Sie allerdings auch zu starken Nebeneffekten führen. Laut einer Untersuchung von *Ordóñez et al.* führte bspw. ein vorgegebenes Umsatzziel für einzelne Mitarbeiter einer Autowerkstatt zu überhöhten Reparaturrechnungen sowie zur Durchführung unnötiger Reparaturmaßnahmen, um dieser Umsatzvorgabe gerecht zu werden. Die Zielsetzung motivierte also nicht unbedingt zur Leistungssteigerung, sondern regte auch zur Täuschung gegenüber Kunden an.[269] Diese Tatsache wird auch im Kapitel 3.2 von besonderem Interesse sein.

Folglich führt das Setzen von Zielen im Allgemeinen zwar zu positiven Effekten, jedoch ist unter bestimmten Umständen mit kontraproduktiven Auswirkungen zu rechnen:[270]

- Ziele können zu spezifisch und zu eng gefasst sein. Dann liegt der Fokus der Mitarbeiter ausschließlich auf der Erreichung des Ziels, während zielirrelevante – jedoch für

[267] Vgl. Kapitel 2.2.2 zur Zieltheorie von Locke.
[268] Vgl. Locke/Latham (2006), S. 265; Weber/Schäffer (2008), S. 68 ff.; Merchant/Van der Stede (2007), S. 335 ff.
[269] Vgl. Ordóñez et al. (2009), S. 3.
[270] Vgl. Ordóñez et al. (2009), S. 6 ff.

das Unternehmen wichtige – Sachverhalte *unter den Tisch fallen* und nicht schriftlich dokumentierte Aufgaben vernachlässigt werden.

- Wenn Personen mehrere Ziele gleichzeitig verfolgen sollen, wird immer das am einfachsten zu erreichende Ziel verfolgt.
- Bei der Zielsetzung und -erreichung spielt der Zeithorizont eine wichtige Rolle. Ziele, deren Zeit-Ziel bekannt ist – z.B. eine bestimmte Wertsteigerung im nächsten Quartal – können dazu führen, dass Manager bei vorzeitigem Erreichen dieses Ziels ihre Leistung zurückfahren und sich *ausruhen*. Diese Erkenntnis spielt in Kapitel 3.2 bei Beschreibung verschiedener Gaming-Phänomene eine wichtige Rolle.
- Anspruchsvolle Ziele können außerdem die Risikobereitschaft beträchtlich erhöhen, so dass für deren Erfüllung teils unkalkulierbare Risiken eingegangen werden. Auch dieser Punkt fließt in das Thema Gaming ein. Er bringt zum Ausdruck, dass Manager unter dem Einfluss von Zielsetzung und Zielerreichungsmessung auch unvorhersehbare und nicht immer rational nachvollziehbare Entscheidungen treffen.
- Außerdem können Zielsetzungen zu unethischem Verhalten führen. Falschmeldungen, Manipulationen oder gar Betrug können die Folge sein.
- Weitere negative Ausprägung bei anspruchsvoller Zielsetzung ist die bei Zielverfehlung entstehende Unzufriedenheit der Mitarbeiter. Anders herum allerdings – bei leicht erreichbaren Zielen – entsteht bei Mitarbeitern auch schnell das Gefühl, ihre Fähigkeiten und Intelligenz seien für anspruchsvollere Aufgaben nicht ausreichend, was sich wiederum negativ auf die Motivation und das Selbstvertrauen auswirkt.

Ziele sind also ein sensibles Steuerungsinstrument. Sie dienen zur Koordination, Motivation und Beurteilung dezentraler Einheiten inklusive deren Führung und Mitarbeiter und sind außerdem Grundlage für die Bemessung der variablen Vergütung wertorientierter Incentivierungssysteme.[271] Aufgrund der gezeigten möglichen Probleme sollte der Vorgebende – z.B. die Unternehmensführung oder das zentrale Management – die durch die zielorientierte Führung und Incentivierung möglicherweise hervorgerufenen Nebeneffekte bei Bereichsmanagern und Mitarbeitern berücksichtigen.

[271] Vgl. Merchant/Van der Stede (2007), S. 329; Friedl (2003), S. 396; siehe Kapitel 2.3.2.2.

Dabei hat das Zustandekommen des Ziel-Werts großen Einfluss auf die Kernprozesse der Unternehmenssteuerung sowie die Motivation und das Verhalten der incentivierten Manager. Deshalb steht die Frage nach der Abstimmung der Planung zwischen Unternehmensführung und -bereichen, also der vertikalen Planintegration mit dem Fokus auf das Zustandekommen eines Ziels, im Mittelpunkt des folgenden Kapitels.

3.1.3 Kritische Diskussion der Steuerungsphilosophie eines Unternehmens als Ergebnis des Planintegrations-Ansatzes

Um die unterschiedlichen Möglichkeiten zur vertikalen Planintegration, also der hierarchisch vertikalen Abstimmung von Einzelplänen im Unternehmen, und ihre Bedeutung im Planungs- und Zielsetzungsprozess einordnen zu können, ist es notwendig, vorab eine ganzheitliche Einführung zu den verschiedenen Planungsarten vorzunehmen. Dabei wird grundsätzlich der Sichtweise von *Bea/Friedl/Schweitzer*[272] gefolgt. Es gibt daneben abweichende Klassifizierungen von Planungsarten, jedoch hat die hier verfolgte Darstellung einen hohen Verbreitungsgrad in der Planungslehre und stimmt außerdem mit der Strukturierung und dem Gedankengang überein, die in dieser Arbeit transportiert werden sollen.

3.1.3.1 Exkurs: Vertikale Planabstimmung und andere Planungsarten

Planung bzw. Pläne lassen sich nach Bezugsobjekten, nach Anpassungsformen sowie nach Abstimmungsformen in ihre unterschiedlichen Erscheinungsformen in Unternehmen differenzieren.[273]

Nach Bezugsobjekten werden Planungsarten wie folgt untergliedert:

- Nach dem *Bezugszeitraum* lassen sich kurz-, mittel-, und langfristige Planung unterscheiden. Die Periode, für die geplant wird, umfasst in der Regel entweder 1, zwischen 1 und 5 oder mehr als 5 Jahre. Entscheidend dafür, für wie lange geplant wird,

[272] Vgl. Bea/Friedl/Schweitzer (2005); siehe auch neue, zu den in dieser Arbeit behandelten Themen im Wesentlichen unveränderte Auflage Bea/Friedl/Schweitzer (2011).

[273] Vgl. auch im Weiteren Bea/Friedl/Schweitzer (2005), S. 34 ff.

sind bspw. die Qualität der Prognosen oder das Branchenumfeld.[274] Heutzutage spielt die zunehmende Volatilität der Weltwirtschaft eine immer größere Bedeutung und hat Einfluss auf die Verlässlichkeit von Zukunftserwartungen und damit auf die Fristigkeit, den Aufwand und die Art der internen Abstimmung von Unternehmensplänen.

- Unterschiedliche Planarten gibt es auch nach *Funktionsbereichen.* So lassen sich bspw. Absatzplanung, Investitionsplanung oder Personalplanung unterscheiden.
- Die *Leitungshierarchie* charakterisiert die Planung nach aufbauorganisatorischen Gesichtspunkten und drückt sich in Unternehmens-, Bereichs- oder Stellenplänen aus.
- Die Differenzierung nach der *Planungshierarchie* gibt das Über- oder Unterordnungsverhältnis der einzelnen Pläne an, wobei ein übergeordneter Plan den Handlungsrahmen für den nachgeordneten Plan oder Pläne bestimmt. Üblicherweise werden strategische, taktische und operative Pläne entsprechend als oberste, mittlere und unterste Pläne eingeordnet.[275] Die Unterscheidung nach Planungshierarchie ist nicht gleichzusetzen mit der Kategorisierung nach dem Bezugszeitraum.
- Die Planungsrichtung bzw. die *Beeinflussbarkeit der Unternehmensumwelt* ist ein Kriterium, welches sich weiter in zwei Fälle trennen lässt: die *Outside-In*-Planung setzt voraus, dass die Umweltfaktoren bestimmend für die Planung sind, wohingegen bei der *Inside-Out*-Planung angenommen wird, dass die Umwelt durch die Planung beeinflussbar ist und sich dieser anpasst. Planung von außen nach innen oder von innen nach außen baut auf unterschiedlichen Anpassungs- oder Beeinflussungsstrategien auf, je nach Einschätzung über Marktmacht und -position.[276]
- Schlussendlich können Planungsarten nach Bezugsobjekten noch nach *Planungsgegenständen* unterschieden werden, was sich in Potenzial-, Programm oder Prozessplanungen ausdrückt.

Je näher ein Plan zeitlich am Beginn der Planungsperiode erstellt wird, umso verlässlicher können Aussagen über die erwarteten Prämissen und Zukunftsprognosen gemacht werden. Trotzdem ist davon auszugehen, dass sich die Umwelt des Unternehmens während der Planperiode ändert und sich die Frage nach Anpassungen des Plans stellt. Die Arten der Planung

---

[274] Vgl. Küpper (2008), S. 86 f.; Kreikebaum/Grimm (1978), S. 36; Domschke/Scholl (2008), S. 28 f.
[275] Vgl. Merchant/Van der Stede (2007), S. 330 ff.
[276] Vgl. Bea/Haas (2001), S. 73 ff.; Gaitanides (1989), S. 330 ff.

nach Anpassungsformen können nach der Verbindlichkeit und dem Anpassungsrhythmus unterschieden werden:[277]

- *Flexible oder starre Pläne* sind Ausdruck der Verbindlichkeit mehrperiodischer Planungsketten. Bei der flexiblen Planung wird lediglich die direkt bevorstehende Planungsperiode verbindlich geplant, die nachfolgenden werden mit dem vorhandenen Planungswissen unverbindlich geplant, um zu Beginn der jeweiligen Periode unter Berücksichtigung der eingetretenen Situation über die Verbindlichkeit oder Alternativpläne zu entscheiden. Im Gegensatz zur flexiblen Planung, die Risiko und Ungewissheit berücksichtigt,[278] setzt die starre Planung für eine sinnvolle Anwendung vollkommene Information über die zukünftige Ausprägung aller Planungsfaktoren voraus. Auf dieser Basis wird dann die gesamte Planungskette verbindlich festgelegt, was unter heutigen Wirtschaftsbedingungen allerdings kaum realistisch erscheint.

Unterscheidung von Planungsarten		
nach Bezugsobjekten	*nach Anpassungsformen*	*nach Abstimmungsformen*
- nach Bezugszeitraum **- nach Funktionsbereich** **- nach Leitungshierarchie** **- nach Planungshierarchie** **- nach Planungsrichtung** **- nach Planungsgegenständen**	**- nach Verbindlichkeit** (flexibel, starr) **- nach Anpassungsrhythmus** (rollierend, nicht-rollierend)	**- Plankoordination** (sukzessiv, simultan) **- Planintegration** (sukzessiv, simultan)

Abbildung 25: Übersicht unterschiedlicher Planungsarten

- Mehrperiodische, flexible Planungsketten können nach dem Kriterium des Anpassungsrhythmus weiter in *rollierende oder nicht-rollierende Pläne* unterteilt werden. Die rollierende Planung ist charakterisiert dadurch, dass die Planung der ersten Perio-

[277] Vgl. Bea/Friedl/Schweitzer (2005), S. 47 ff.; Merchant/Van der Stede (2007), S. 334.
[278] Vgl. Hax/Laux (1972), S. 318 ff.

de in Feinpläne weiter untergliedert ist und die weiteren Jahre vorerst nur als Grobpläne existieren. Die Fortschreibung der Feinpläne erfolgt immer nach Ablauf eines Teilplans und die der Grobpläne immer nach einer ganzen Periode. Ist dies nicht der Fall und existieren nur Grobpläne, die jeweils eine Periode umfassen, welche nicht oder nur unregelmäßig fortgeschrieben werden, spricht man von nicht-rollierender Planung.[279]

Schließlich werden Planungsarten noch nach Abstimmungsformen unterschieden. Ausgangspunkt für die Notwendigkeit zur Planabstimmung sind Interdependenzen zwischen Einzel- und Teilplänen. Aufgrund der Komplexität eines Gesamtplans für ein Unternehmen, der wie gezeigt u.a. aus einzelnen Plänen der Funktionsbereiche, Teilplänen für unterschiedliche Leitungsebenen und planungshierarchischer Differenzierung besteht, müssen deren ein- oder wechselseitige Beziehungen koordiniert und integriert werden.[280]

- *Plankoordination* betrifft die Notwendigkeit zur horizontalen Abstimmung der Teilpläne und drückt sich in zeitlicher oder sachlicher sukzessiver oder simultaner Planung aus. Zeitlich sukzessive Planung liegt bspw. bei einer Planungskette vor, wenn schrittweise nacheinander jede Planungsperiode aufbauend auf den Ergebnissen der Vorperiode geplant wird. Dagegen werden bei der zeitlich simultanen Planung alle Perioden unter Berücksichtigung ihrer Interdependenzen gleichzeitig geplant. Betrachtet man die sachliche Abstimmung, dann werden bei sachlich sukzessiver Planung die Planungsgegenstände der Reihe nach in Teilplänen erfasst, meist auch in mehreren Durchgängen, um zu einer zielgünstigen realisierbaren Gesamtplan zu kommen. Sachlich simultane Planung erfasst alle Planungsgegenstände gleichzeitig und wird meist mit Hilfe eines Optimierungs- oder Näherungsmodells durchgeführt, das Interdependenzen und unterschiedliche Zeitbezüge berücksichtigen muss.
- Die *Planintegration* bezieht sich auf die vertikale Abstimmung von Einzelplänen und unterscheidet hierarchisch sukzessive oder simultane Planung, wobei in der Unternehmenspraxis die sukzessiven Verfahren dominieren. Hierbei lassen sich drei Hauptformen unterscheiden: das *Bottom-up-* bzw. progressive Verfahren, der *Top-down-* bzw. retrograde Ansatz sowie das Gegenstrom- bzw. zirkuläre Prinzip.

---

[279] Vgl. Troßmann (1990), S. 391 ff.; Troßmann (1992), S. 123 ff.; Ehrmann (2007), S. 240 ff.; Hopfenbeck (1993), S. 495 ff.

[280] Vgl. Frese (1987), S. 170 ff.; Vgl. Bea/Friedl/Schweitzer (2005), S. 39 ff.; Domschke/Scholl (2008), S. 382 f.

Bei der Betrachtung eines divisionalen Unternehmens kommt der vertikalen Abstimmung im Kontext der Incentivierung aus folgenden Gründen eine hervorgehobene Stellung zuteil:

- Das Verhältnis von Eigentümer oder Unternehmensleitung und Bereichsmanagern stellt – wie auch das von Principal und Agent – eine hierarchische Beziehung dar und verläuft somit entlang der vertikalen Abstimmungsachse der Planintegration.
- Die Art der vertikalen Planabstimmung bestimmt maßgeblich das Zustandekommen des in der wertorientierten Incentivierung definierten Ziels des Bereichsmanagers.
- Das Zustandekommen dieses Ziels hat Einfluss auf das Verhalten des Bereichsmanagers während der Planungsphase und während der Zielerreichungsphase.

Die Formen der Planintegration dienen im Folgenden bei der Diskussion unterschiedlicher Steuerungsphilosophien als Ausgangspunkte.

3.1.3.2 Plan-Steuerung als Ausprägung von Bottom-up-Ansatz und progressiver Budgetierung

Der Bottom-up-Ansatz als erste Grundform der Planintegration geht von einzelnen Plänen der untersten Ebenen des Unternehmens aus. Nach Erstellung werden diese schrittweise zu den Plänen der übergeordneten Hierarchiestufen und somit zum Gesamtplan des Unternehmens integriert.[281] Im Rahmen der wertorientierten Unternehmenssteuerung ist es dabei besonders wichtig, dass die unteren Bereiche ihren Fokus insbesondere auf die operativen Werttreiber legen, was voraussetzt, dass der Wertorientierungsansatz bis auf die unterste Ebene implementiert ist. Ergebnis des Bottom-up-Ansatzes ist ein *Planziel*, an dem das Gesamtunternehmen und die Bereiche gemessen werden. Die Steuerung kann somit als Plan-Steuerung bezeichnet werden.

Die zentrale Aufgabe der Plan-Steuerung liegt in der wertorientierten Budgetierung als finanziellem Planungs- und Zielfindungs-Instrument. Budgetierung dient „zur Erstellung eines Entwurfs (Budgets), welcher wertmäßige Ergebnisvorgaben eines Plans für einen Verantwortungsbereich vorausschauend festlegt".[282] Gegenstand der vertikalen Abstimmung sind dann nicht die Maßnahmen der Planung, sondern die zum Budget zusammengefassten monetären

---

[281] Vgl. Ewert/Wagenhofer (2008), S. 429; Bea/Friedl/Schweitzer (2005), S. 43 f.; Weber et al. (2002), S. 11; Domschke/Scholl (2008), S. 387; Ehrmann (2007), S. 63; Hopfenbeck (1993), S. 488 f.

[282] Bea/Friedl/Schweitzer (2005), S. 27.

Konsequenzen der Planung.[283] Kenzeichnend für ein Budget ist ein organisatorisch Verantwortlicher, der über die Verwendung des Budgets und damit über finanzielle Einzelmaßnahmen zur Aufgabenerfüllung seines Bereichs eigenverantwortlich entscheidet. Ein Budget kann auch Mengengrößen beinhalten und passt sich dann entsprechend vordefinierter Regeln mit einer Mengenveränderung an, womit quasi eine automatische finanzwirtschaftliche Steuerung stattfindet. Damit geht die Funktion eines Budgets über die der Planung hinaus. Es bewirkt die Steuerung der Planumsetzung und hat eine Motivationswirkung auf die Planungs- und Budgetverantwortlichen.[284]

Zwar wird die Budgetierung nicht nur als Instrument der Bottom-up-Planung gesehen, sondern ist auch mit einem Top-down- oder Gegenstromverfahren vereinbar,[285] allerdings zeigt schon die Übertragung des ursprünglich lateinischen Begriffs ins Deutsche eine grundsätzlich progressive Tendenz.[286] Außerdem gilt dem überwiegenden Tenor der Literatur nach, dass „Budgets in der Regel als Pläne interpretiert werden“.[287] Hier wird die Position eingenommen, dass die klassische Budgetierung mehr der Beantwortung der Frage *Welche finanzielle Ausstattung **braucht** eine Einheit zur Erfüllung ihres Leistungsziels?* dient als der Frage *Welchen finanziellen Rahmen hat die Einheit zur Erfüllung des übergeordneten Ziels einzuhalten?*, damit es grundsätzlich den starken Charakter eines vom Budgetverantwortlichen zumindest beeinflussbaren und evtl. sogar verhandelbaren Planziels statt einer Zielvorgabe hat und folglich Instrument der Plan-Steuerung ist.

Den progressiven Planungsansatz kennzeichnen folgende Vorteile, die besonders in großen diversifizierten Konzernen von Bedeutung sind:[288]

- Alle Ebenen im Unternehmen sind an der Planung beteiligt. So sind auch die unteren Ebenen im Prozess eingebunden.

---

283 Vgl. Bea/Friedl/Schweitzer (2005), S. 269.

284 Vgl. Bea/Friedl/Schweitzer (2005), S. 27 f.; Küpper (2001), S. 319 f.; Göpfert (1993), S. 593 f.

285 Vgl. Berens/Wömpener (2011), S. 161; Bea/Friedl/Schweitzer (2005), S. 271 ff.

286 Budgetierung entspringt dem lateinischen Wort *bulga* und bedeutet *kleine Geldtasche* (Vgl. Berens/Wömpener (2011), S. 160), d.h. dies kann interpretiert werden als das Geld, welches *zur Verfügung steht.*

287 Berens/Wömpener (2011), S. 160; vgl. dazu auch Weber/Schäffer (2008), S. 273 f.; Merchant/Van der Stede (2007), S. 329 ff.; Domschke/Scholl (2008), S. 386.

288 Vgl. Bea/Friedl/Schweitzer (2005), S. 45; Merchant/Van der Stede (2007), S. 340; Hopfenbeck (1993), S. 488.

- Durch die Einbindung wird eine hohe Motivation aller Ebenen und Planungsbeteiligten zur Partizipation und Problemlösung erzeugt. Auch ist die Motivation zur Erreichung der – durch die Planung zumindest mit beeinflussten – Unternehmensziele sehr hoch.
- Das Wissen und die Informationen der operativen Planungsebenen wird genutzt. Es ist eine größere Nähe zu den Planungsgegenständen gegeben.
- Die Bottom-up-Planung besticht durch ihre Vollständigkeit, Genauigkeit sowie starke Detaillierung der Planinhalte.

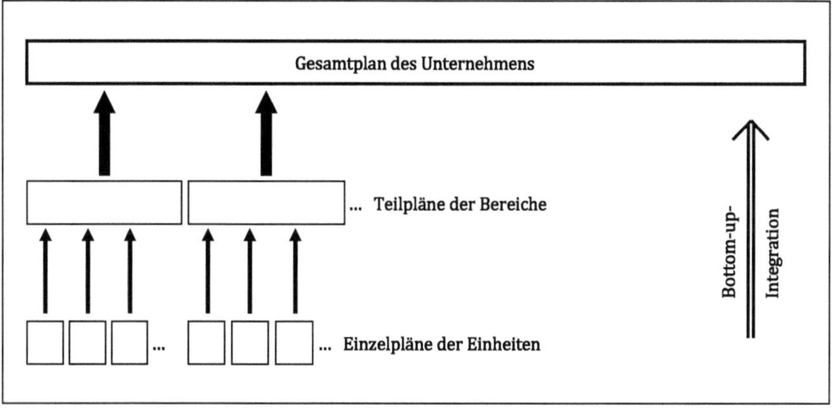

Abbildung 26: Bottom-up-Integration bei der Plan-Steuerung

Allerdings gibt es gravierende Schwächen und Nachteile, die durch dieses Planungsvorgehen entstehen und die Unternehmen, die den Ansatz der Plan-Steuerung verfolgen, gerade in Zeiten zunehmend volatiler Wirtschaftsentwicklung unter Druck setzen:

- Der aggregierte Gesamtplan kann im Ergebnis vom Wertsteigerungsziel des Gesamtunternehmens abweichen. Dann müssen komplizierte Rekursionsschleifen durchgeführt werden, um diese Ansprüche zu treffen und das Vorgehen nimmt damit Züge des in 3.1.3.4 behandelten Gegenstromverfahrens an. Das Problem kann zwar abgeschwächt werden, wenn im Vorfeld von der Unternehmensführung ein Zielsystem vorgegeben wird, an dem sich die Bereiche orientieren müssen. Das hat aber wiederum zur Folge, dass in der Zentrale das notwendige Wissen und Informationen vorhanden sein sollten, um realisierbare Ziele zu entwerfen.[289]

- Durch die fundierte Planung der Bereiche ist die Unternehmensführung evtl. gezwungen, Abstriche in ihren Zielvorstellungen zu machen, da die Bereichsverantwortlichen auf Basis ihrer Planung eine niedrigere Zielsetzung begründbar darstellen können und somit starken Einfluss auf ihre eigene Zielsetzung nehmen. Diese Möglichkeit wird in Kapitel 3.2 ein zentrales Problem für das Funktionieren eines Incentivierungssystems darstellen. Auch hier leidet somit – wie auch im nächsten Punkt – das Wertsteigerungsziel des Gesamtunternehmens.
- Ein theoretisch höheres realisierbares Ziel als von der Unternehmensführung evtl. vorgegeben, wird von den Bereichen nicht Richtung Unternehmensführung integriert, da sie sich damit eine aus ihrer Sicht *unnötig hohe* Zielsetzung bescheren würden. Es ist also anzunehmen, dass der *Anspannungsgrad* der Planung, d.h. das notwendige Anstrengungsniveau zur Zielerreichung, wahrscheinlich unter dem Leistungsvermögen des Bereichs liegt. Das hat zur Folge, dass Zielpotenziale verschenkt werden. Dadurch hat der Bereich einen Puffer für unvorhersehbare Risiken, muss sein Leistungsvermögen nicht voll ausschöpfen, d.h. muss sich nicht so sehr anstrengen, und erreicht somit leichter sein Ziel. Wie in Kapitel 3.2 zu sehen sein wird, hat auch dieser Nachteil starken Einfluss auf die mit der Planung und Zielsetzung verknüpfte Incentivierung und auf Verhaltensmöglichkeiten eines Managers in diesem Kontext.
- Bei einer zu starken Fokussierung auf die Planung können untere Hierarchieebenen in ein sog. *Etatdenken* verfallen und außerdem zu Bereichsegoismus bzw. partikularistischem Denken gegenüber anderen Bereichen neigen.[290]
- Der Bottom-up-Ansatz ist sehr ressourcenaufwendig, d.h. es ist insbesondere ein hoher personeller Einsatz in den jeweiligen Bereichen notwendig. Außerdem ist er zeitaufwendig.[291] In großen Unternehmen kann sich der Planungsprozess über mehrere Monate, teilweise über ein halbes Jahr hinziehen, so dass bis zur Fertigstellung des Plans die gesetzten Prämissen längst überholt sein können.

[289] Vgl. Bea/Friedl/Schweitzer (2005), S. 45; Ehrmann (2007), S. 63.
[290] Vgl. Koch (1980), S. 22 ff.
[291] Vgl. Hopfenbeck (1993), S. 489.

- Durch die sukzessive Planerstellung und die große Anzahl Planungsbeteiligter sowie variabler Einflussfaktoren können Schwierigkeiten bei der horizontalen Koordination der Teilpläne im Integrationsprozess Richtung Unternehmensführung auftreten.[292]
- Der Kommunikationsaufwand bei der Durchführung des Prozesses ist zudem sehr hoch.
- Ein wirtschaftlich stark volatiles Umfeld stellt diesen Planungsansatz in Frage, da eine solch detaillierte Planung nur dann Sinn macht, wenn die Prognosen über zukünftige Wirkungen der Faktoren und Einflüsse hinreichend sicher berechnet oder geschätzt werden können.[293] Ansonsten leidet dieser Planungsansatz aufgrund seines Detaillierungsgrads und enormen Aufwands unter mangelnder Flexibilität.

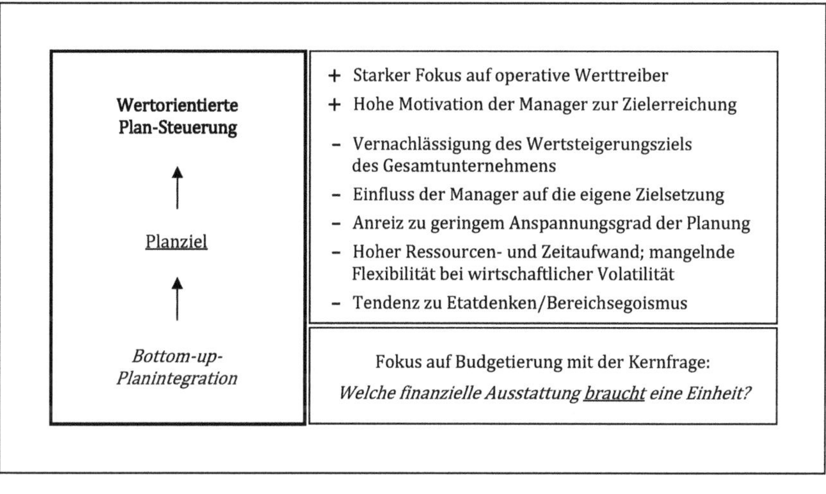

Abbildung 27: Charakterisierung der Plan-Steuerung

[292] Vgl. Hopfenbeck (1993), S. 489.
[293] Vgl. Bea/Friedl/Schweitzer (2005), S. 17.

3.1.3.3 Ziel-Steuerung als Charakteristik von Top-down-Ansatz und retrograder Zielableitung

Im Gegensatz zum Bottom-up-Ansatz geht das Top-down-Verfahren vom Gesamtplan des Unternehmens aus. Dieser wird über die einzelnen Hierarchiestufen *heruntergebrochen* und den Bereichen definitiv vorgegeben.[294] Im Rahmen der wertorientierten Unternehmenssteuerung ist es dabei besonders wichtig, dass die Unternehmensführung eine klare Vorstellung des Wertsteigerungsziels hat, welches Ausgangspunkt des Zielsystems ist. Ergebnis des Top-down-Ansatzes sind Zielvorgaben, an denen die Bereiche zur Erfüllung des Gesamtunternehmensziels gemessen werden. Die Steuerung erfolgt also gegenüber einer Top-down-Zielvorgabe und wird somit als Ziel-Steuerung bezeichnet.

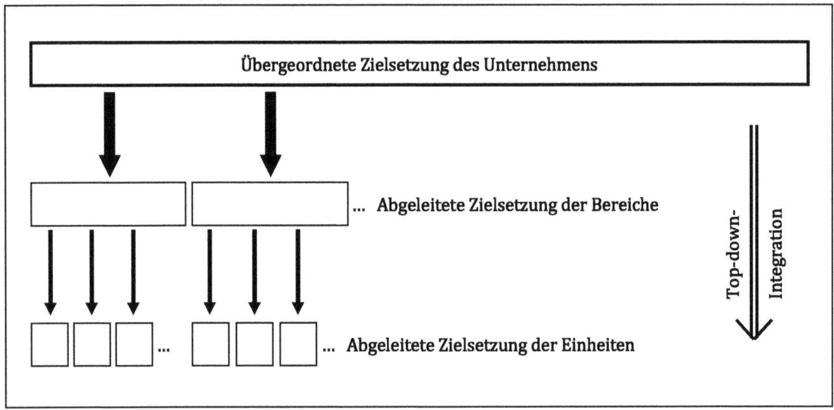

Abbildung 28: Top-down-Integration bei der Ziel-Steuerung

Die Zielsetzung eines Unternehmens wird nur dann operationalisierbar, wenn daraus die Zielvorgaben für die einzelnen Unternehmensbereiche abgeleitet werden. Die zentrale Aufgabe bei der Ziel-Steuerung besteht in der bereichsspezifischen Ableitung wertorientierter Ziele. Dies lässt sich auch als Führen über Ziele – im Englischen *Management by Objectives* –

[294] Vgl. Ewert/Wagenhofer (2008), S. 429; Bea/Friedl/Schweitzer (2005), S. 43 f.; Weber et al. (2002), S. 11; Domschke/Scholl (2008), S. 387; Ehrmann (2007), S. 62 f.; Hopfenbeck (1993), S. 487 f.

charakterisieren.[295] Damit werden die Zielsetzungen für Bereichsmanager nachvollziehbar und zwischen den Bereichen vergleichbar. Für den Erfolg des Steuerungssystems ist also eine klar definierte Zielableitungsmethodik entscheidend. Im Rahmen der wertorientierten Steuerung sei an dieser Stelle wiederholt, dass sich ausgehend von der obersten Zielsetzung der Wertsteigerung eine weitere Aufgliederung in Einzelzielgrößen aus der Aufstellung einer Werttreiberhierarchie ergibt.[296]

Zur Ableitung des obersten Wertsteigerungsziels auf die Bereiche kommen theoretisch folgende Ansätze in Frage:

- Die einfachste Möglichkeit zur Ableitung zukünftiger Ziele ist der Rückgriff auf *Vergangenheitswerte*. Die Verwertbarkeit von Vergangenheitsdaten für zukünftige Entwicklungen wird jedoch kritisch gesehen.[297]
- Eine weitere Vorgehensweise ist die Verwendung von *Prognosewerten*. Hierbei lassen sich kausale Prognosen, Trendextrapolationen, Indikatorprognosen und Rückgriffe auf Expertenurteile anwenden.[298]
- Eine in der Praxis weit verbreitete Vorgehensweise zur Zielableitung ist das Heranziehen von Wettbewerberinformationen. Während sich die beiden ersten Möglichkeiten auf interne Unternehmensdaten beziehen, greift das sog. *Benchmarking* externe Informationen von Konkurrenten auf.[299] Dabei werden die bspw. aus Geschäftsberichten zur Verfügung stehenden externen Daten zur Festlegung von Parametern – z.B. Umsatzrendite – und Variablen – z.B. der geplanten Absatzmengen – verwendet. Das Unternehmen versucht also, Ergebnisse und Erfahrungen der Konkurrenz in seinen eigenen Zielableitungsprozess einfließen zu lassen.

  Um Probleme hinsichtlich der inhaltlichen Vergleichbarkeit der Unternehmen zu vermeiden, sollte der Betrachtungsgegenstand und die Verdichtung auf dem entsprechenden Markt bzw. Segment gleich sein sowie die gleiche Genauigkeit aufweisen. Überdies muss eine zeitliche Vergleichbarkeit bei Erhebungszeitpunkt und -zeitraum bestehen.[300]

[295] Vgl. Weber/Schäffer (2008), 61.
[296] Siehe dazu Kapitel 2.1.4.
[297] Vgl. Weber/Schäffer (2008), 64 f.; Weber et al. (2002), S. 12; Merchant/Van der Stede (2007), S. 333 f.
[298] Vgl. Troßmann (1998), S. 81; Friedl (2003), S. 337 ff.
[299] Vgl. Weber/Schäffer (2008), S. 66; Weber et al. (2002), S. 12; Merchant/Van der Stede (2007), S. 334 f.
[300] Vgl. Weber/Schäffer (2008), S. 66 f.

- Eine denkbare weitere Variante ist die *normative Festlegung* von Zielen, die Anwendung findet, wenn Ziele nicht auf Basis der vorangegangen Alternativen abgeleitet werden konnten. Dann kann ein grundlegender Ansatz zur Zielfestlegung bspw. bedeuten, dass jedem Bereich die Erzielung eines positiven Residualgewinns vorgegeben wird, was einen Mindest-Gewinn in Höhe der Kapitalkosten impliziert. Eine weitere Möglichkeit wäre die Vorgabe einer pauschalen Wertsteigerung von +x%.

In der Praxis kann auch eine Kombination dieser verschiedenen Ansätze angewendet.

Folgende Vorteile kennzeichnen den retrograden Planungsansatz:[301]

- Es erfolgt eine konsequente Ausrichtung aller Bereiche auf das übergeordnete Gesamtziel des Unternehmens.[302]
- Im Vergleich zum progressiven Ansatz kann der Planungsprozess im Top-down-Verfahren verkürzt werden, indem bspw. nur übergeordnete finanzielle Zielvorgaben gemacht werden. Auch der Aufwand, insbesondere beim Personaleinsatz, kann während der Planungsphase reduziert werden. Die Konzentration der operativen Bereiche kann dann stattdessen auf andere wertsteigernde Aktivitäten gelenkt werden.
- Die zunehmende Volatilität erfordert starke Plankorrekturen und Steuerungseingriffe von der obersten Unternehmensebene. Beim Top-down-Ansatz können diese konsistent in Planungsrichtung eingespeist werden und verursachen so verhältnismäßig wenig Aufwand.

Trotz der beschriebenen sachlichen Vorteile weist der Top-down-Ansatz auch Nachteile auf, die vor allem bei der Mitarbeiterführung Schwierigkeiten bereiten können:[303]

- Da die Ziele und Rahmenbedingungen vorgegeben sind, begrenzt sich die Beteiligung der operativen Ebenen an der Planung bei diesem Ansatz auf ein Minimum. Folglich wird weder deren Fachkompetenz noch der Informations- und Wissensstand einbezogen.
- Darüber hinaus reduziert sich die Motivation der Bereichsmitarbeiter zur Erreichung der Zielvorgaben im Vergleich zum Bottom-up-Ansatz, insbesondere wenn sie die gesetzten Ziele für willkürlich und nicht erreichbar halten. Außerdem ist deren Motiva-

[301] Vgl. Bea/Friedl/Schweitzer (2005), S. 44; Ehrmann (2007), S. 62 f.
[302] Vgl. Weber et al. (2002), S. 11; Hopfenbeck (1993), S. 487.
[303] Vgl. Ewert/Wagenhofer (2008), S. 429; Bea/Friedl/Schweitzer (2005), S. 44; Hopfenbeck (1993), S. 487 f.

tion zur Kooperation und Weitergabe von Informationen an zentrale Stellen gering. Eventuell haben sie sogar ein Interesse daran, ihrem Bereich durch Zurückhaltung von Informationen oder unvollständiger Information einen Vorteil zu verschaffen.

- Die Unternehmensführung ist nur begrenzt in der Lage, vor der Festlegung von Zielvorgaben und anderer Rahmenbedingungen für die Planungen der Bereiche deren Realisierbarkeit zu überprüfen und einzuschätzen. Um diese Schwäche abzumildern, werden zur Unterstützung der Unternehmensführung oftmals Planungsstellen – Stäbe oder Abteilungen – auf oberster Ebene eingerichtet, was tendenziell zu einer Zentralisierung der Planung führt.
- Daher bietet es sich bei retrograder Planung an, dass die Unternehmensführung nur globale Vorgaben macht, welche dann während der Planungsperiode situationsspezifisch und schrittweise mit Einzelentscheidungen verfeinert werden. Die Frage ist dann jedoch, inwieweit bei den nachgelagerten Schritten mit einem erhöhten Integrationsbedarf zu rechnen ist.[304]

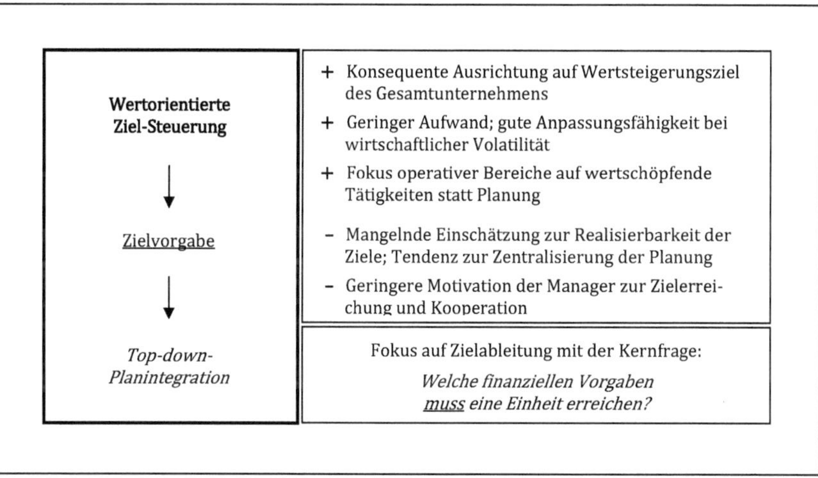

Abbildung 29: Charakterisierung der Ziel-Steuerung

[304] Vgl. Ewert/Wagenhofer (2008), S. 429 f.; Bea/Friedl/Schweitzer (2005), S. 44; Weber et al. (2002), S. 11; Ehrmann (2007), S. 63 f.

3.1.3.4 Das Gegenstrom-Verfahren

Das Gegenstromprinzip stellt eine Kombination aus Bottom-up- und Top-down-Verfahren dar mit der Intention, die Vorteile beider Ansätze im Planungs- und Zielsetzungsprozess zu vereinen und deren jeweilige Nachteile zu reduzieren.[305] Im ersten Schritt wird dazu ein globaler Unternehmensgesamtplan erstellt, der auf den obersten Zielen des Unternehmens basiert und in einer Art Planungsvorlauf *top-down* über die Hierarchieebenen bis auf die untersten Stufen *heruntergebrochen* wird. Im zweiten Schritt werden dann in einem Planungsrücklauf *bottom-up* die konkretisierten untergeordneten Pläne zum Gesamtplan integriert. Der Planungszyklus ist abgeschlossen, wenn der Rücklauf zu einem detaillierten Gesamtplan und realisierbaren Zielen geführt hat, die von der Unternehmensführung akzeptiert werden.[306]

Bei Bedarf müssen allerdings Rekursionsschleifen zwischen betroffenen hierarchischen Ebenen durchgeführt werden, um die Planungsqualität oder -ergebnisse zu verbessern. Wenn die Unternehmensführung die Ergebnisse des Planungsrücklaufs nicht akzeptiert, kann diese Rekursion im Extremfall auch den kompletten Zyklus betreffen, der dann wieder mit einem – dieses Mal auf Basis des abgelehnten Plans detaillierteren – Vorlauf ausgehend von der Unternehmensführung beginnt. Zum Abschluss kommt der Prozess erst durch die Akzeptanz-Entscheidung der Unternehmensführung.[307] Theoretisch kann diese zu jedem Zeitpunkt im Zyklus getroffen werden, was bei einem unvollständigen Zyklus allerdings zur Folge hätte, dass die Realisierbarkeit des Planungsvorlaufs für einzelne Hierarchiebereiche noch fraglich wäre, d.h. die Bereiche mit einer Lücke zwischen Top-down-Vorlauf und eigenem Bottom-up-Plan in die Planungsperiode gehen würden, und Planungsschritte evtl. während der Planungsperiode nachgeholt werden müssen.

Das Gegenstromverfahren kann keiner Steuerungsphilosophie zugeordnet werden, wenn es beide Planabstimmungsrichtungen in gleicher Weise bzw. gleich stark berücksichtigt. Bei der Umsetzung im Unternehmen wird dies normalerweise jedoch kaum der Fall sein: Das Gegenstromverfahren wird entweder mehr bottom-up oder stärker top-down geprägt sein. Zwar werden dann auch entsprechend stärker die Eigenschaften der jeweiligen Steuerungsphiloso-

---

[305] Vgl. Hopfenbeck (1993), S. 489.
[306] Vgl. Vgl. Weber/Schäffer (2008), S. 276 ff.; Bea/Friedl/Schweitzer (2005), S. 44; Domschke/Scholl (2008), S. 387; Hopfenbeck (1993), S. 489.
[307] Vgl. Bea/Friedl/Schweitzer (2005), S. 45 f.

phie auftreten, die Kennzeichen des Gegenstromverfahrens bleiben aber schwerpunktmäßig erhalten, wobei folgende Vorteile charakteristisch für diesen Ansatz sind:[308]

- Das Fachwissen und die Informationen der Planungsträger werden in die Planung eingebracht.
- Da der Planungs-, Abstimmungs- und Zielbildungsprozess partizipativ geprägt ist, wird die Motivation zur Zielerreichung in den Bereichen gefördert, genauso wie der Wille zur Kooperation mit der Zentrale.
- Sowohl die vertikalen als auch die horizontalen Abstimmungsnotwendigkeiten werden erfüllt.

Konfliktpotenziale werden abgebaut bzw. gewollte unvermeidbare Konflikte müssen während des Planungsprozesses gelöst werden.

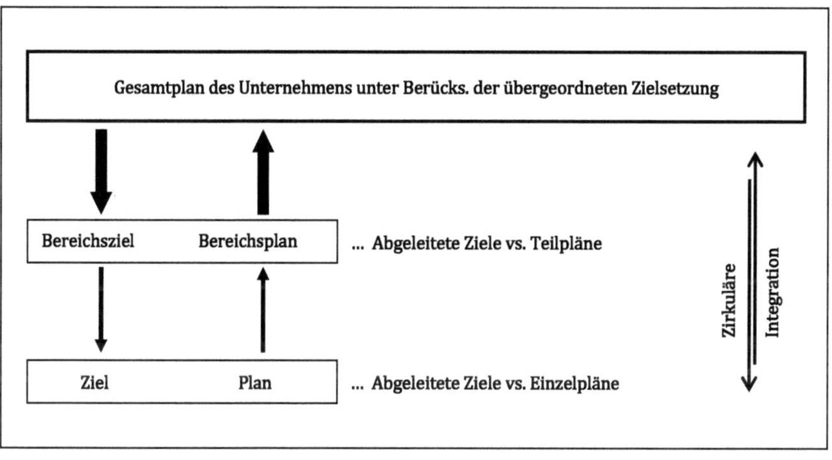

Abbildung 30: Planung und Ziesetzung bei zirkulärer Integration

Die unbestrittenen Vorteile des Verfahrens werden allerdings teuer erkauft. So weist das Gegenstromverfahren folgende Nachteile auf:[309]

308 Vgl. Ewert/Wagenhofer (2008), S. 429 f.; Bea/Friedl/Schweitzer (2005), S. 46.
309 Vgl. Bea/Friedl/Schweitzer (2005), S. 46; Ehrmann (2007), S. 64; Hopfenbeck (1993), S. 490.

- Die Kosten für diese Art der Planungsabstimmung sind in der Regel höher als bei reiner Top-down- oder Bottom-up-Planung, insbesondere was die Organisations-, Dokumentations- und Kommunikationskosten betrifft.
- Neben dem Ressourcenaufwand ist in gleichem Maße auch der zeitliche Aspekt betroffen. Durch das Durchlaufen beider Planungsrichtungen und eventuell zusätzlicher Rekursionsschleifen, ist davon auszugehen, dass der Prozess deutlich mehr Zeit in Anspruch nimmt als die anderen Verfahren. Die schon mehrmals erwähnte zunehmende Volatilität heutiger Wirtschaftsentwicklungen verlangt jedoch nach kurzen Planungszyklen, also Planungssystemen, die schnell und flexibel auf veränderte Rahmenbedingungen reagieren können.

3.1.3.5 Ist-Steuerung als Ergebnis des Fortschreibungs-Ansatzes

Der Fortschreibungs-Ansatz geht vom aktuell erzielten Ist-Wert bzw. -Zustand aus und schreibt den Status Quo in die Folgeperiode fort. Dabei fließen im Gegensatz zur Festlegung eines Ziels – wie in Kapitel 3.1.3.3 dargestellt – weder Vergangenheitswerte oder Zukunftserwartungen noch Benchmarking-Vergleiche oder eine normative Zielfestlegung mit ein. Resultat stellt die Ist-Steuerung dar, die aufgrund ihres Ist-Ist-Vergleichs vom reinen Grundsatz her keinen unmittelbaren Planungsbezug hat und auch keine Zielwerte einbezieht.

Es scheint einleuchtend, dass eine reine Ist- Steuerung nur bei einem aktuell zufriedenstellenden Ist-Ergebnisniveau und in einem sehr konstanten Umfeld erfolgen kann,[310] quasi nach dem Motto: *Alles soll weiterlaufen wie bisher.* Allerdings erhält der Ist-Wert als Steuerungsgröße einen Vorgabe- bzw. Plancharakter, was den Ansatz der Planunabhängigkeit verwässert. Für den Fall, dass auf den aktuellen Ist-Wert eine pauschale Verbesserungsvorgabe von bspw. +10% angesetzt wird, um dem obersten Unternehmensziel der Wertsteigerung in einer schlechten Ist-Situation gerecht zu werden, erhält der Ansatz – nach dem Motto: *Weiter wie bisher, aber besser.* – sogar den Charakter einer oben beschriebenen Ziel-Steuerung.

Charakteristisch für die Ist-Steuerung ist der Verzicht auf eine fundierte Planung oder Zielableitung. Stattdessen erfolgt eine Fokussierung auf den Status quo und die *im Ist* etablierten

[310] Vgl. Hansen/Mowen (1997), S. 310.

Prozesse.[311] Auch Verbesserungs- und Rationalisierungs-Prozesse werden nicht über Planungs- oder Zielvorgaben initiiert, sondern müssen *im Ist* in Eigenregie der Bereiche und Einheiten durchgeführt werden, was hohe Anforderungen an das unternehmerische Handeln der Manager voraussetzt. Weitere Voraussetzung ist eine generell hohe Flexibilität des Unternehmens, d.h. Strukturen und Prozesse müssen jederzeit an veränderte Rahmenbedingungen anpassbar sein. Gleichzeitig muss eine ständige Verbesserungskultur implementiert sein, die den Planungs- und Zielsetzungsprozess obsolet macht. Besondere Herausforderung ist dabei die Koordination und Integration der Verbesserungsaktivitäten zwischen den verschiedenen Bereichen und Ebenen im Unternehmen.

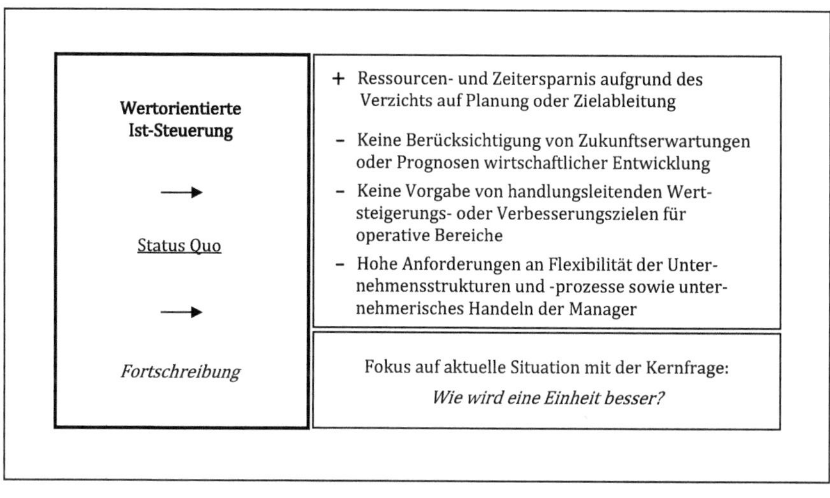

Abbildung 31: Charakterisierung der Ist-Steuerung

Charakteristisch ähnliche Züge weist der Ansatz des *Beyond Budgeting*[312] auf. Er proklamiert die Abschaffung klassischer Budgetplanung, um deren Schwächen wie Zeitaufwand, Inflexibilität, zu starke Orientierung nach innen sowie Budget-*Feilscherei* und -spiele auszumerzen.[313] Das Ziel eines flexiblen Steuerungssystems steht dabei im Vordergrund. Abgeleitet

---

[311] Vgl. Hansen/Mowen (1997), S. 310.
[312] Vgl. Hope/Fraser (1999).
[313] Vgl. Leahy (2002), S. 112; Hope/Fraser (2003), S. 3-15; Neely/Sutcliff/Heyns (2001).

aus einer Untersuchung mehrerer Unternehmen, die ohne klassische Budgetierung arbeiten,[314] wurden die Prinzipien für den Ansatz des Beyond Budgeting aufgestellt, die sich auf die Unternehmenskultur, Strukturen und die Managementprozesse beziehen:[315] Auf Basis starker Dezentralisation und Delegation wird dabei bspw. auf Koordination durch Selbstabstimmung statt Koordination durch Pläne gesetzt. Bei hoher Dynamik scheint das Konzept durchaus praktikabel, bei zusätzlicher hoher Komplexität stößt es allerdings an seine Grenzen. Deshalb hängt es stark vom einzelnen Unternehmensfall ab, ob die Vorgehensweise anwendbar ist. Außerdem stellt der Ansatz hohe Anforderungen bei der sachlichen und personellen Implementierung.[316]

3.1.4 Zwischenfazit und Implikationen für die Gestaltung der wertorientierten Incentivierung

Grundsätzlich hängt die Wahl der Steuerungsphilosophie stark vom spezifischen Unternehmensfall ab – von dessen Größe, Geschäft, Umfeld und weiteren Faktoren. Der Begriff basiert wie dargestellt auf den Ansätzen zur vertikalen Integration von Planung und Zielsetzung und lässt sich also differenzieren in Plan-, Ziel- oder Ist-Steuerung, wobei die Wahl für eine dieser Ausrichtungen einer Grundsatzentscheidung im Unternehmen entspricht und mit den Eigenschaften einer *Frage der Philosophie* gekennzeichnet ist. Überdies sind Planung und Zielsetzung sensible Kernprozesse im Unternehmen; sie dienen zur Koordination, Motivation und Beurteilung und sind damit zentrales Element der wertorientierten Incentivierung und müssen bei ihrer Ausgestaltung besondere Berücksichtigung finden. Das Zustandekommen des Zielwerts hat insbesondere großen Einfluss auf das Verhalten der incentivierten Bereichsmanager und damit auf *das Funktionieren* des Incentivierungssystems. Die Betrachtung des Themas vor dem Hintergrund unterschiedlicher Steuerungsphilosophien liefert Anhaltspunkte, inwiefern solche Effekte bei der Gestaltung von Incentivierungssystemen berücksichtigt werden können:

---

[314] Vgl. Fraser/Hope (2001), S. 440.
[315] Vgl. Fraser/Hope (2001), S. 439 f.
[316] Vgl. Weber/Linder (2003), S. 58; Schäffer/Zyder (2003), S.104; Weber/Schäffer (2008), S. 284 f.; Berens/Wömpener (2011), S. 163 f.

- Bei der Plan-Steuerung wird gegenüber eines Bottom-up-Planziels gesteuert. Die Einbindung der Beteiligten, die erzeugte Motivation zur Planziel-Erreichung sowie die detaillierte Festlegung von Planungsinhalten und damit von Steuerungshebeln und Ansatzpunkten zur Abweichungs- und Ursachenanalyse sind dabei besonders stark ausgeprägt. Allerdings ist der festgelegte Unternehmens-Planzielwert nicht direkt vom übergeordneten Unternehmensziel der Wertsteigerung abgeleitet und somit aus Sicht der Wertorientierung kritisch zu sehen.
  Bei der Gestaltung wertorientierter Incentivierungssysteme ist deshalb grundsätzlich darauf zu achten, dass das Wertsteigerungsziel nicht aus dem Fokus gerät und tatsächliche Wertsteigerung Schwerpunkt der Belohnungsfunktion ist. Daneben ist auf das Kosten-Nutzen-Verhältnis dieses Ansatzes zu achten, vor allem vor dem Hintergrund zunehmender Volatilität und erforderlicher Flexibilität der Planungs- und Steuerungsprozesse.
  Da das Ziel des Bereichs aus der Planungsaufgabe der Zielbildung des Bereichs resultiert, ist der Einfluss des incentivierten Bereichsmanagers auf den mit ihm vereinbarten Zielwert besonders groß. Während der *Planungsphase* stellt deshalb das Erreichen eines realistisch hohen Anspannungsgrads des Planzielwerts die größte Herausforderung bei auf Plan-Steuerung basierten Incentivierungssystemen dar.

- Bei der Ziel-Steuerung wird gegenüber einer Top-down-Zielvorgabe gesteuert. Die Ausrichtung auf das oberste Unternehmensziel kommt hier besonders stark zum Tragen und ist aus Sicht der Wertorientierung zu begrüßen. Vorteilhaft kann außerdem der zeitlich kürzere und flexiblere Planungs- und Steuerungscharakter sein, insbesondere bei volatilem Umfeld. Nicht zu unterschätzen sind die Herausforderungen bei der Motivation der Mitarbeiter zur Zielerreichung.
  Bei der wertorientierten Incentivierung liegt der Schwerpunkt insbesondere in der Vorgabe realistischer Ziele und der richtigen Balance zwischen W*as muss der Bereich leisten?* und W*as kann der Bereich leisten?*.
  Da die abgeleitete Zielsetzung von der Unternehmensführung den Bereichen für ihre Planung vorgegeben wird, haben die incentivierten Manager keinen Einfluss auf die mit ihnen vereinbarten Zielwerte. Sie werden deshalb mit allen Mitteln versuchen, dieses Ziel zu erreichen. Deshalb steht das Verhalten der Bereichsmanager in der *Zielerreichungsphase* bei auf Ziel-Steuerung basierter Incentivierung besonders im Fokus.

- Bei der Ist-Steuerung wird formal der Status Quo fortgeschrieben. Auf der einen Seite erzielt dieser Ansatz durch die reine Fortschreibung vordergründig einen großen Vorteil aus der Aufwandsreduzierung durch den Verzicht auf Planung und Zielableitung. Auf der anderen Seite ergeben sich daraus große Herausforderungen bei der Wertorientierung sowie Koordination und Motivation. Der Ansatz setzt auf Delegation und Dezentralisation basierende Unternehmensprinzipien, ähnlich derer des Beyond Budgeting, voraus.
  Wenn das Ist-Ergebnis den Basiswert für die Folgeperiode darstellt, hat der incentivierte Bereichsmanager Interesse daran, dieses so zu generieren, dass sich dadurch eine optimale Ausgangsposition für die Folgeperiode ergibt. Diese Konstellation wiederum hängt stark von den vorgenommenen Fortschreibungsmodalitäten ab; meist entwickelt sich die Ist-Steuerung im Rahmen von Zielsetzung und Incentivierung zu einer verkappten Plan- oder auch Ziel-Steuerung.

3.2 Gaming-Phänomene als Resultat der Gestaltung eines wertorientierten Incentivierungssystems

Nachdem die Steuerungsphilosophie im vorigen Kapitel im Rahmen der Planung – insbesondere der vertikalen Planabstimmung – und Zielsetzung sowie deren Rolle als Ausgangspunkt der Gestaltung wertorientierter Incentivierungssysteme vorgestellt wurde, geht es im Folgenden um Ausprägungen, die sich aus der Gestaltung der Incentivierung ergeben: die sog. *Gaming*-Phänomene, welche Handlungs- und Verhaltensmuster von Managern, insbesondere von Bereichsmanagern, bezeichnen. Diese können Incentivierungssysteme konterkarieren und dem Wertsteigerungsziel des Unternehmens erheblich schaden. Deshalb ist es für die Unternehmensführung notwendig, Existenz und Gründe von Gaming-Verhalten zu kennen und Möglichkeiten zu ihrer Vermeidung oder Lösung zu entwickeln.

Der fast ausschließlich in der anglo-amerikanischen Literatur geprägte Begriff des Gaming wird im Folgenden nach seiner Definition an konkreten Gaming-Beispielen dargestellt. Im Anschluss wird auf Lösungsansätze und besondere Formen der Anreizgestaltung im Hinblick auf deren Möglichkeiten im Umgang mit der Gaming-Problematik eingegangen.

Im Fokus stehen dabei folgende Fragestellungen:

- Was bedeutet der Begriff des *Gaming*? (Kapitel 3.2.1)
- Welche Auswirkung hat die Steuerungsphilosophie eines Unternehmens auf die Ausprägung von Gaming-Phänomenen? (Kapitel 3.2.2)
- Welche Gaming-Phänomene gibt es und wie lassen sich diese charakterisieren? (Kapitel 3.2.3)
- Welche Möglichkeiten zur Vermeidung oder Lösung von Gaming-Phänomenen gibt es? (Kapitel 3.2.4)
- Welche Schlussfolgerungen lassen sich daraus für die Gestaltung von Incentivierungssystemen ableiten? (Kapitel 3.2.5)

3.2.1 Zum Begriff Gaming

Der englische Begriff des *Gaming* bedeutet auf einfache Weise ins Deutsche übertragen: *Spielen*.[317] Die wirtschaftswissenschaftliche Spieltheorie[318] bezeichnet ein Spiel als Entscheidungssituation, in der jeder Spielteilnehmer sein individuelles Ziel verfolgt. Dabei gilt es, sich an festgelegte Regeln zu halten. Die Konsequenzen der möglichen Entscheidungen hängen auch von den Entscheidungen der anderen Spielteilnehmer ab. Jeder Spieler versucht dann letzten Endes, die für ihn insgesamt vorteilhafteste Entscheidung zu treffen.[319] Die Begrifflichkeit des Gaming im Rahmen von Anreizsystemen wurde vor allem in der angloamerikanischen Literatur geprägt.[320] Eine grundsätzliche Definition des Begriffs *Gaming* wird dabei aber nicht vorgenommen.

Im hier vorliegenden Kontext wird *Gaming* verstanden als bewusstes strukturiertes Verhalten eines (Bereichs-)Managers in Interaktion mit der Unternehmensführung mit der Absicht der (von der Unternehmensführung) nicht-intendierten Beeinflussung des wertorientierten Incentivierungssystems zu seinem persönlichen geldwerten Vorteil unter in Kauf Nehmens eventueller geldwerter Nachteile für andere Unternehmensangehörige oder das Gesamtunternehmen.

---

[317] Vgl. Duden (2013), Stichwort: Gaming.

[318] In der Spieltheorie werden Entscheidungskonflikte mathematisch analysiert. Der Begründer der Spieltheorie ist John Nash, nach dem das Nash-Gleichgewicht sowie die Nash-Verhandlungslösung bezeichnet sind, und der dafür den Nobelpreis erhielt.

[319] Vgl. Crasselt/Gassen (2005), S. 634 ff.; Holler/Illing (2003); Osborne/Rubinstein (1994).

[320] Vgl. Jensen (2003); Steele/Albright (2004).

Einfach gesagt: *Gaming* bedeutet, dass ein Manager das Incentivierungssystem zu seinem Zweck a*usspielen* will.

Neben intendierten Anreizen können gerade moderne wertorientierte Incentivierungssysteme aufgrund ihrer Komplexität und ihres hohen Formalisierungsgrades auch nicht-intendierte Anreize produzieren bzw. lassen nicht-intendiertes Verhalten zu. Ziel der aktiven und bewussten Ausnutzung der Schwächen des Incentivierungssystems durch einen Bereichsmanager ist die Steigerung seiner persönlichen Vergütung – über die eigentliche persönliche Zielerreichung oder das der Situation seines Bereichs eigentlich vorgesehene Maß hinaus.

In seinen Arbeiten über Gaming veranschaulicht *Jensen* zahlreiche Beispiele, in denen Bereichsmanager ihr eigenes Unternehmen in jedweder denkbaren Weise hintergehen, um ihre persönliche Vergütung zu steigern. Er erklärt dies im Rahmen der Incentivierung und insbesondere im Zusammenhang mit Belohnungsfunktionen damit, dass plan- und zielbasierte Belohnungen zu kontraproduktiven und Wert verzehrenden Effekten führen, die hohe Kosten für das Unternehmen verursachen.[321] Eine Studie von *Cadsby et al.* vergleicht zielbasierte Incentivierungssysteme in einem Experiment mit anderen leistungsbezogenen Belohnungsfunktionen und kommt zu dem Schluss, dass bei zielbasierten Incentives im Vergleich deutlich mehr Gaming-Verhalten zu beobachten ist.[322] Arbeiten von *Schweitzer et al.* deuten darauf hin, dass Ziele – im Allgemeinen und auch im Kontext der Incentivierung – zu unethischem Verhalten motivieren. Vor allem wenn Manager kurz davor stehen, ihr Ziel zu erreichen, werden sie ihre Leistung mit großer Wahrscheinlichkeit übertrieben darstellen.[323]

Die unter dem Begriff *Managing the numbers* bekannt gewordenen Untersuchungen zu Ergebnis*verschönerungen* durch Manager schließen bspw. auch Bilanzfälschungen mit ein.[324] Gaming umfasst dem vorliegenden Verständnis nach aber keine illegalen betrügerischen Handlungen, sondern hier sind Beeinflussungen, *Tricksereien* bzw. Manipulationen gemeint, die sich im legalen Rahmen und auch innerhalb des Regelsystems eines Unternehmens bewegen – was im Englischsprachigen bezeichnet wird als: *Gaming the system.* Trotzdem muss

---

[321] Vgl. Jensen (2003), S. 382-85, 388, 291, 296.
[322] Vgl. Cadsby et al. (2010).
[323] Vgl. Schweitzer/Ordonez/Douma (2002).
[324] Vgl. Collingwood (2001); DeGeorge/Patel/Zeckhauser (1999).

angemerkt werden, dass sich die Manager dabei auf einem zumindest moralisch schmalen Grat und in einer Grauzone bewegen, da sie einen Wissens- oder Informationsvorsprung ausnutzen, um sich einen persönlichen Vorteil zu Lasten des Unternehmensinteresses zu verschaffen.

3.2.2 Die Rolle der Steuerungsphilosophie eines Unternehmens bei der Ausprägung von Gaming-Phänomenen

Es kann angenommen werden, dass Bereichsmanager verschiedene Arten von Gaming-Verhalten an den Tag legen – und das wahrscheinlich sehr oft. Vermutlich gehört Gaming quasi zum täglichen Geschäft, wobei es nicht per se negativ sein muss im Sinne geldwerter Nachteile für Andere im eigenen Unternehmen: Politische *Spielchen*, Taktieren oder auch *Pokern* gehören wohl zum Repertoire jeden Managers und sind im – externen, aber auch internen – Wettbewerb vielleicht sogar notwendig zur Aufgabenerfüllung und Zielerreichung. Wenn dies bei der Optimierung der persönlichen Zielerreichung im Rahmen der Incentivierung Anwendung findet, ist es aus Sicht der Unternehmensführung allerdings keine erstrebenswerte Eigenschaft.

Gaming findet seinen Nährboden grundsätzlich überall dort, wo Variablen im Spiel sind und diese zur Bemessung der Incentivierung eines Managers dienen. Wenn zudem unterschiedliche Informationsstände zwischen Bereichsmanager und Unternehmensführung bestehen, entwickelt sich ein großer Anreiz für den Manager, diese Situation zu seinem Vorteil zu nutzen – ein typisches Principal-Agent-Problem.[325]

Auslöser für Gaming-Verhalten sind nicht-intendierte Anreize eines Incentivierungssystems, dessen Parameter ursprünglich so justiert wurden, dass Manager mit den von ihm ausgehenden Anreizen bestmöglich zur Zielerreichung motiviert werden. Die Eigenschaft des Gaming als von der Unternehmensführung nicht-intendierte und nicht vorgesehene Verhaltensausprägung lässt sich – entsprechend der Herkunft von *Phänomen* als etwas unvorhergesehen *Erscheinendes*, einer *Besonderheit* oder auch *Merkwürdigkeit*[326] – in ihrer Bezeichnung als

---

[325] Siehe Kapitel 2.2.2.
[326] Vgl. Duden (2013), Stichwort: Phänomen.

Gaming-*Phänomene* ausdrücken. Schließlich kommt an dieser Stelle das zentrale Element eines variablen Vergütungssystems und der Fixpunkt für Gaming-Verhalten ins Spiel: das Ziel. Und damit rückt auch die Rolle der Steuerungsphilosophie eines Unternehmens bei der Ausprägung von Gaming-Phänomenen in den Fokus.

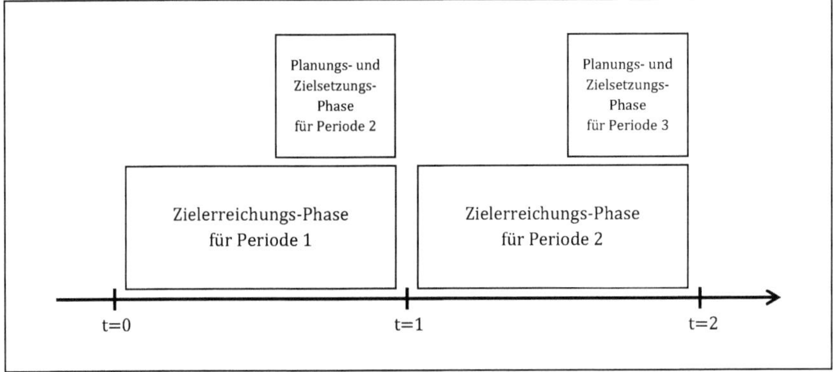

Abbildung 32: Überschneidung der Planungs- und Zielsetzungsphase sowie der Zielerreichungsphase

Die Steuerungsphilosophie eines Unternehmens setzt die Rahmenbedingungen für Gaming. Je nach Zeitpunkt innerhalb einer incentivierten Periode gehen unterschiedliche Anreize für Gaming-Verhalten von den verschiedenen Steuerungsphilosophien aus. Dabei kann im Rahmen der Incentivierung in die *Phase der Planung und Zielsetzung* sowie die *Phase der Zielerreichung* unterschieden werden. Bei diesen für die Zwecke dieser Arbeit definierten *Phasen des Incentivierungsprozesses* ist zu beachten, dass sich ihre Zeitabschnitte bei Betrachtung einer Periodenreihe überlappen, also gleichzeitig stattfinden können. Ihr jeweiliger Bezugszeitraum ist jedoch unterschiedlich, d.h. die Zielerreichungsphase betrifft die aktuelle Periode, die Planungs- und Zielsetzungsphase desselben Zeitabschnitts jedoch die Folgeperiode. Der Bereichsmanager steht dann vor folgender Überlegung:

- Zum Einen ist er an einer möglichst hohen Belohnung in der aktuellen Periode interessiert.
- Zum Anderen liegt sein Fokus aber gleichzeitig bereits auf der Zielsetzung der Folgeperiode und der Frage, welchen Einfluss die Zielerreichung der aktuellen Periode auf seine Ausgansposition für die Folgeperiode hat.

Entscheidend ist aus Sicht der Bereichsmanagers also die Abwägung zwischen aktueller Zielerreichung bzw. Bonushöhe und der zukünftigen Chance auf eine möglichst hohe Incentivierung.

Zudem spielt auch die wirtschaftliche Situation des Bereichs, für den ein Manager verantwortlich ist, eine mitentscheidende Rolle bei der Ausprägung von Gaming-Phänomenen. Diese lässt sich ableiten aus der Position des Bereichs im Unternehmens-Portfolio.[327] Ein wirtschaftlich guter Bereich befindet sich dementsprechend im *grünen Bereich* des Portfolios, ein wirtschaftlich schlechter Bereich ist definiert als in einer schwachen Position befindlich. Es kann davon ausgegangen werden, dass Managern in einem wirtschaftlich guten Umfeld mehr Freiheitsgrade zur Verfügung stehen als in einem wirtschaftlich schlechten Bereich. Dann nämlich steht sein Handeln deutlich stärker im Fokus der Unternehmensführung, was ihm weniger *Spiel*raum gibt und damit das Risiko erhöht, dass sein Gaming-Verhalten auffallen könnte. Außerdem steht der Bereichsmanager eines wirtschaftlich schlechten Bereichs stark unter Druck, schnellstmöglich den *Turnaround* – und damit große Delta-Wertbeiträge – zu schaffen.

Mit Hilfe dieser beiden Kriterien *Phase des Incentivierungsprozesses* und *Situation des Bereichs* lassen sich nun unterschiedliche Ausprägungsmuster von Gaming-Phänomenen je nach Steuerungsphilosophie beschreiben:

- Bei der Plan-Steuerung ist mit starker Interaktion zwischen den Spielteilnehmern – Unternehmensführung und Bereichsmanager – zu rechnen. In der Planungs- und Zielsetzungsphase erlauben die unternehmensinternen Regeln und sein Informationsvorsprung dem Manager bei der Generierung des Planziels einen gewissen Spielraum, den er mit Blick auf das Incentivierungssystem in der Absicht nutzen wird, sich eine gute Ausgangsposition für die Zielerreichung zu schaffen. In der Zielerreichungsphase wird der Bereichsmanager versuchen, sein Ziel zu übertreffen und damit einen hohen Bonus zu erhalten. Gleichzeitig wird er darauf achten, dass er immer noch die Möglichkeit hat, ein neues Planziel für die Folgeperiode mit der Unternehmensführung zu vereinbaren, welches für ihn eine weitere gute Ausgangsposition darstellt. Er wird sein

[327] Siehe Kapitel 2.1.4 zum Abschnitt Portfolio-Management.

Planziel also möglichst nie bis zum maximal Möglichen *übererfüllen*, um kein Misstrauen bei der Unternehmensführung zu erzeugen.

Ist die wirtschaftliche Situation des Bereichs gut, dann ist davon auszugehen, dass der Manager sein Gaming-Verhalten leichter durchsetzen und umsetzen kann, sofern er dieses nicht übertreibt und sich so unglaubwürdig macht. Ist die Situation seines Bereichs dagegen schlecht, ist zu bezweifeln, ob er das gleiche Verhalten durchsetzen kann und will.

Diese Punkte werden im Abschnitt 3.2.3.1 zum Sandbagging und Bullarding wieder aufgegriffen.

- Bei der Ziel-Steuerung setzt der Bereichsmanager seinen Fokus verstärkt auf Spielzüge während der Zielerreichungsphase. Durch die Top-down-Vorgabe der Unternehmensführung hat er keine Möglichkeit, direkt in die Zielsetzung einzugreifen. Seine einzige Möglichkeit zur Beeinflussung des Incentivierungssystems besteht während der Zielerreichungsphase. Dabei wird er versuchen, sein Ziel grundsätzlich so gut es geht zu erreichen und – je nach Ausprägung des Incentivierungssystems – so weit wie für ihn lohnenswert zu übertreffen. Sofern seine Zielerreichung aber Basis für die Zielsetzung der Folgeperiode ist, hängt es von der Belohnungsfunktion ab, inwiefern er sein optimales Ergebnis in der aktuellen Periode realisiert oder nicht.

  Dieser Punkt wird in negativer Ausprägung im Abschnitt 3.2.3.2 zur Big-Bath-Theorie erneut relevant.
- Bei der Ist-Steuerung besteht der grundsätzlich positive Anreiz, das Ergebnis der aktuellen Periode gut zu gestalten. Allerdings nur ausreichend besser als in der Vorperiode, d.h. in ausreichendem Maße, um einen guten Bonus zu erreichen – jedoch nicht so gut wie möglich, da das die Zielerreichung der Folgeperiode erschweren würde. Hier kommt es stark auf die konkrete Gestaltung der Belohnungsfunktion an, ob und wann der Bereichsmanager einen Anreiz zum Gaming hat.

Laut *Jensen* liegt die Quelle für Gaming-Probleme nicht in der Gestaltung des Planungs- und Zielsetzungsprozesses, sondern in der Art und Weise, wie Manager bezahlt werden, d.h. in der Gestaltung der Incentivierungssysteme.[328] Als Zwischenresümee lassen sich allerdings

[328] Vgl. Jensen (2003), S. 388.

zwei Aussagen formulieren, die deutlich machen, dass auch die Steuerungsphilosophie einen wesentlichen Beitrag zum Gaming leistet:

- Je mehr Manager auf die Setzung ihrer Incentivierungsziele Einfluss haben, umso mehr ist in der Planungs- und Zielsetzungsphase mit Gaming zu rechnen.
- Je stärker der Einfluss des aktuellen Bereichsergebnisses auf die Ausgangssituation der Folgeperiode ist, umso eher treten in der Zielerreichungsphase Gaming-Phänomene auf.

3.2.3 Darstellung ausgewählter Gaming-Phänomene

In der wissenschaftlichen Literatur gibt es keine allgemein anerkannte Aufstellung von Gaming-Phänomenen. Auch in der vorliegenden Arbeit soll keine umfassende Aufstellung von Gaming-Phänomenen vorgenommen werden, noch soll der Anspruch erhoben werden, dass die Thematik des Gaming vollumfänglich behandelt wird. Es kann darüber hinaus sogar davon ausgegangen werden, dass sich Gaming-Phänomene nicht mit Anspruch auf Vollständigkeit aufgliedern lassen, und zwar aus folgendem Grund:

Die Ausprägung von Gaming-Phänomenen hängt von der Gestaltung des Steuerungssystems, insbesondere des Incentivierungssystems, im Unternehmen ab. Für Incentivierungssysteme haben sich bestimmte Grundformen der Gestaltung herausgebildet, die in ihren Einzelausprägungen sehr unterschiedliche Anreizwirkung entfalten können. Da es sich dabei um *best-fit*-Lösungen handelt, die sich in Praxis und theoretischer Ausarbeitung stets weiterentwickeln, steht zu vermuten, dass Manager als Reaktion immer einen innovativen Weg finden werden, diese imperfekten Incentivierungssysteme zu *gamen* bzw. auszuspielen.

Allgemeingültige Aussagen über Gaming-Phänomene sind folglich schwierig. Im Folgenden wird daher auf ausgewählte Gaming-Phänomene fokussiert, die in wissenschaftlichen Arbeiten wiederholt thematisiert und diskutiert werden.

3.2.3.1 Typisierung von Gaming-Verhalten

Um einen Eindruck von der Bandbreite des Gaming zu vermitteln, werden vorab mögliche Gaming-Verhaltensweisen von Managern nach einer Publikation von *Steele/Albright* illustriert.[329] Die vorgenommenen Typisierungen beschreiben primär Managerverhalten während des Planungs- und Zielsetzungsprozesses im Unternehmen, entfalten aber jeweils auch ihre Wirkung auf die Incentivierung der Manager. Da für die Zwecke dieser Arbeit ebendiese Phänomene von besonderem Interesse sind, für welche die Maßgabe *Gaming the* ***incentive*** *system* gilt, werden die Typisierungen im Anschluss an ihre Einzeldarstellung entsprechend weiter *geclustert.*

- Der Konservative (The *Sandbagger*): Wenn ein Bereichsmanager der Unternehmensführung einen Wirtschaftsplan vorlegt, der weniger ambitioniert ist als eine Planung, die seiner Einschätzung nach tatsächlich realistisch wäre, dann kann sein Verhalten bildhaft als *Sandbagging* bezeichnet werden. Um seinem sehr konservativen Ansatz Nachdruck zu verleihen, wird er diesen mit vielen Argumenten untermauern und quasi *die Welt schlecht reden.* Im Resultat ist der Anspannungsgrad seiner Planung und Zielsetzung niedriger als er aus Sicht der Unternehmensführung sein sollte. Der Manager hat es damit leichter, sein Ziel zu erreichen. Sandbagging beschert dem Unternehmen also überflüssige Diskussionen und kostet unnötig Zeit. Außerdem führt es zu – aus Sicht des Bereichsmanagers bewusst – falschen Annahmen in der Vorausschau auf die nächste Periode und damit wahrscheinlich zu Verlusten aus Fehlallokationen von Ressourcen. Nicht zuletzt erzielt der Manager eine zu hohe variable Vergütung und verdient mehr als ihm zusteht.
- Der Magier (*The Magician*): Wenn ein Manager zwar Anzeichen für eine Verschlechterung seines Bereichs hat, diese aber in der Planung mit der übermäßigen Betonung von *Highlights* verdeckt und so sogar zu einer positiveren Gesamtplanung kommt, dann kann für ihn als Metapher der Magier verwendet werden – wobei eine realistische und seriöse Planung und Zielsetzung mit Magie nichts zu tun haben sollte. Seine Hoffnung, dass sich die schlechten Anzeichen während der Zielerreichungsphase wieder zu seinen Gunsten ändern, und er der Unternehmensführung zum Planungszeitpunkt deshalb ein unrealistisches Bild zeichnet, kann allerdings zur Missachtung von Risiken, Fehlallokationen und einer ernsthaften Schieflage des Unternehmens führen. Seine Vergütung gefährdet der Manager darüber hinaus, da er mit diesem Verhalten

[329] Vgl. Steele/Albright (2004), S. 81 ff.; ebenso in der nachfolgenden Aufzählung.

zu hoch gesteckte Ziele erhält. Er erhofft sich allerdings Vorteile bei der Unternehmensführung durch einen optimistischen Ansatz und Anschein.

- Der Einzelkämpfer (*The Lone Agent*): Wenn ein Manager die grundsätzlichen Vorgehensweisen und die Planungsprämissen, welche die Unternehmensführung bei der Planung und Zielsetzung ansetzt oder vorgibt, für seinen Bereich in Frage stellt und eine Sonderrolle proklamiert, dann kann für ihn die bildhafte Rolle eines Einzelkämpfers verwendet werden. Seine Forderungen nach Sonderbehandlung, auch bei Zielsetzung und Leistungsbeurteilung, führen allerdings zu ungleicher Behandlung der Bereichsmanager und damit zu einem Ungerechtigkeitsklima, das es der Unternehmensführung schwer macht, das Unternehmen auf die wertschaffenden Kernthemen zu fokussieren.
- Der Visionär (*The Visionary*): Visionäre sind grundsätzlich wichtig für ein Unternehmen. Wenn ein Manager allerdings ohne belastbare kurzfristige Faktengrundlage mit visionären Ansätzen im Planungs- und Zielsetzungsprozess der Unternehmensführung gegenüber argumentiert und auf emotionale und enthusiastische Weise mit Verweis auf eine langfristige Denkweise zu überzeugen versucht, dann wird im Gaming-Zusammenhang vom Visionär gesprochen. Fehlt diesem Manager-Typ bei seinen Visionen allerdings der kurzfristige Erfolg, verliert er sehr schnell das Vertrauen der Unternehmensführung.
- Der Geiselnehmer (*The Hostage Taker*): Wenn ein Bereichsmanager die Unternehmensführung in die Lage des Entscheidungsverantwortlichen über das Ergebnis seines Bereichs versetzt und ihr durch seine Argumentationsweise suggeriert, der Erfolg würde nur bspw. von einer Investitionszusage der Unternehmensführung abhängen, dann würde der Bereich einen Gewinnsprung machen, so kann für diesen Bereichsmanager das Bild eines Geiselnehmers bemüht werden. Von diesem Managerverhalten geht das größte Risiko für das Unternehmen aus, weil die Unternehmensführung die vermeintlich von ihr ausgehende Richtungsentscheidung meist auch über mehrere Jahre weiter verfolgt. Tritt der Erfolg nicht ein, erleidet das Unternehmen einen großen Wertverlust.

Darüber hinaus stellen die Autoren im Übrigen fest: "even the best designed systems can be trumped by the power of personality".[330] Der Einfluss der Persönlichkeit der Manager spielt beim Gaming also eine wichtige Rolle.

The Sandbagger	• Wenig ambitionierter/konservativer Planungsansatz • Ziel: Geringer Anspannungsgrad seiner Zielsetzung und leichte Bonuserreichung
The Magician	• Verdeckung negativer Aussichten mit übertrieben optimistischer Planung • Ziel: Ressourcenzuteilung und persönliche Profilierung
The Lone Agent	• Proklamierung einer Sonderrolle bei den Planungs- und Zielvorgaben der Unternehmensführung • Ziel: Ressourcenzuteilung und leichte Bonuserreichung
The Visionary	• Visionäre enthusiastische Planung, evtl. ohne belastbare Fakten • Ziel: Ressourcenzuteilung und langfristige Ausrichtung
The Hostage Taker	• Informelle Abgabe der Entscheidungsverantwortung • Ziel: Ressourcenzuteilung und Commitment der Unternehmensführung

Abbildung 33: Gaming-Typisierungen während des Planungs- und Zielsetzungsprozesses

Große Wirkung auf den Output eines Incentivierungssystems hat das grundsätzliche Untertreibungs-Verhalten des *Sandbaggers*. In die gleiche Richtung geht auch die Intention des Einzelkämpfers.

Die weiteren Gaming-Typen zielen dagegen auf positivere Planungsresultate ab, obwohl die Zukunftsaussichten eher schlecht sind. Dies kann aber negative Auswirkungen auf die Incen-

[330] Steele/Albright (2004), S. 81.

tivierung der Manager haben, sofern diese plan- oder zielbasiert ist. Der Visionär, der Magier sowie der Geiselnehmer treiben die Erwartungshaltung der Unternehmensführung in die Höhe, was sich dementsprechend in höheren Zielvorgaben ausdrücken wird. Folglich wird das Gegenteil des *Sandbagging* erreicht. Dafür soll an dieser Stelle die Bezeichnung des *Bullarding* eingeführt werden, welche ihren Ursprung im Golfsport hat und die Nicht-Erreichung vorab zu hoch gesteckter Ziele ausdrückt.[331] Beide Phänomene werden im folgenden Abschnitt als Vertreter für Gaming-Phänomene während des Planungs- und Zielsetzungsprozesses erläutert.

Im übernächsten Abschnitt wird mit der *Big-Bath*-Theorie anschließend ein Gaming-Verhalten stellvertretend für Phänomene in der Phase der Zielerreichung dargestellt.

3.2.3.2 Sandbagging und Bullarding als Ausprägung während des Planungs- und Zielsetzungsprozesses

Sandbagging ist das wohl bekannteste Gaming-Phänomen. Es bezeichnet wie oben schon kurz beschrieben das konservative Planungsverhalten eines Bereichsmanagers im Zielsetzungsprozess mit der Intention, seine Informationsvorteile gegenüber der Unternehmensführung so auszunutzen, dass er ein im Vergleich zu seiner eigenen tatsächlichen Einschätzung des Bereichspotentials niedrigeres Planziel für die Folgeperiode mit der Unternehmensführung vereinbart, um dieses leicht erreichen oder übertreffen zu können und einen hohen Bonus zu erzielen.

Sandbag bedeutet ins Deutsche übersetzt *Sandsack.* Für das Verständnis im vorliegenden Kontext kann bildhaft die Fahrt in einem Gasballon herangezogen werden: um seinen Auftrieb – also sein Leistungsvermögen – zu bremsen, wird dieser mit Sandsäcken als Ballast beschwert. Soll sein Leistungsvermögen entfaltet werden – soll er also aufsteigen – werden die Sandsäcke einfach abgeworfen. Im wissenschaftlichen Kontext wurde der Begriff des *Sandbagging* zuerst in der Psychologie von *Gibson/Sachau*[332] geprägt und beschreibt das „Verhalten, vor Leistungssituationen die eigenen Leistungsmöglichkeiten ... herunterzuspie-

---

[331] Vgl. Myrtle Beach Golf Authority (2013).
[332] Vgl. Gibson/Sachau (2000).

len und damit die Erwartungshaltung anderer Personen gering zu halten".[333] Ziel des *Sandbaggers* ist es, bei einem schlechten Abschneiden Vorwürfe Anderer als ungerechtfertigt abblocken und sein Selbstwertgefühl aufrecht erhalten zu können, da seine Vorhersage eingetroffen ist, und bei einem guten Ergebnis mit einer vermeintlich hohen Leistung zu überraschen und sein Selbstwertgefühl steigern zu können.[334] In Sportarten wie Schach, Golf oder Poker beschreibt *Sandbagging* – auch wenn hier das Beschweren mit Sandsäcken bildhaft schwer vorstellbar ist – eine Strategie, in der sich Spieler ungerechtfertigt eine vorteilhaftere Ausgangsposition für ihre Spiele verschaffen, um leichter zu gewinnen.[335]

Laut *Jensen* ist Sandbagging unvermeidlich, wenn ein wertorientiertes Incentivierungssystem auf Basis einer Plan-Steuerung gestaltet wird. Der Bereichsmanager wird dann alles dafür tun, seine Zielsetzung so zu beeinflussen, dass sie leicht zu erreichen ist, um nach Vereinbarung des Ziels wiederum alles dafür zu tun, dieses zu erreichen – sogar wenn dies evtl. dem Gesamtunternehmensinteresse widerspricht.[336]

Sandbagging kann sich auf jede Art von Bemessungsgrundlage oder Performance-Maß beziehen – Gewinn, Umsatz, Output-Mengen, etc.[337] Entscheidender Punkt ist die aus der Principal-Agent-Theorie bekannte Informationsasymmetrie zwischen Manager und Unternehmensführung, die der Bereichsmanager für seine Zwecke nutzen kann. Er tut dies, um Reserven oder Puffer – im Englischen *Slacks* – in seinen Meldungen zu verstecken, die von der Unternehmensführung nicht erkannt werden können.[338]

Ein Manager, der Sandbagging betreibt und dies während eines Planungs- und Zielerreichungs-Zyklus erfolgreich im Sinne der für ihn leichten Erreichung eines hohen Bonus getan hat, der wird neue Gründe und Argumentationswege finden, dies auch für die nachfolgenden Perioden zu tun – solange bis es bemerkt bzw. nicht mehr toleriert wird.[339] Aber oftmals ist Sandbagging sogar eine bekannte und akzeptierte Erscheinung im Unternehmen und wird als

[333] Bierhoff/Frey (2011), S. 23.
[334] Vgl. Bierhoff/Frey (2011), S. 23.
[335] Vgl. Bönsch-Kauke (2009), S. 150; Evans (2009), Chapter 38.
[336] Vgl. Jensen (2001), S. 96; auch HBSP (2002), S. 132.
[337] Vgl. Jensen (2003), S. 387.
[338] Vgl. Bea/Friedl/Schweitzer (2005), S. 308.
[339] Vgl. Steele/Albright (2004), S. 83.

normal empfunden.[340] Paradoxer Weise kann sich dieses Verhalten dann über mehrere Planungs- und Hierarchiestufen hinweg aufaddieren, so dass das Ergebnis sogar ein mehrfach *gepufferter* Plan ist.

Das Sandbagging-Verhalten der Bereichsmanager bleibt der Unternehmensführung meist nicht verborgen oder sie erkennt bzw. erahnt zumindest die Möglichkeit, dass sich die Bereichsmanager auf diese Weise einen Vorteil verschaffen können. In der Konsequenz wird die Unternehmensführung im Planungs- und Zielsetzungsprozess ihrerseits mit Gaming-Verhalten gegensteuern, indem sie übertriebene Zielforderungen stellt.

Bereichsmanager und Unternehmensführung bzw. Mitarbeiter und Vorgesetzte – beide Seiten geben folglich bei der Formulierung von Plänen und bei der Diskussion von Zielsetzungen falsche Informationen an, weil sich alle der Existenz des Sandbagging bewusst sind. In der Konsequenz verstärkt sich der negative Effekt des Sandbagging weiter, so dass im Endeffekt Manager, die – wie *Jensen* es ausdrückt – *lügen*, belohnt werden und Manager, die die Wahrheit im Sinne einer realistischen Planung sagen, im Vergleich dazu mit übertriebenen Zielsetzungen quasi bestraft werden.[341]

Die Bereichsmanager geben deshalb Pläne ab, bei denen sie wissen, dass sie im ersten Planungszyklus von der Unternehmensführung sicher nicht akzeptiert werden.[342] Und die Unternehmensführung ihrerseits wird grundsätzlich jeden vorgelegten Plan ablehnen oder nur mit Vorbehalt und Zusatzzielen freigeben.

Sandbagging konterkariert folglich die Vorteile und die positiven Effekte, die mit einer Plan-Steuerung und Budgetierung erreicht werden sollen. Die Entscheidungen der Unternehmensführung basieren auf falschen Annahmen und verzerrten Informationen, die von den konservativen Planansätzen ausgehen, wodurch die Koordinationsfunktion des Planungs- und Zielsetzungsprozesses im Unternehmen stark geschwächt wird. Separate Einheiten im Unternehmen werden nicht zu gemeinsamem zielorientiertem Handeln ausgerichtet, so dass eine optimale Ausrichtung des Unternehmens bspw. beim Kostenbewusstsein oder der Kundenorien-

---

[340] Vgl. Jensen (2001), S. 96.
[341] Vgl. Jensen (2003), S. 379 ff.; 385.
[342] Vgl. Jensen (2003), S. 380.

tierung nicht gewährleistet ist. Das paradoxe ist, dass sich die meisten Bereichsmanager und auch die Unternehmensführung der Tatsache bewusst sind, dass der Planungs- und Zielsetzungsprozess vor dem Hintergrund der Gaming-Problematik seinen Zweck nicht erfüllt.[343] Dazu kommt, dass im Unternehmen eine Kultur aus Verdächtigungen und Misstrauen entstehen kann, weil jeder Beteiligte denkt, dass der andere die Schwächen des Steuerungs- und Incentivierungssystems zu seinem persönlichen Vorteil auszunutzen versucht.[344]

Langfristige quantitative Folgen und bezifferte Kosten von Gaming-Verhalten sind nicht bekannt. Es gibt keine wissenschaftliche Arbeit, die sich einer solchen Untersuchung angenommen hat. Schätzungen gehen davon aus, dass Produktivitätsverbesserungen von 50-100% mit einer Vermeidung von Gaming-Verhalten erreicht werden können.[345] Darüber hinaus stellt *Jensen* die These auf, dass die Kosten für planbasierte Incentivierungssysteme deren Nutzen übersteigen.[346]

Aus den im vorigen Kapitel beschriebenen Typisierungen von Gaming-Verhalten wurde bereits ersichtlich, dass es nicht nur den *Untertreibungs-Typ* gibt, sondern auch das gegenteilige Verhalten, eine Art *Übertreibungs-Typ* existiert. Dieses Gaming-Phänomen kann entsprechend mit dem Gegenteil von Sandbagging als *Bullarding* bezeichnet werden. Die hier aufgestellte Hypothese besagt, dass neben dem Sandbagging-Phänomen – welches eher in Unternehmensbereichen zu beobachten ist, die in einer wirtschaftlich guten Situation sind – das gegenteilige Phänomen des Bullarding auftritt, welches eher in Unternehmensbereichen auftritt, deren Ergebnislage schlecht ist.

Bullarding bezeichnet ein progressives Planungsverhalten eines Bereichsmanagers im Zielsetzungsprozess mit der Intention, gegenüber der Unternehmensführung und seinen Mitarbeitern optimistische Zukunftsaussichten zum Zwecke der Ressourcenallokation und Motivation darzustellen. Im Bewusstsein einer sehr angespannten Planung vereinbart er im Rahmen seiner Incentivierung paradoxer Weise ein schwer erreichbares Ziel mit der Unternehmensführung, so dass er als Folge dessen mit großer Wahrscheinlichkeit nur einen geringen Bonus

[343] Vgl. Jensen (2003), S. 380 ff.
[344] Vgl. Jensen (2001), S. 97.
[345] Vgl. Jensen (2003), S. 390.
[346] Vgl. Jensen (2001), S. 99.

erhält. Die Hoffnung für eine gute Zielerreichung und einen hohen Bonus schöpft er aus dem noch im Rahmen des Möglichen liegenden Eintreffen aller positiver Annahmen und Rahmenbedingungen seiner Planung. Seine Strategie ist im Wesentlichen jedoch langfristig auf den *Turnaround* seines Bereichs ausgerichtet, wovon er sich auch persönlich den langfristig größten finanziellen Nutzen verspricht.

Der Begriff des *Bullarding* wurde im Golfsport folgendermaßen geprägt: "Playing consistently above your regular handicap or regularly failing to achieve in competition play. It is the opposite of *sandbagging*".[347] Übertragen ins Deutsche bedeutet das also, dass der Spieler mit einer zu hoch gesteckten Ausgangsbasis *ins Rennen geht* und sein Ziel deshalb im Wettbewerb nicht erreicht.

Voraussetzung für *Bullarding* ist dementsprechend eine schlechte wirtschaftliche Ausgangslage des Unternehmensbereichs.[348] Der Bereichsmanager beabsichtigt, diese Situation zu ändern, bildet dieses Vorhaben auch in seiner Planung ab und will damit der Erwartungshaltung der Unternehmensführung gerecht werden. Gleichzeitig hat der Manager die Absicht, innerhalb seines Bereichs mit der positiven Planung eine optimistische Stimmung zu erzeugen und seine Mitarbeiter mit der Aussicht auf *bessere Zeiten* anzuspornen.[349] Seinen Informationsvorsprung gegenüber der Unternehmensführung nutzt er in diesem Fall aus, um die Ressourcenallokation auf die verschiedenen Unternehmensbereiche zum Vorteil seines Bereichs zu beeinflussen.

Für die Unternehmensführung ist Bullarding schwer zu erkennen. Eine Gegensteuerung im Sinne einer Reduzierung der geplanten Zielsetzung ist nicht zu erwarten, denn auch die Unternehmensführung hat ein Interesse an einer positiven Entwicklung des Bereichs.

Bullarding hat die gleichen unternehmensweiten Auswirkungen, insbesondere auf die Koordinationsfunktion der Planung, wie Sandbagging. Es kann davon ausgegangen werden, dass der Doppel-Effekt aus *Sandbagging* und *Bullarding* folglich bewirkt, dass mehr in wirtschaft-

---

[347] Myrtle Beach Golf Authority (2013).
[348] Vgl. Merchant/Van der Stede (2007), S. 341.
[349] Vgl. Merchant/Van der Stede (2007), S: 339.

lich schlechte und weniger in gute Bereiche investiert wird als im tatsächlich für realistisch erachteten Planungsszenario optimal wäre.

Der Bereichsmanager erzeugt beim Bullarding für sich jedoch die paradoxe persönliche Situation, dass die negative Auswirkung der Zielverfehlung direkt seine persönliche Incentivierung betrifft. Insofern liegt im ersten Anschein hier kein klassisches Gaming-Phänomen vor, da er mit seinem Verhalten keinen kurzfristigen persönlichen geldwerten Vorteil – evtl. auf Kosten des Gesamtunternehmens – erzielt. Jedoch verspricht er sich langfristig natürlich genau diesen persönlichen Nutzen, bspw. in verbesserten Karriereaussichten oder einer langfristig verbesserten Ergebnissituation seines Bereichs und damit höheren Boni in der Zukunft. Die Chancen dafür versucht er durch eine erhöhte Ressourcenzuteilung zu verbessern. Das versetzt ihn in die Lage, Projekte durchzuführen, von denen er sich eine positive Ergebnisauswirkung erhofft und für die er ohne Bullarding-Verhalten evtl. nicht die Mittel hätte.

Bullarding kann vom Manager allerdings nicht über einen langen Zeitraum betrieben werden. Nach wenigen Perioden wird bei der Unternehmensführung die Enttäuschung ihrer Erwartungen der letzten Perioden gegenüber der nochmaligen Aussicht auf eine verbesserte Situation in der nächsten Periode überwiegen. Auch bei den Mitarbeitern entstehen dann Frustration und das Gefühl *falscher Versprechungen.* Als Konsequenz bleibt der Unternehmensführung oft nur, den Manager von der Führung des Bereichs zu entbinden.

Eine Besonderheit, die *Bullarding*-Verhalten beeinflusst, ist der sog. *Hockey-Stick-Effekt.* Dieser besagt, dass Bereichsmanager zu Beginn eines Planungs- bzw. Investitionszyklus oft mit einem schlechten Ergebnis planen, sich das Ergebnis in ihrer Gesamtbetrachtung danach aber sehr positiv, exponentiell entwickeln soll. Da die Form einer solchen Ergebniskurve an einen Hockeyschläger erinnert, hat der Effekt diesen Namen erhalten.[350] Hohe Verluste am Anfang mit hohen Gewinnen in der Zukunft wieder aufzuwiegen, stellt sich dann aber als unrealistisches Szenario heraus, auch beschrieben als *langfristig zu optimistisch denkende Manager.*[351] Für das Phänomen des Bullarding bedeutet das, dass ein Bereich in einer grundsätzlich wirtschaftlich schlechten Lage dann mit dem Hockey-Stick-Effekt zu rechnen hat, wenn ein Führungswechsel im Bereich stattfindet. Ziel des Bereichsmanagers ist es dann, zu

[350] Vgl. Behringer (2011), S. 113 ff.; Burger/Ulbrich/Ahlemeyer (2010), S. 325.
[351] Vgl. Winkelmann (2010), S. 71.

Beginn die Situation übertrieben schlecht darzustellen, um sich mehr Handlungsspielraum zu ermöglichen, evtl. weil er selbst die Ergebnislage des Bereichs noch nicht so gut einschätzen kann, um den Bereich anschließend aber entsprechend der an ihn gestellten Erwartungshaltung – oder darüber hinaus – schnell in bessere Ergebniszonen zu führen.

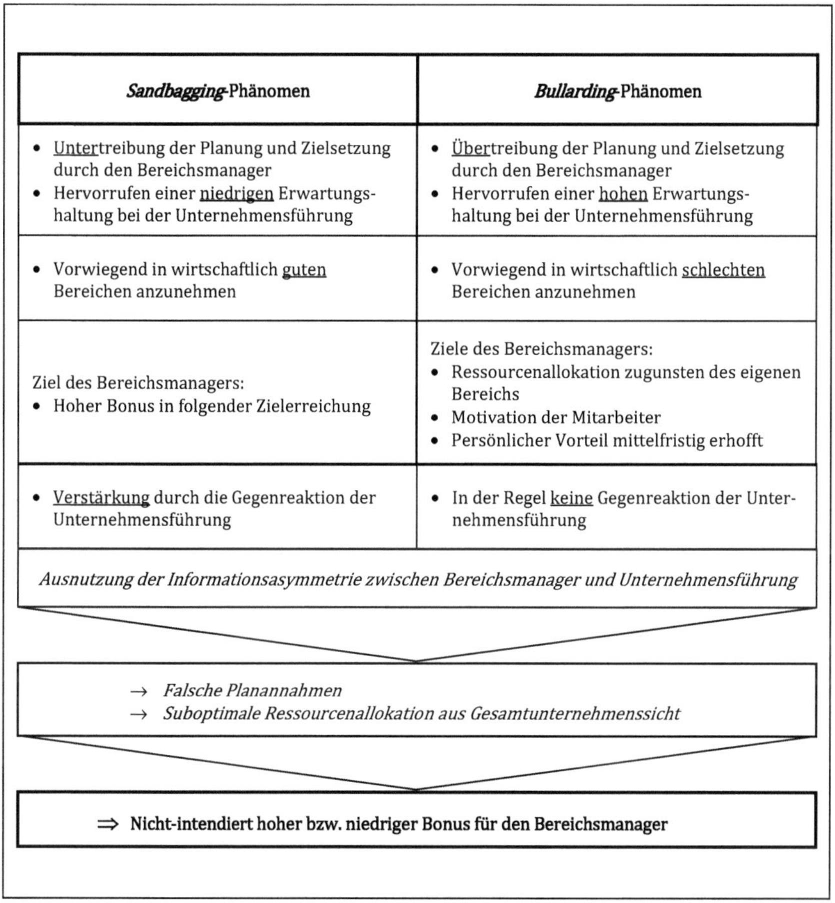

***Sandbagging*-Phänomen**	***Bullarding*-Phänomen**
• Untertreibung der Planung und Zielsetzung durch den Bereichsmanager • Hervorrufen einer niedrigen Erwartungshaltung bei der Unternehmensführung	• Übertreibung der Planung und Zielsetzung durch den Bereichsmanager • Hervorrufen einer hohen Erwartungshaltung bei der Unternehmensführung
• Vorwiegend in wirtschaftlich guten Bereichen anzunehmen	• Vorwiegend in wirtschaftlich schlechten Bereichen anzunehmen
Ziel des Bereichsmanagers: • Hoher Bonus in folgender Zielerreichung	Ziele des Bereichsmanagers: • Ressourcenallokation zugunsten des eigenen Bereichs • Motivation der Mitarbeiter • Persönlicher Vorteil mittelfristig erhofft
• Verstärkung durch die Gegenreaktion der Unternehmensführung	• In der Regel keine Gegenreaktion der Unternehmensführung
Ausnutzung der Informationsasymmetrie zwischen Bereichsmanager und Unternehmensführung	

→ *Falsche Planannahmen*
→ *Suboptimale Ressourcenallokation aus Gesamtunternehmenssicht*

⇒ Nicht-intendiert hoher bzw. niedriger Bonus für den Bereichsmanager

Abbildung 34: Charakterisierung und Auswirkungen von Sandbagging und Bullarding

Zu den Kosten des Bullarding kann ebenso wenig Konkretes ausgesagt werden wie beim Sandbagging. Da es sich hier um ein Verhalten handelt, das in Bereichen stattfindet, welche sich in einer kritischen Situation befinden, kann allerdings davon ausgegangen werden, dass auch die Kosteneffekte des Bullarding sehr hoch sind, evtl. sogar noch höher als beim Sandbagging, da es Restrukturierungsentscheidungen und weitere erforderliche Entscheidungen zur Vermeidung noch größerer Wertverluste verzögert.

3.2.3.3 Gaming-Phänomene in der Zielerreichungsphase

Gaming-Phänomene, die während der Zielerreichungsphase stattfinden, basieren zum einen auf der Erwartung der Bereichsmanager vom Ergebnis ihrer Bereiche, d.h. auf dem jeweils erwarteten Zielerreichungsgrad für die aktuelle Periode. Zum anderen spielen aber auch die Auswirkungen ihres Handelns auf die Folgeperiode eine entscheidende Rolle. Durch Gaming in der Zielerreichungsphase der aktuellen Periode versuchen sie dann, ihre Vergütung über die aktuelle und die nachfolgenden Perioden zu optimieren.

Die *Big Bath*-Theorie beschreibt eine Variante der Ergebnisverschiebung zwischen den Perioden zu Gunsten der Gesamtvergütung eines Managers über diese Perioden. Sie wird neben weiteren typischen Verhaltensmustern im Rahmen verschiedener Zielerreichungs-Szenarien nachfolgend erläutert.[352] Ausgangspunkt der Überlegungen ist dabei ein klassisches Incentivierungssystem, bei dem die Belohnung von einem Zielwert abhängt und durch eine obere und eine untere Schranke begrenzt ist.

- Solange ein Bereichsmanager davon ausgeht, sein Incentivierungsziel oder zumindest die untere Bonusgrenze erreichen zu können, wird er versuchen, sein Ergebnis zu steigern. Dies ist grundsätzlich natürlich nichts Verwerfliches, sondern entspricht der Motivationsfunktion von Anreizsystemen. Das kann entgegen des langfristigen Wertsteigerungsziels des Unternehmens aber dazu führen, dass der Manager das Ergebnis der aktuellen Periode auf Kosten des Ergebnisses der Folgeperiode steigert. Dies kann über die Verschiebung von Ausgaben in die Folgeperiode passieren – bspw. durch die Verzögerung von Investitionen oder Personal-Einstellungen – oder über das Vorzie-

---

[352] Vgl. auch im Weiteren Jensen (2011), S. 96; Jensen (2003), S. 387.

hen von Einnahmen in die aktuelle Periode – bspw. durch zusätzliche Umsatzgenerierung über Rabattprogramme. Ein optimaler Einsatz von Ressourcen und ein Handeln zum Wohl des Gesamtunternehmens sind dann nicht mehr gewährleistet. Diese Verhaltensweise wäre mit der Begrifflichkeit des *Frisierens* oder des nicht intendierten *Beschleunigens* – im Englischen *speeding up* – wohl am trefflichsten beschrieben.

- Wenn der Bereichsmanager jedoch davon ausgeht, den Zielkorridor seiner Bonusfunktion in der aktuellen Periode nicht zu erreichen, kann sich sein Verhalten vollkommen verändern. Will er seinen Bonus über alle Perioden erhöhen, wird er versuchen, Teile es Ergebnisses, das normalerweise in der aktuellen Periode entsteht, in die Zukunft zu verschieben. Der Bonus entfällt aufgrund der Zielverfehlung sowieso – egal, ob diese klein oder groß ist. Der Manager wird die Wahrscheinlichkeit eines Bonus in den Folgeperioden dann bewusst steigern, indem er Aufwendungen aus der nächsten in die aktuelle Periode vorzieht und Erlöse in die Folgeperiode verlagert. Dadurch vergrößert er seine Zielverfehlung in der aktuellen Periode; man spricht vom oben angekündigten *big bath*:[353] „If you're going to take a loss, take as big a loss as possible".[354] Man kann davon ausgehen, dass dies in volkswirtschaftlich schlechten Zeiten oder in einer Rezession dazu führt, dass zahlreiche Unternehmen so handeln und dadurch ein übertrieben negatives Bild der einzel- und gesamtwirtschaftlichen Situation entsteht.

- Eine weitere Variante von Gaming-Verhalten in der Zielerreichungsphase lässt sich beobachten, wenn der Bereichsmanager den Maximalwert seines Zielkorridors, also die obere Grenze seines Bonus, voraussichtlich am Periodenende erreicht. Dann hat er einen starken Anreiz, Teile des Ergebnisses von der aktuellen Periode in die Folgeperiode zu verschieben oder Handlungen zu verzögern, weil er in der aktuellen Periode keine weitere Erhöhung seiner variablen Vergütung erreichen kann. Dieses Verhalten wird sogar noch stärker ausgeprägt sein, wenn das Ziel der Folgeperiode auf dem Ergebnis der aktuellen Periode basiert. Diese Verhaltensweise wäre mit der Bezeichnung des *Bremsens* oder *Verzögerns* – im Englischen *slowing down* – am passendsten beschrieben.

[353] Vgl. Healy (1985), S. 86; Schilit (1993), S. 121; Copeland/Moore (1972), S. 63; Lindemann (2004), S. 191 f.; Dreman (1998), S. 202; Tebben (2011), S.79; Merchant/Van der Stede (2007), S. 339.

[354] Jensen (2011), S. 96.

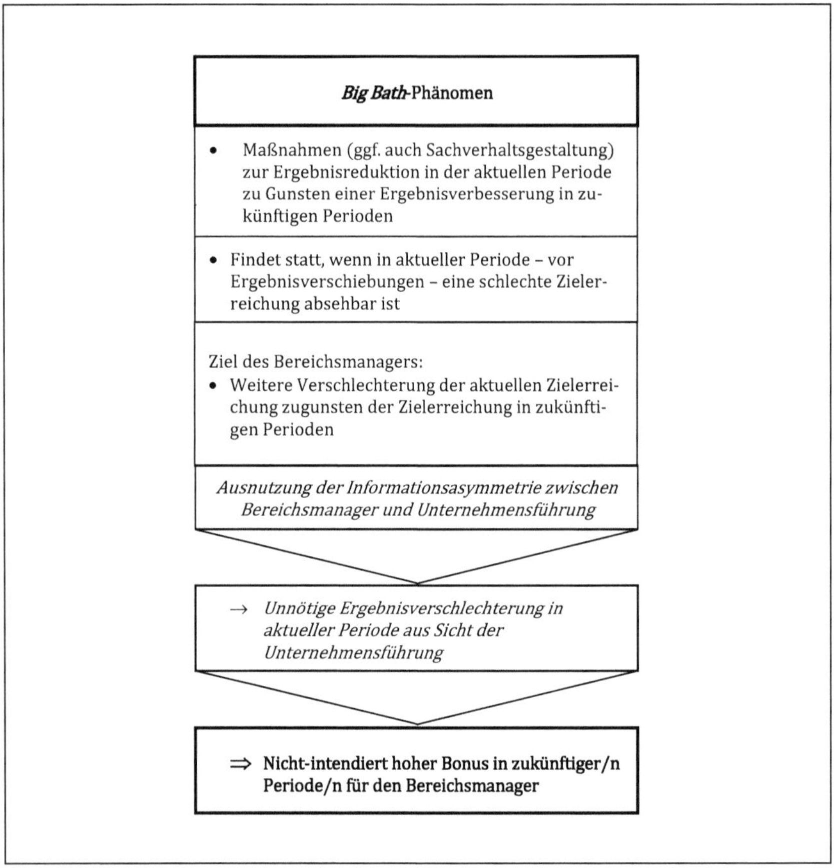

Big Bath-Phänomen

- Maßnahmen (ggf. auch Sachverhaltsgestaltung) zur Ergebnisreduktion in der aktuellen Periode zu Gunsten einer Ergebnisverbesserung in zukünftigen Perioden

- Findet statt, wenn in aktueller Periode – vor Ergebnisverschiebungen – eine schlechte Zielerreichung absehbar ist

Ziel des Bereichsmanagers:
- Weitere Verschlechterung der aktuellen Zielerreichung zugunsten der Zielerreichung in zukünftigen Perioden

Ausnutzung der Informationsasymmetrie zwischen Bereichsmanager und Unternehmensführung

→ *Unnötige Ergebnisverschlechterung in aktueller Periode aus Sicht der Unternehmensführung*

⇒ Nicht-intendiert hoher Bonus in zukünftiger/n Periode/n für den Bereichsmanager

Abbildung 35: Charakterisierung und Auswirkungen des Big Bath-Phänomens

3.2.4 Kritische Diskussion von Lösungsansätzen für die Gaming-Problematik

"It is one thing to be able to identify the games managers play and quite another to be able to do something about them."[355] Bei der Suche nach Lösungsansätzen für Gaming-Phänomene

[355] Steele/Albright (2004), S. 83.

kann man dies folgendermaßen interpretieren: Es reicht nicht aus, sich bei einem vorhandenen Incentivierungssystem auf ein spezifisches Gaming-Verhalten zu konzentrieren und dieses durch die Schaffung eines zusätzlichen Incentive-Mechanismus zu reduzieren. Die Kreativität der Manager und der natürliche große Anreiz, nach Möglichkeiten an anderer Stelle des Systems zu suchen, um eine neue Schwäche zum persönlichen Vorteil zu nutzen, machen es notwendig, einen übergeordneten Ansatz zu wählen; d.h. ein Vergleich von grundsätzlich unterschiedlichen Gestaltungsmöglichkeiten für Incentivierungssysteme im Bezug auf ihre Fähigkeit, Gaming-Phänomene in Grenzen zu halten oder ganz auszuschließen. Dies steht im Fokus dieses Abschnitts mit besonderem Augenmerk auf die in Kapitel 3.2.3 behandelten Phänomene.

3.2.4.1 Einrichtung von Kontrollmechanismen

Kontrollmechanismen sind im Unternehmen ohnehin vorhanden, sie werden nicht erst als Konsequenz der Gaming-Problematik eingerichtet: Planung und Zielsetzung sind unter Steuerungsgesichtspunkten ohne Kontrolle obsolet, so dass die Kontrolle einen notwendigen und zentralen Bestandteil des Steuerungssystems darstellt.[356] „Kontrolle ist ein ... Prozess zur Ermittlung und Analyse von Abweichungen zwischen Plangrößen (Prognose- oder Vorgabegrößen) und Vergleichsgrößen.“[357] Die gängigsten Kontrollarten stellen dabei die Planfortschrittskontrolle (Soll-Wird-Vergleich) und die Ergebniskontrolle (Soll-Ist-Vergleich) dar.[358] Grundsätzlich können Kontrollen aber einige Nachteile aufweisen:

- Sie geben keine positiven Leistungsanreize, sondern bewegen den Bereichsmanager lediglich dazu, sich an die Vorgaben zu halten, also bspw. ein Budget nicht zu überschreiten. Ein positiver Einflussfaktor muss dann nicht dazu genutzt werden, eine Einsparung im Budget anzustreben.[359]
- Kontrollen können von Bereichsmanagern als negativ empfunden werden. Sie sind stark konfliktbehaftet und können zu weiterem nicht intendiertem Verhalten des Kontrollierten führen.[360]

[356] Siehe auch Kapitel 3.1.2.
[357] Bea/Friedl/Schweitzer (2005), S. 75.
[358] Vgl. Wild (1982), S. 44 f.; Pfohl/Stölzle (1997), S. 59 ff.
[359] Vgl. Bea/Friedl/Schweitzer (2005), S. 309.
[360] Vgl. Thieme (1982), S. 125; Weber/Schäffer (2008), S. 251.

- Je nachdem wie aufwendig Kontrollen sein müssen, um die gewünschten Analyseergebnisse zu erzielen, können sie mit hohen Kosten verbunden sein.

Darüber hinaus greift die obige Definition und Art der Kontrolle für Gaming-Phänomene in der Planungs- und Zielsetzungsphase – also für das oben betrachtete Sandbagging und Bullarding – zu spät. Dort müssten Kontrollmechanismen direkt an den Details der Bereichsplanung ansetzen, d.h. bei den Planungsprämissen, die der Bereichsmanager seiner Planung zugrunde legt. Eine solche direkte Kontrolle ist jedoch meist schwierig und praktisch nicht durchführbar, da das spezifische Wissen in der Regel beim zu kontrollierenden Manager liegt.[361] Jede Art von Kontrolle an dieser Stelle erfordert also den Aufbau von zusätzlichem Wissen außerhalb des zu kontrollierenden Bereichs, um die Unternehmensführung zu unterstützen, Gaming-Verhalten zu entdecken. Einen zusätzlichen Mehrwert für das Unternehmen – neben der Reduzierung von Gaming – schafft dieses Doppel-Wissen allerdings nicht.

Ebenso aufwendig sind Kontrollen für Gaming-Phänomene in der Zielerreichungsphase. An erster Stelle steht dabei die Prüfung des Jahresabschlusses. Auch in dieser Phase betrifft jede weitere Art der Kontrolle direkt die Handlungen der Manager. Unter Kosten-Nutzen-Abwägung sinnvolle Maßnahmen sollten in jedem Unternehmen etabliert sein. Darüber hinaus aber gilt für Kontrollmechanismen gegen Gaming-Phänomene in der Zielerreichungsphase – wie bspw. dem des Big Bath – die obige Beschränkung aufgrund der Spezifität des Manager-Wissens. In der praktischen Umsetzung sind Kontrollmechanismen mit dem ausschließlichen Ziel der flächendeckenden Bewältigung von Gaming-Phänomenen dementsprechend nicht zu erwarten.

3.2.4.2 Anreizschemata zur wahrheitsgemäßen Berichterstattung

Falsche Angaben vom Bereichsmanager an die Unternehmensführung zur Planung, welche die Basis zur Zielsetzung bilden, sind ein Hauptaspekt von Gaming. Um dem entgegenzuwirken, d.h. insbesondere dem Problem des Sandbagging und Bullarding zu begegnen, kann man sich bekannter Anreizschemata bedienen, die zur Motivation wahrheitsgemäßer Berichterstat-

[361] Vgl. Jensen (2003), S. 388.

tung entwickelt wurden.[362] Dazu zählen das *Groves-Schema*, das *Weitzman-Schema* sowie das *Anreizschema nach Osband und Reichelstein*. Sie werden im Folgenden vorgestellt und schließlich als Lösungsansätze für die Gaming-Problematik beurteilt.

Das ***Groves-Schema***[363] soll die Bereichsmanager einerseits zur Leistungssteigerung und andererseits zur wahrheitsgemäßen Berichterstattung über den Erfolg von Investitionsalternativen anreizen. Die wahrheitsgemäße Berichterstattung bezieht sich hier auf den erwarteten Bereichserfolg im Zusammenhang mit den dem Bereich von der Unternehmensführung zugewiesenen Investitionsmitteln. Annahme ist dabei, dass dem Bereichsmanagement dieser Zusammenhang bekannt ist, der Unternehmensführung allerdings nicht.[364] Der Anreizmechanismus, der zur wahrheitsgemäßen Berichterstattung bei der Investitionsbudgetierung motivieren soll, funktioniert grundsätzlich folgendermaßen:[365] Zuerst planen die Bereiche die Erfolge, welche sie mit verschiedenen Investitionsbudgets erreichen können und melden dies an die Unternehmensführung. Dann entscheidet die Unternehmensführung über die Mittelvergabe an die Bereiche und gibt Investitionsbudgets vor. Nachdem die Investitionsprojekte durchgeführt wurden, werden die Bereichsmanager auf Basis des realisierten eigenen Erfolgs und der geplanten Erfolge aller anderen Bereiche entlohnt.

Neben einem fixen Gehalt hängt die Belohnung des Bereichsmanagers im Groves-Anreizschema dann von folgenden Faktoren der Bemessungsgrundlage ab:[366]

- Dem realisierten Erfolg seines eigenen Bereichs,
- der Summe der berichteten Erfolge der anderen Bereiche,
- einer Korrekturgröße sowie
- einem Gewichtungsfaktor.

Ein Bereichsmanager kann seine Vergütung nur dann maximieren, wenn er wahrheitsgemäße Aussagen über die Erfolge der zur Verfügung gestellten Investitionen macht: Zunächst hat er aufgrund der Berücksichtigung der prognostizierten bzw. berichteten Erfolge in der Beloh-

---

[362] Vgl. Merchant/Van der Stede (2007), S. 341 f.; Kaplan/Atkinson (1998), S. 773 ff.; Ossadnik/Lange/Morlock (1999), S. 50 ff.

[363] Vgl. Groves (1973); Groves/Loeb (1979).

[364] Vgl. Küpper (2001), S. 207.

[365] Vgl. Bamberg/Trost (1998), S. 93.

[366] Vgl. Bea/Friedl/Schweitzer (2005), S. 315.

nungsfunktion zwar einen Anreiz, sehr optimistische Erfolge zu berichten. Werden ihm deshalb allerdings Mittel zugeteilt, die anderen Bereichen vorteilhafter zugeteilt gewesen wären, wird die Erfolgssteigerung in seinem Bereich durch die Erfolgseinbußen der anderen Bereiche überkompensiert. Derselbe Effekt tritt bei pessimistischer Berichterstattung mit umgekehrten Vorzeichen auf. In beiden Fällen ist dies unabhängig von den Berichten der anderen Bereichsmanager.[367] Die Korrekturgröße soll einer demotivierenden Wirkung des Schemas entgegenwirken, wenn ein Bereich generell ein niedriges Erfolgsniveau hat.[368]

Vorteil des Groves-Schemas ist, dass eine hohe Motivation besteht, den berichteten Erfolg zu erreichen. Darüber hinaus werden auch weitere Steigerungen über die direkte Bemessung am realisierten Bereichserfolg belohnt.[369] Da das Interesse eines Bereichsmanagers beim Sandbagging auf der Erreichung eines hohen Bonus in der Folgeperiode liegt, würde er beim Groves-Schema den Anreiz zur Untertreibung seiner Planung verlieren: er maximiert seinen Bonus hier, indem er einen wahrheitsgemäßen, realistischen Planungsansatz wählt.

Das Schema kann in der ersten Betrachtung folglich auch positive Auswirkung auf das Bullarding-Phänomen haben, indem es eine Übertreibung der Planung verhindern soll. Dieser Effekt relativiert sich jedoch, wenn die zu verteilenden Investitionsmittel knapp sind: der Manager eines wirtschaftlich schlechten Bereichs ist vorrangig an einer möglichst hohen Zuteilung von Investitionsmitteln interessiert, um in seinem Bereich überhaupt Projekte mit Erfolgsaussicht realisieren zu können. Da die Unternehmensführung wie hier angenommen keinerlei Informationen über die Erfolgsaussichten der Investitionsalternativen hat, könnte es für den Bereichsmanager damit gut möglich sein, Mittel zu erhalten, die eigentlich in anderen Bereichen vorteilhafter investiert wären.

Es ist anzunehmen, dass das Groves-Schema auch auf das Big Bath-Phänomen keine positive Wirkung hat – im Gegenteil: durch die Berücksichtigung der berichteten Ergebnisse der anderen Bereichsmanager partizipiert er auf jeden Fall an deren Erfolgen. Somit erhält er

---

[367] Vgl. Bamberg/Trost (1998), S. 100 f.; Schmalenbach-Gesellschaft (1994), S. 910 f.; Hirth/Callsen-Bracker (2009), S. 146 ff.; Kalhöfer (2011), S. 335 f.

[368] Vgl. Schmalenbach-Gesellschaft (1994), S. 899 ff.

[369] Vgl. Ossadnik/Lange/Morlock (1999), S. 56.

nämlich über den – zumindest prognostizierten – Teamerfolg trotzdem einen Teil seines Bonus.

$$B_i = F_i + \propto \times \left[E_{ir}(y_i) + \sum_{j \neq i} E_{jp}(y_j) - R_i \right]$$

B_i: Belohnung des Managers des Bereichs i

F_i: Fixum des Managers des Bereichs i

$\propto$: Gewichtungsfaktor $0 \leq \propto \leq 1$

$E_{ir}(y_i)$: realisierter Erfolg des Bereichs i bei Zuteilung der Finanzmittel y_i

$E_{jp}(y_j)$: berichteter Erfolg des Bereichs j bei Zuteilung der Finanzmittel y_j

R_i: Korrekturgröße des Bereichs i

Abbildung 36: Belohnungsfunktion des Groves-Schmemas[370]

Mit der Gestaltung eines Incentivierungssystems nach dem Groves-Schema sind darüber hinaus weitere gewichtige Nachteile verbunden:

- Die Bereiche haben einen hohen Planungsaufwand zu bewältigen, da sie verschiedene Alternativen bewerten müssen. Auch wenn dies grundsätzlich als positiv bewertet wird, müssen diese Alternativen richtig, d.h. wahrheitsgemäß, sein und sind damit in der Erstellung aufwendig.
- Da die Bemessungsgrundlage zu einem großen Teil die prognostizierten Bereichserfolge der anderen Bereiche beinhaltet, auf die der einzelne Bereichsmanager selbst

[370] In Anlehnung an Bea/Friedl/Schweitzer (2005), S. 315.

keinen Einfluss hat, widerspricht das Groves-Schema dem Anforderungskriterium der Beeinflussbarkeit der Bemessungsgrundlage.[371]

- Wenn sich die Bereichsmanager untereinander absprechen und insgesamt höhere Erfolgsberichte abgeben, dabei aber die Vorteilhaftigkeitsrangfolge der Investitionsprojekte nicht verändern – die optimale Allokation der Mittel also bestehen bleibt –, so erzielt jeder eine höhere Vergütung. Das Schema kann also durch Absprachen manipuliert werden.[372]
- Die Einfachheit und Transparenz ist beim Groves-Schema in Frage zu stellen. Erst nach einem Lernprozess haben die Bereichsmanager das System mit seinen Vorteilen, aber auch den z.T. ausnutzbaren Schwächen, verstanden.[373]

In der Praxis ist es daher kaum vorstellbar, dass ein solches Incentivierungssystem bei den Bereichsmanagern auf Akzeptanz stößt, da ihr Gehalt von den Prognoseleistungen anderer Bereichsmanager abhängt und zudem noch mit hohem Aufwand, Komplexität und geringer Transparenz verbunden ist.

Das ***Weitzman-Schema***[374] hat das Ziel, den Bereichsmanager zur Leistungssteigerung zu motivieren sowie dazu anzureizen, wahrheitsgemäß an die Unternehmensführung zu berichten und so die Zielplanung zu unterstützen.[375] Von besonderem Interesse ist dabei die Erhöhung der Planungsqualität im Rahmen der Budgetierung.[376]

Die Belohnung des Bereichsmanagers basiert neben einem jeweils fixen Bestandteil auf folgenden Bemessungsgrundlagen:

- Dem vorab berichteten Bereichserfolg, gewichtet mit einem Bonuskoeffizienten, der den Bereichsmanager also am geplanten Erfolg beteiligt, und
- der Abweichung vom realisierten zum berichteten Bereichserfolg, wobei in eine positive und eine negative Abweichung vom Plan bei der Bonusberechnung unterschieden wird. Um unrealistische Vorab-Berichte zu vermeiden, müssen die Bonuskoeffizienten ein bestimmtes Größenverhältnis zueinander haben.

---

[371] Vgl. Schmalenbach-Gesellschaft (1994), S. 912; Kalhöfer (2011), S. 336.
[372] Vgl. Bamberg/Trost (1998), S. 101; Kalhöfer (2011), S. 336.
[373] Vgl. Bamberg/Trost (1998), S. 101; Waller/Bishop (1990), S. 827.
[374] Vgl. Weitzman (1976); Loeb/Magat (1978).
[375] Vgl. Kaplan/Atkinson (1998), S. 773; Kalhöfer (2011), S. 848 f.
[376] Vgl. Plaschke (2006), S. 570- 572.

$$B_i = \begin{cases} F_i + \beta \times E_{ip} + \propto \times (E_{ir} - E_{ip}) \, für \, E_{ir} \geq E_{ip} \\ F_i + \beta \times E_{ip} - \delta \times (E_{ip} - E_{ir}) \, für \, E_{ir} < E_{ip} \end{cases}$$

B_i: Belohnung des Managers des Bereichs i

F_i: Fixum des Managers des Bereichs i

E_{ir}: realisierter Erfolg des Bereichs i

E_{ip}: berichteter Erfolg des Bereichs i

$\propto, \beta, \delta$: Bonuskoeffizienten $0 < \alpha < \beta < \delta$

Abbildung 37: Belohnungsfunktion des Weitzman-Schmemas[377]

Es sind also nur Faktoren des eigenen Bereichs in der Belohnungsfunktion des Managers enthalten. Es wird davon ausgegangen, dass der Bereichsmanager seinen künftigen Bereichserfolg kennt, der Berichtsempfänger – bspw. die Zentrale – aber nicht.[378]
Das Weitzman-Schema verliert allerdings seine wahrheitsinduzierende Wirkung, wenn vom berichteten Bereichserfolg auch die Verteilung knapper Ressourcen abhängt.[379] Außerdem kann nachteilig sein, dass sich bei unterschiedlichen Bonuskoeffizienten der Unternehmensbereiche eine Absprache der Bereiche lohnt, indem sie Erfolge auf Bereiche mit hohem β-Faktor verschieben.[380] Das Schema kann also Anreize zur Kollusion geben.[381]

Einer Incentivierung nach dem Weitzman-Schema werden einige Vorteile zugesprochen:

- Das Schema motiviert zur wahrheitsgemäßen Berichterstattung: Eine Prämiensteigerung durch einen zu optimistischen Bericht wird durch den Malus aus der Erfolgsab-

---

[377] In Anlehnung an Bea/Friedl/Schweitzer (2005), S. 317.
[378] Vgl. Bea/Friedl/Schweitzer (2005), S. 316 f.; Ewert/Wagenhofer (2008), S. 417 ff.; Kalhöfer (2011), S. 849.
[379] Vgl. Ewert/Wagenhofer (2008), S. 419
[380] Vgl. Ossadnik/Lange/Morlock (1999), S. 51.
[381] Vgl. Ossadnik (2003), S. 399.

weichung überkompensiert; der Verlust eines zu pessimistischen Berichts kann allerdings durch die positive Erfolgsabweichung nicht kompensiert werden. Folglich kann ein Manager nur dann die maximale Prämie erreichen, wenn er wahrheitsgemäß berichtet.[382]

- Zwar wird die maximal mögliche Belohnung nur erzielt, wenn der realisierte Bereichserfolg auch zuvor berichtet wurde, trotzdem wird die Belohnung auch über den berichteten Bereichserfolg hinaus gesteigert, so dass das Schema zur Leistungssteigerung motiviert.[383]
- Die Belohnung hängt nur von Einflussfaktoren ab, auf die der Bereichsmanager selbst Einfluss hat. Somit ist die Beeinflussbarkeit der Bemessungsgrundlage gegeben.[384]
- Die Funktionsweise der Belohnungsregel ist gut verständlich und kann als transparent bezeichnet werden.[385]

Bezüglich der Gaming-Phänomene Sandbagging und Bullarding gilt hier das gleiche Für und Wider wie beim Groves-Schema. Auf Sandbagging wirkt das Weitzman-Schema über seinen Anreizmechanismus positiv, auf Bullarding kann es negativ wirken, da dadurch Budgets gewonnen werden können, die sonst andere Bereiche erhalten hätten.

Beim Big Bath-Phänomen kann das Weitzman-Schema im Vergleich zum Groves-Schema allerdings einen positiven Effekt haben: hier geht der Anreiz für den Bereichsmanager verloren, sein realisiertes Ergebnis weiter zu verschlechtern. Eine weitere Vergrößerung der Differenz zwischen prognostiziertem und realisiertem Ergebnis wirkt über den negativen Koeffizienten δ als Reduzierung seiner Gesamtvergütung.

Für die praktische Anwendung scheint das Weitzman-Schema im Vergleich zu den anderen Anreizschemata die beste Alternative zu sein. Es ist verständlich, transparent, bezieht sich nur auf den eigenen Bereich eines Managers und wird damit wohl von den Bereichsmanagern akzeptiert. Dazu scheinen seine Vorteile seine Nachteile deutlich zu überwiegen, auch bei der Auswirkung auf Gaming-Phänomene.

---

[382] Vgl. Kaplan/Atkinson (1998), S. 773.
[383] Vgl. Hirth/Callsen-Bracker (2009), S. 142; Bea/Friedl/Schweitzer (2005), S. 317.
[384] Vgl. Bea/Friedl/Schweitzer (2005), S. 317; Kalhöfer (2011), S. 849.
[385] Vgl. Ossadnik/Lange/Morlock (1999), S. 51.

Das ***Anreizschema nach Osband und Reichelstein***[386] verwendet wie das Weitzman-Schema nur Performance-Maße des jeweiligen Bereichs. Es soll Bereichsmanager zu wahrheitsgemäßer Berichterstattung motivieren und zu zielkonformem Verhalten anreizen.[387]

$$B_i = F_i + g(E_{ip}) + g'(E_{ip}) \times (E_{ir} - E_{ip})$$

B_i: Belohnung des Managers des Bereichs i

F_i: Fixum des Managers des Bereichs i

E_{ir}: realisierter Erfolg des Bereichs i

E_{ip}: berichteter Erfolg des Bereichs i

g (.): streng monoton steigende und konvexe Funktion

Abbildung 38: Entlohnungsfunktion des Osband-Reichelstein-Schemas[388]

Die Entlohnung des Managers nach dem Osband-Reichelstein-Schema ergibt sich

- zum einen aus einer Funktion seines berichteten Bereichserfolgs sowie
- dem Produkt aus erster Ableitung der ersten Funktion und der Differenz von realisiertem zu berichtetem Bereichserfolg.

Daraus ergibt sich, dass der Bereichsmanager genau bei Plan-Erreichung die höchste Belohnung erzielt.

Die Vorteile dieses Anreizschemas nach Osband und Reichelstein liegen vor allem in der Anreizkompatibilität. Bezüglich Gaming sind dieselben positiven Effekte auf die Phänomene Sandbagging und Big Bath sowie negativen auf Bullarding zu erwarten wie beim Weitzman-Schema.

---

[386] Vgl. Reichelstein/Osband (1984); Osband/Reichelstein (1985); Reichelstein (1992).

[387] Vgl. Ossadnik (2006), S. 247.

[388] In Anlehnung an Hirth/Callsen-Bracker (2009), S. 140.

Nachteilig ist jedoch augenscheinlich die Komplexität des Osband-Reichelstein-Schemas. Auf den ersten Blick ist es nicht einleuchtend, dass sich eine Über- oder Untertreibung in der Planung nicht lohnen sollen. Dieser Sachverhalt muss erst in einer formalen Herleitung dargestellt werden.[389] Außerdem ist die Definition einer geeigneten Funktion g schwierig und setzt vorab eine erste ungefähre Einschätzung der Unternehmensführung zum berichteten Erfolg des Bereichsmanagers voraus.[390] Damit ist eine Anwendung dieses Schemas in der Praxis nur schwer vorstellbar.

Die vorgestellten Anreizschemata sind alle auf die spezifische Problematik der nicht wahrheitsgemäßen Berichterstattung ausgelegt und können dazu beitragen, diese zu einem großen Teil zu beheben. Sie wären somit grundsätzlich zur Vermeidung von Gaming-Phänomenen während der Planungs- und Zielerreichungsphase prädestiniert, eingeschränkt allerdings durch die negativen Effekte auf das Bullarding-Phänomen. Gegen Gaming während der Zielerreichung sind sie von ihrer ursprünglichen Intention her nicht ausgelegt, zeigen jedoch auch hier in den Fällen der Weitzman- und Osband-Reichelstein-Schemata einen positiven Effekt. Nachteile weisen insgesamt aber alle Schemata auf, wenn auch in unterschiedlicher Ausprägung.

3.2.4.3 Implementierung einer Bonusbank

Die Bonusbank wird grundsätzlich vorgeschlagen, um eine langfristige Ausrichtung des Managerverhaltens zu erreichen. Aber auch zur Lösung der Gaming-Problematik findet die Bonusbank aufgrund ihres vielversprechenden Grundgedankens Anklang.[391] Dieser wird im Folgenden vorgestellt und anhand von Beispielen verdeutlicht.

In der Literatur wird die theoretische Fundierung der Bonusbank nur vereinzelt behandelt, obwohl sich viele Werke mit der praktischen Umsetzung befassen.[392] Die Grundidee der Bonusbank besagt, die variable Vergütung – den Bonus – nicht sofort nach Periodenende auszuschütten, sondern in eine Bonusbank einzubezahlen. Es handelt sich damit um einen

---

389 Vgl. Ossadnik/Lange/Morlock (1999), S. 53.
390 Vgl. Hirth/Callsen-Bracker (2009), S. 141; Schultz/Becker (2005), S. 181.
391 Vgl. Jensen (2003), S. 401.
392 Vgl. z.B. Hostettler/Stern (2004); Ehrbar (1999); Stewart (1991).

besonderen Auszahlungsplan für die variablen Vergütungsbestandteile.[393] Der Bonus eines Jahres wird entweder ganz oder zum Teil in eine Bonusbank eingestellt. Von dem so aufgebauten Guthaben wird jedes Jahr ein Anteil ausgezahlt und der restliche Anteil in der Bonusbank belassen.[394] Dieses verbleibende Bonusbankguthaben steht somit im Risiko, d.h. bereits erzielte Boni können mit negativen Ergebnissen aus den Folgejahren verrechnet werden.[395] Darüber hinaus stellt es eine Form der aktiven Kapitalbeteiligung der Manager am Unternehmen dar.[396] Der Manager erhält also ein persönliches Entgeltkonto, auf dem eingezahlte Entgeltbestandteile für eine vordefinierte Zeit liegen und solange für die Auszahlung gesperrt sind.

Gründe für die Einrichtung einer Bonusbank im Unternehmen liegen vor allem in der langfristigen Orientierung der Eigentümer bzw. Investoren, die damit ein ebensolches langfristig orientiertes Handeln der Manager erreichen wollen. Eine Bonusbank führt zur Glättung der Auszahlungen über typische Investitionszyklen, starke Schwankungen der Bonuszahlungen – die auch Manager nicht begrüßen – sollen vermieden werden. Dies soll zudem den Verzicht auf Begrenzungen in der Bonusfunktion erlauben.[397] Außerdem soll erfolgreichen Managern über die verzögerte Auszahlung der Boni und die damit erfolgende Akkumulation von Werten – bezeichnet als *Golden Handcuffs* – in der Bonusbank ein Anreiz gegeben werden, im Unternehmen zu verbleiben.[398]

Bei klassischen Incentivierungssystemen werden Manager nicht an Verlusten beteiligt. Dies ist zum einen wegen der Eigenmittelbeschränkung der Manager der Fall und zum anderen wegen der schwierigen Akzeptanz von Verträgen mit negativen Lohnzahlungen. Da die erzielten Boni bei Verwendung einer Bonusbank nicht sofort vollständig ausgezahlt werden, besteht die Möglichkeit, das Guthaben der Bonusbank mit negativen Boni zu verrechnen. Diese Form der Verlustbeteiligung ist in der Regel allerdings auf das Guthaben der Bonusbank begrenzt.[399]

---

[393] Vgl. Schultze/Weiler (2007), S. 135; Fründ (2011), S. 132.
[394] Vgl. O'Hanlon/Peasnell (1998), S. 4; Koch/Pertl (2009), S. 7 ff.
[395] Vgl. Plaschke (2003), S. 295 ff.; Fründ (2011), S. 132.
[396] Vgl. Koch/Pertl (2009), S. 7.
[397] Vgl. Mohnen (2002), S. 206 ff. u. 214 f.; O'Hanlon/Peasnell (2002), S. 235; Plaschke (2003), S. 288.
[398] Vgl. Fründ (2015), S. 65 f.; Plaschke (2003), S. 293; Riegler (2000), S. 22.
[399] Vgl. Mohnen (2002), S. 211 ff.

Grundmodelle einer Bonusbank		
Einzeljahresziel *=> Jährlich erzielter Bonus wird in Bonusbank eingezahlt (vollständig oder anteilig)*	Rollierendes Mehrjahresziel *=> Jedes Jahr wird ein neues Mehrjahresziel vorgegeben*	Verzinsungsmodell *=> Ausgangseinlage wird analog zur erzielten Wertschaffung in Bonusbank verzinst*

Abbildung 39: Grundmodelle der Bonusbankgestaltung[400]

Bei der konkreten Ausgestaltung der Bonusbank werden in der Literatur drei grundlegende Modelle genannt: das *Einzeljahresziel mit einer mehrjährigen Bonusbank*, das *rollierende Mehrjahresziel* und das *Bonusbankverzinsungsmodell*.[401] Innerhalb dieser Grundmodelle gibt es eine Vielzahl von Gestaltungselementen, die für ein individuelles Incentivierungssystem angepasst werden können. Beim Modell des Einzeljahresziels mit einer mehrjährigen Bonusbank wird grundsätzlich auf Basis der jährlichen Zielerreichung ein Betrag in die Bonusbank einbezahlt. Es ist durch seine geringe Komplexität am leichtesten zu implementieren und zu vermitteln. Außerdem ist dieses Modell sowohl in Theorie als auch in der Praxis anzutreffen.[402] Beim Modell des Mehrjahresziels beruht der in die Bonusbank einbezahlte Betrag auf einem langfristigen Mehrjahresziel, wodurch die Bonusbank ihren ohnehin auf Langfristigkeit ausgelegten Charakter noch verstärkt. Dieses Modell ist vergleichsweise komplex und aufwendig zu verwalten. Außerdem stößt es in volatilen Branchen an seine Grenzen, da realistische Mehrjahresziele dann schwer zu formulieren sind. Während die Modelle des Einzeljahresziels mit einer mehrjährigen Bonusbank und des rollierenden Mehrjahresziels auf einem Ziel-Ist-Vergleich aufbauen, basiert das Bonusbankverzinsungsmodell auf der nach einer Bezugsperiode erzielten Wertveränderung, welche Grundlage für die jährliche Verzinsung des Bonusbankbestands ist. Dadurch wird nur tatsächliche Wertschaffung belohnt, allerdings

---

400 Eigene Darstellung; vgl. Plaschke (2003), S. 293 ff.

401 Vgl. auch im Folgenden Fründ (2015), S. 74 f.; Plaschke (2003), S. 293 ff.

402 Vgl. z.B. Stewart (1991), S. 235 ff.; Witzemann/Currle (2004), S. 636; Siehe Ende des Abschnitts für das Praxisbeispiel der METRO Group. Hier war bis 2009 das Modell des Einzeljahresziels mit einer mehrjährigen Bonusbank im Einsatz.

können nicht beeinflussbare Umweltfaktoren nicht berücksichtigt werden.[403] Die theoretisch möglichen unterschiedlichen Auszahlungsmodi für alle Modelle werden im Nachfolgenden bei der näheren Betrachtung des Modells des Einzeljahresziels dargestellt.

Über folgende Fragen muss bei allen Gestaltungsmöglichkeiten gleichermaßen entschieden werden:

- Es muss festgelegt werden, ob diese über ein *Startguthaben* verfügt, damit die Möglichkeit besteht, bereits im ersten Jahr einen Bonus aus der Bonusbank auszuzahlen.[404] Andernfalls wäre auch bei sehr guter Zielerreichung der Bonus vergleichsweise niedrig und dies würde sich negativ auf ihre Akzeptanz auswirken.[405] Das Startguthaben kann zum einen als Einlage vom Manager selbst erbracht werden. Dies kommt einer Beteiligung am Unternehmen gleich und der Manager wäre in ähnlicher Lage wie ein Investor. Allerdings ist anzunehmen, dass Manager einer Einzahlungspflicht skeptisch gegenüberstehen. Zum zweiten kann das Unternehmen dem Manager die Einlage leihen. Alternativ kann das Startguthaben aber auch vom Unternehmen als *Startgeschenk* gestellt werden.[406]
- Auch zur *Verzinsung* des Guthabens in der Bonusbank gibt es verschiedene Möglichkeiten: Denkbar ist der vollständige Verzicht auf eine Verzinsung des Guthabens in der Bonusbank.[407] Auf diese Weise verliert die Bonusbank an Komplexität. Allerdings sinkt ihre Akzeptanz, da Manager bei mangelnder Verzinsung die sofortige Auszahlung immer vorziehen würden. Folglich ist es besser, das Bonusbank-Guthaben mit einem ex-ante festgelegten fixen oder variablen Zinssatz zu verzinsen, bspw. dem risikolosen Zinssatz. Dies ist der Zinssatz, der für eine risikofreie Anlage erzielt werden kann.[408] Eine weitere Alternative stellt die Verzinsung des Guthabens zum Gesamtkapitalkostensatz dar, da für die Einlage der gleiche Verzinsungsanspruch geltend gemacht werden kann wie für das in das Unternehmen eingebrachte Kapital der Investo-

[403] Vgl. Witzemann/Currle (2004), S. 635.
[404] Vgl. Stewart (1991), S. 236.
[405] Vgl. Weilenmann (1997), S. 327.
[406] Vgl. Stewart (1991), S. 236 f.; Mohnen (2002), S. 207.
[407] Vgl. Laux (2006), S. 349; Stewart (1991), S. 239; Hostettler (1997), S. 308; Weilenmann (1999), S. 328; Brühl (2009), S. 464.
[408] Vgl. Crasselt/Fründ (2014), S. 166; Laux (2006), S. 632.

ren. Auf diese Weise haben Manger außerdem einen Anreiz, Wertschaffung so früh wie möglich zu generieren, um vom Zinseszinseffekt zu profitieren.[409]

- Bei der Bestimmung des *Verlustpotenzials* muss festgelegt werden, wie mit einer rechnerisch negativen Auszahlung umgegangen wird. Eine reale Belastung könnte in Form von Abzügen vom Grundgehalt oder einer Einzahlungspflicht vereinbart werden.[410] Allerdings sind negative Bonuszahlungen aufgrund von Haftungsbeschränkungen der Manager nur bedingt möglich und derartige Verträge werden meist nicht akzeptiert.[411] Eine andere Variante ist der Verlustvortrag. Dabei wird ein negativer Wert nicht real belastet, sondern innerhalb der Bonusbank fortgeschrieben und mit zukünftigen positiven Boni verrechnet. Bei der dritten Variante gibt es keinen Verlustvortrag und ein rechnerisch negativer Bonusbanksaldo verfällt.[412]

Bonusbank mit Einzeljahresziel und mehrjähriger Bonusbank					
Einzahlungsmöglichkeiten			**Auszahlungsmöglichkeiten**		
E1. Einzahlung des kompletten Jahresbonus	*E2. Anteilige Einzahlung des Jahresbonus*	*E3. Einzahlung nach Auszahlung eines Zielbonus*	*A1. Auszahlung zum Ende der Laufzeit der Bonusbank*	*A2. Gleitende Auszahlung*	*A3. Lineare Tranchen-Auszahlung*

Abbildung 40: Ein- und Auszahlungsmöglichkeiten im Bonusbank-Modell mit Einzeljahresziel und mehrjähriger Bonusbank

Beim Modell des Einzeljahresziels mit einer mehrjährigen Bonusbank handelt es sich um das klassische Bonusbankmodell, das nachfolgend anhand eines Zahlenbeispiels vorgestellt wird. Zuvor werden die möglichen Ein- und Auszahlungsvarianten des Modells erläutert.

[409] Vgl. Schultze/Weiler (2007), S. 151; Plaschke (2003), S. 201; Witzemann/Currle (2004), S. 636.
[410] Vgl. Fründ (2015), S. 68 ff.; Plaschke (2003), S. 290 f.
[411] Vgl. Schultze/Weiler (2007), S. 152.
[412] Vgl. Plaschke (2003), S. 304; Fründ (2011), S. 133.

- Einzahlungsvarianten:[413] Wird der gesamte Jahresbonus in die Bonusbank eingezahlt, erfolgt die Gehaltsauszahlung ausschließlich aus der Bonusbank. Bei anteiliger Einzahlung des Jahresbonus in die Bonusbank wird der übrige Anteil direkt ausbezahlt. Eine solche Bonusbank wäre vergleichsweise kurzfristiger orientiert. Bei Einzahlung in die Bonusbank nach Auszahlung eines Zielbonus wird schließlich nur der Anteil des Jahresbonus in die Bonusbank eingestellt, der über dem vorab festgelegten Zielbonus liegt.
- Auszahlungsvarianten: Bei kompletter Auszahlung zum Ende der Laufzeit der Bonusbank würden Manager zu besonders langfristigem Planen und Handeln animiert. Allerdings wirkt sich eine solche Auszahlungspolitik negativ auf die Motivation aus, da der Zusammenhang zwischen Leistung und Belohnung verloren geht.[414] Daher scheint es sinnvoll, einen Teil der erworbenen Boni jährlich auszuzahlen und einen Teil in der Bonusbank fortzuschreiben.[415] Bei der jährlichen Teilauszahlung des Bonusbankguthabens sind zwei Alternativen denkbar:[416]
    - Bei der linearen Tranchen-Auszahlung wird der jährliche Bonus in gleich große Tranchen aufgeteilt und über die folgenden Perioden ausgezahlt. Je größer die Anzahl der Tranchen festgelegt wird, desto glättender wird die Wirkung. Somit ist die Bonusbank auf eine ex-ante festgelegte Laufzeit begrenzt, wobei jedes Jahr eine neue Bonusbank beginnt.
    - Bei der gleitenden Auszahlung wird jährlich ein bestimmter Prozentsatz des Bonusbanksaldos ausgezahlt. Dazu wird nur eine Bonusbank mit theoretisch unbegrenzter Laufzeit benötigt.

Ein Zahlenbeispiel soll nun die jeweilige Logik der Gestaltungsalternativen veranschaulichen. Dabei werden folgende Modell-Prämissen getroffen:

- In der ersten Variante wird die gesamte variable Vergütung in die Bonusbank eingezahlt. Dieses Modell glättet die Auszahlungen am stärksten. Im Beispiel ist die Auszahlung im ersten Jahr auch bei guter Zielerreichung niedrig, da die Bonusbank über kein Startguthaben verfügt.

---

[413] Vgl. Hansell et al. (2009), S. 7; Koch/Pertl (2009), S. 8.
[414] Vgl. Plaschke (2003), S.301 f.
[415] Vgl. Weber et al. (2004), S. 206.
[416] Vgl. Fründ (2011), S. 132; Fründ (2015), S. 66 ff.

- In der Variante der anteiligen Einzahlung wird ein Anteil von 33,3 % der variablen Vergütung in die Bonusbank eingezahlt. Je höher dieser Anteil, desto glättender die Wirkung.
- Im Modell des Zielbonus wird die variable Vergütung bis zu einem Wert von 100 ausgezahlt, erst darüber hinaus wird der Bonus in die Bonusbank einbezahlt. Ist der ermittelte Bonus negativ, wird dieser komplett in die Bonusbank eingestellt. Für die gleitende Auszahlung wurde ein Satz von 33,3 % gewählt. Der Zeitraum für die lineare Tranchen-Auszahlung beträgt drei Jahre, d.h. der in die Bonusbank eingestellte Bonus eines Jahres wird zu je einem Drittel über die nächsten drei Jahre ausgezahlt.

Bei der vergleichenden Betrachtung wird deutlich, dass die Einzahlung des gesamten Bonus in die Bonusbank das Ziel der Glättung der Bonuszahlungen am besten erfüllt. Die Bonuszahlungen schwanken hier lediglich zwischen den Werten 50 und 117 bei der linearen Tranchen-Auszahlung und zwischen 50 und 100 bei der gleitenden Auszahlung, obwohl die erarbeiteten Boni zwischen -50 und 200 liegen.

Die stärksten Schwankungen entstehen im Modell der anteiligen Einzahlungen in eine Bonusbank. Die Bonuszahlungen schwanken hier zwischen 6 und 167 bei der gleitenden Auszahlung und zwischen 22 und 172 bei der linearen Tranchen-Auszahlung. Allerdings hängen die Schwankungen stark von der Einzahlungsquote in die Bonusbank ab. Ist diese höher – so wie es bei 100%iger Einzahlung im ersten Modell erfolgt –, werden die Schwankungen reduziert. Der erste Fall ist also ein Spezialfall des zweiten Falls.

Bei der Einzahlung in die Bonusbank nach der Auszahlung eines Zielbonus sind die Schwankungen in diesem Zahlenbeispiel etwas geringer und liegen zwischen 13 und 144 bei der gleitenden Auszahlung und zwischen 33 und 150 bei der linearen Tranchen-Auszahlung. Dies kann aber nicht verallgemeinert ausgesagt werden, da hier das Verhältnis des Zielbonus zum Jahresbonus entscheidend ist. Liegt dieses bspw. über den im zweiten Modell angenommenen 66% werden die Schwankungen geringer, sind sie darunter, werden sie stärker.

E1. Einzahlung gesamter Bonus in Bonusbank	Jahr 1	Jahr 2	Jahr 3	Jahr 4	Jahr 5
Erarbeiteter Jahresbonus	150	200	-50	50	150
A2. Gleitende Auszahlung mit 33 %	**50**	**100**	**50**	**50**	**83**
Bonusbankbestand am Periodenende	100	200	100	100	167
A3. Lineare Tranchen-Auszahlung über 3 Jahre	**50**	**117**	**100**	**67**	**50**
Saldo Tranchenbestände am Periodenende	100	183	34	17	117
E2. Einzahlung anteiliger Bonus in Bonusbank	Jahr 1	Jahr 2	Jahr 3	Jahr 4	Jahr 5
Erarbeiteter Jahresbonus	150	200	-50	50	150
- Auszahlung Jahresbonus zu 66%	100	133	0	33	100
= Zuführung Bonusbank	50	67	-50	17	50
Zusätzliche Auszahlung bei gleitender Auszahlung	17	33	6	9	23
A2. Gleitende Auszahlung mit 33 %	**117**	**167**	**6**	**43**	**123**
Bonusbankbestand am Periodenende	33	67	11	19	46
Zusätzliche Auszahlung bei linearer Auszahlung	17	39	22	11	6
A3. Lineare Tranchen-Auszahlung über 3 Jahre	**117**	**172**	**22**	**44**	**106**
Saldo Tranchenbestände am Periodenende	33	61	-10	-5	38
E3. Einzahlung nach Auszahlung Zielbonus	Jahr 1	Jahr 2	Jahr 3	Jahr 4	Jahr 5
Erarbeiteter Jahresbonus	150	200	-50	50	150
- Auszahlung Zielbonus	100	100	0	50	100
= Zuführung Bonusbank	50	100	-50	0	50
Zusätzliche Auszahlung bei gleitender Auszahlung	17	44	13	9	22
A2. Gleitende Auszahlung mit 33 %	**117**	**144**	**13**	**59**	**122**
Bonusbankbestand am Periodenende	33	89	26	17	45
Zusätzliche Auszahlung bei linearer Auszahlung	17	50	33	17	0
A3. Lineare Tranchen-Auszahlung über 3 Jahre	**117**	**150**	**33**	**67**	**100**
Saldo Tranchenbestände am Periodenende	33	83	0	-16	33

Abbildung 41: Zahlenbeispiel eines Bonusbank-Modells mit Einzeljahresziel und mehrjähriger Bonusbank

Da bei der linearen Tranchen-Auszahlung jedes Jahr eine neue Bonusbank geschaffen wird, werden negative Bonuszahlungen eines Jahres nur innerhalb dieser einen Bonusbank fortgeschrieben. So wird die langfristig demotivierende Wirkung eines negativen Bonus vermindert. Im Vergleich zur linearen Tranchen-Auszahlung ist die gleitende Auszahlung stärker nivellierend da sie geometrisch-degressiv verläuft. Gleichzeitig haben negative Jahre einen längerfristigen Effekt. Da dieses Modell mit nur einer Bonusbank je Manager auskommt, ist anzunehmen, dass der Verwaltungsaufwand geringer ist.

Trotz der aufgezeigten Vorteile einer Bonusbank finden sich auch kritische Stimmen. Die Bonusbank sei bspw. aufwendig in der Verwaltung, insbesondere durch Detailregelungen und Schwierigkeiten beim Wechsel von Managern, schwer in ein bestehendes Incentivierungssystem zu integrieren und zudem unbeliebt bei Managern.[417] Problematisch ist vor allem die hohe Komplexität der Bonusbank-Systematik. Nicht nur die interne Kommunikation und Akzeptanz erweist sich daher als schwierig, auch nach außen können falsche Signale gesendet werden, wenn es in einem Jahr mit negativem Unternehmensergebnis zu Bonuszahlungen aus der Bonusbank kommt.[418] Zum Problem kann in bestimmten Fällen auch der Verlust der Anreizwirkung durch die Entkopplung von Leistung und Belohnung werden.[419] Nach schlechten Jahren kann es passieren, dass nach geschafftem *Turnaround* und damit erfolgreichen Jahr kein Bonus ausgezahlt wird, weil die vorhergehenden Jahre sich immer noch auswirken.

Ein in der Literatur viel zitiertes Beispiel ist das der METRO Group.[420] Die Unternehmensgruppe führte im Jahr 2000 zusammen mit dem EVA-Konzept eine Bonusbank ein, die bis 2009 zum Einsatz kam.[421] Dabei handelte es sich um das Modell des Einzeljahresziels mit einer mehrjährigen Bonusbank. Bemessungsgrundlage war ein Ziel-Ist-Vergleich der Veränderung des EVA. In überdurchschnittlichen Geschäftsjahren wurde der über 100 % Zielerreichung liegende Teil des jährlichen Bonus zur Hälfte in eine Bonusbank eingestellt. Von dem in der Bonusbank vorhandenen Guthaben wurde unabhängig vom Ergebnis eines Jahres ein festgesetzter Prozentsatz ausgezahlt. Eine Besonderheit der Bonusbank bei der METRO Group war, dass der negative Bestand der Bonusbank bei einem Bonusfaktor von -1,0 nach unten gekappt wurde. Im Fall einer Kappung wurde in den folgenden beiden Jahren ein Bonusfaktor über 2,0 mit der Kappung der Bonusbank verrechnet. Der bei der vorhergehenden Kappung abgeschnittene Bonusfaktor wurde dann vom erreichten Bonusfaktor abgezogen bis dieser 2,0 beträgt oder der zuvor abgeschnittene Bonusfaktor vollständig verrechnet war.[422]

Die Bonusbank stellt im Wesentlichen ein Instrument zur – zeitlich verzögerten – Auszahlung der Belohnung dar. Im Fall des Sandbagging wirkt die Bonusbank zeitlich im Incentivie-

---

[417] Vgl. Christie (2009).
[418] Vgl. Becker/Christie (2009), S. 64 f.
[419] Vgl. Christie (2009).
[420] Vgl. Körber (2006); Pertl/Nenning (2004), S. 8 ff.; Griebe (2009), S. 35.
[421] Vgl. METRO Group (2009), S. 102 f.
[422] Vgl. Körber (2006), S. 209; METRO Group (2008), S. 101.

rungsprozess zu spät, um einen Lösungsansatz darzustellen. Ein *erfolgreicher* Sandbagger zahlt insgesamt einfach mehr in die Bonusbank ein und bekommt dementsprechend mehr ausbezahlt. Die Wirkung einer Bonusbank auf das Bullarding- und Big Bath-Phänomen kann allerdings positiv sein und ist abhängig von der zugrunde gelegten Funktion zur Bestimmung der auszuzahlenden Belohnung bzw. insbesondere der Verlustbeteiligung der Bereichsmanager. Zwar ist diese wie oben beschrieben normalerweise auf das Guthaben der Bonusbank begrenzt – je höher allerdings der in die Bonusbank einbezahlte Anteil, desto schmerzhafter ist eine Verlustbeteiligung für die Manager. Das Guthaben der Bonusbank aus guten Jahren würde beim Big Bath-Phänomen womöglich stark von einem negativen Big Bath-Malus aufgezehrt werden. Dieser Effekt wäre besonders stark, wenn auf eine Begrenzung der Belohnungsfunktion nach unten verzichtet wird.
Dementsprechend müsste sich auch ein Bereichsmanager, der zum Bullarding-Verhalten neigt, genau überlegen, wie sehr er mit der Übertreibung seiner Planannahmen sozusagen ins Risiko zu gehen bereit ist – denn bei einer starken Zielabweichung und Malus-Verrechnung in die Bonusbank gilt für ihn der gleiche Effekt wie im Fall des Big Bath-Phänomens.

Die Bonusbank stellt folglich ein interessantes Incentivierungs-Modell dar, das seine Intentionen positiv umsetzen kann und darüber hinaus auch Teile der Gaming-Problematik in ihrer Ausprägung reduzieren kann. Vermutlich vor allem aufgrund ihres administrativen Aufwands sowie schwierigen Vermittlung gegenüber den Bereichsmanagern, findet die Bonusbank in der Praxis allerdings keine breite Anwendung.

3.2.4.4 Strikt lineare Bonusfunktion bei Ziel-Steuerung

In seinen Arbeiten über Gaming-Verhalten von Berichsmanagern im Planungsprozess als Ausgangspunkt für einen möglichst hohen Zielerreichungsgrad in Incentivierungssystemen macht *Jensen* zwei konkrete Vorschläge:[423]

- Zum einen ließen sich Gaming-Phänomene durch die Verwendung strikt linearer Bonusfunktionen stark eindämmen.

[423] Vgl. Jensen (2001), S. 98 ff.

- Zum anderen sollte auf Kappungsgrenzen verzichtet werden, oder diese sollten zumindest soweit außerhalb einer realistischen Zielerreichung liegen, dass sie nicht als Orientierungspunkte für die Manager fungieren.

Jensens Meinung nach ist eine strikt lineare Bonusfunktion der einzige Weg, um Gaming-Verhalten in den Griff zu bekommen. Manager hätten keinen Anreiz mehr, falsche Informationen an die Unternehmensführung weiterzugeben, um eine möglichst niedrige Zielvorgabe zu erreichen. Im Ergebnis erhält die Unternehmensführung unverfälschte Informationen über das Leistungsvermögen und die tatsächlich erwartbare Wertentwicklung der Unternehmensbereiche, was zu einer starken Verbesserung der Planungsqualität und Koordination im Unternehmen führt.[424]
Jede Art von Knick, Diskontinuität oder Krümmung der Belohnungsfunktion sollte darüber hinaus vermieden werden, so dass auch die Verschiebung von Teilen des Ergebnisses zwischen den Perioden keine Auswirkung auf die Gesamtvergütung der Bereichsmanager über alle Perioden hat.[425] Außerdem muss in diesem Zusammenhang des Weiteren gelten, dass auf relative Kennzahlen als Bemessungsgrundlage verzichtet werden sollte, weil diese durch die Beeinflussung des Zählers wie auch des Nenners zu Gaming verleiten.

Das Unternehmen vermeidet dann nicht nur die Kosten und Verluste die durch das Gaming-Verhalten entstehen, sondern schafft den Bereichsmanagern außerdem zeitliche Freiräume, welche sie sonst mit sinnlosen Diskussionen verbracht hätten und nun für wertschöpfenden und ergebnisverbessernden Themen – ihrer eigentlichen Hauptaufgabe – nutzen können.[426]
Auch *Locke* hält den Vorschlag von *Jensen* für vielversprechend,[427] weist jedoch darauf hin, dass er noch nicht empirisch getestet oder überprüft wurde.[428]

Jensens Ansatz stellt in der Ausgestaltung des Incentivierungssystems keine Neuerung dar. Vielmehr beschreibt dies den Basistypus einer Belohnungsfunktion wie in Kapitel 2.3.2.2 dargestellt – nur ohne Kappungsgrenzen. Sein Vorschlag kann also verstanden werden als Appell zur Besinnung auf das Einfache und Wesentliche – im Gegensatz zu den immer kom-

---

[424] Vgl. Jensen (2003), S. 386, 390; Jensen (2001), S. 98.
[425] Vgl. Jensen (2003), S. 390.
[426] Vgl. Jensen (2001), S. 98.
[427] Vgl. Locke (2004), S. 131.
[428] Vgl. Locke (2004), S. 132.

plexer gestalteten Incentivierungssystemen in der Unternehmenspraxis. Entscheidender Punkt ist aber der Verzicht auf Begrenzungen der Bonusfunktion – für viele Unternehmen ein mutiger Schritt, da je nach Situation und Rahmenbedingungen extreme Bonuszahlungen anfallen könnten, d.h. die in Kapitel 2.3.2.2 erläuterten ungerechtfertigt hohen Belohnungen durch externe Einflüsse ohne das Zutun der Manager. Außerdem bleibt der Anreiz, das Ergebnis weiter zu steigern, zu jeder Zeit bestehen und damit bei grundsätzlich unehrlich eingestellten Managern auch der Anreiz, die Geschäftszahlen auf nicht intendierte Weise so zu beeinflussen, dass er einen höheren Bonus erzielt. Das ist allerdings ein Problem, dem Unternehmen nach wie vor und grundsätzlich mit effektiven Kontrollsystemen und aufmerksamen Managern begegnen müssen.[429] Mit Gaming-Verhalten hat dies, wie einleitend erwähnt, nichts zu tun.

Eine Bewertung des Ansatzes bzgl. der betrachteten Gaming-Phänomene lässt erwarten, dass die Vermeidung von Gaming während der Zielerreichungsphase möglich ist. Durch die Vermeidung von Begrenzungen, insbesondere einer unteren Schranke, würde eine bewusste weitere Ergebnisverschlechterung – wie im Big Bath-Phänomen zu beobachten – sich voll auf die Vergütung eines Bereichsmanagers auswirken.

Eine positive Wirkung auf Gaming-Phänomene während der Planungs- und Zielsetzungsphase ist aber nur mit einer strikt linearen Bonusfunktion ohne Kappungsgrenzen noch nicht erreicht. Es bestünde für die Bereichsmanager nach wie vor – und evtl. sogar verstärkt – der Anreiz zum Sandbagging, da der Verzicht auf Begrenzungen auf der einen Seite eine negative Zielverfehlung unbegrenzt schmerzhaft machen kann und auf der anderen Seite sehr positive Planabweichungen unbegrenzt lohnenswert macht. Für das Bullarding-Verhalten eines Bereichsmanagers gilt dies in gleichem Maße. Er muss – wie auch oben im Zusammenhang mit Bonusbank und Anreizschemata erwähnt – durch die fehlende Begrenzung nach unten lediglich abwägen, wie stark er mit seiner Planübertreibung eine stark negative Zielerreichungsverfehlung bereit ist, in Kauf zu nehmen.

Im Übrigen stellt sich bei einer strikt linearen Belohnungsfunktion natürlich die Frage, auf welchem Niveau diese liegt und welche Steigung diese hat, d.h. wie ausgehend von einer

---

[429] Vgl. Jensen (2001), S. 98; Jensen (2003), S. 390.

Wertsteigerung der Zielerreichungsgrad und anschließend darüber eine Belohnung oder direkt eine Belohnung berechnet wird – also die Frage: *Wie viel Wertsteigerung ergibt wie viel Belohnung?* Das bedeutet, um die Festlegung eines Zielwerts – egal durch welches in Kapitel 3.1.3 untersuchte Planintegrationsverfahren – kommt auch dieser Vorschlag nicht herum.

An dieser Stelle lohnt sich für eine weitere Bewertung und Spezifizierung von *Jensens* Ansatz ein Blick auf in dieser Arbeit gezeigten Erkenntnisse vor dem Hintergrund der Gaming-Problematik. Dabei bleibt festzuhalten, dass

1. auf eine Beteiligung der Bereichsmanager am Planungs- und Zielsetzungsprozess als Basis für deren eigene Zielsetzung zu verzichten, den grundsätzlichen Anreiz zu Sandbagging und Bullarding eliminieren würde (Kapitel 3.2.3.1),
2. ein Verzicht auf Begrenzungen zu empfehlen ist, da diese die Ursache für das Big Bath-Phänomen sowie weitere Gaming Verhaltensweisen in der Zielerreichungsphase sind (Kapitel 3.2.3.2),
3. zusätzliche Kontrollen der Einzelhandlungen der Bereichsmanager, um spezifische Gaming-Problematiken abzuwenden, keinen Sinn machen (Kapitel 3.2.4.1),
4. eine Beteiligung des Teamerfolgs nachteilig für den Leistungsanreiz der Bereichsmanager sein kann (Kapitel 3.2.4.2). Es ist zwar denkbar, die Bereichsmanager über eine separate, klar vom persönlichen Bonus abgegrenzte Zahlung am Gesamtunternehmenserfolg zu beteiligen. Dabei stellt sich dann allerdings die Frage ihrer Relevanz im Vergleich zum individuellen Bonus.
5. die Ressourcenzuteilung für Bereiche in Verbindung mit der Beteiligung der Bereichsmanager an der Planung und eigenen Zielsetzung dazu führt, dass Anreizsysteme mit der Intention einer wahrheitsgemäßen Berichterstattung ebendiese Eigenschaft verlieren können (Kapitel 3.2.4.2), was wiederum dafür spricht, die Bereichsmanager nicht am Planungs- und Zielsetzungsprozess partizipieren zu lassen.
6. eine Verlustbeteiligung im Hinsicht auf das Big Bath-Phänomen positive Wirkung auf dieses Gaming-Verhalten haben kann und deshalb eine nach unten offene Belohnungsfunktion empfehlenswert erscheint (Kapitel 3.2.4.3).

Eine Spezifizierung von *Jensens* Ansatz durch den Zusatz einer klaren Abkehr von der Plan-Steuerung und damit der Anwendung einer Ziel-Steuerung wird in dieser Arbeit als vielversprechendster Ansatz zur Vermeidung von Gaming-Phänomenen angesehen. Insbesondere sollte also auf eine Planungs- und Zielsetzungsbeteiligung der Bereichsmanager verzichtet werden.

Dabei wird aufbauend auf den Ausführungen in Kapitel 3.1.3.3 für die Zielsetzung eine Kombination aus normativer und auf Prognose- und Benchmark-Werten basierender Zielableitung favorisiert. Dies lässt sich dadurch begründen, dass es wie in Kapitel 2.1 beschrieben einerseits immer oberste Unternehmenszielsetzung sein sollte, Wert zu schaffen, andererseits diese Vorgabe auf gerechte Art und Weise für die Bereiche operationalisiert werden sollte, d.h. ein Bereichsmanager, welcher bspw. einen quasi-monopolistischen Bereich verantwortet, sollte im Vergleich mit einem Bereichsmanager, welcher einen Bereich in kostenintensivem Wettbewerb verantwortet, ein höheres Wertsteigerungsziel bekommen. Sonst wäre vor dem Hintergrund dessen, dass ein Bereichsmanager in einem großen Konzern nach einem Turnus von ein paar Jahren eine neue Stelle übernimmt, die Querdurchlässigkeit zwischen Bereichen nicht mehr gewährleistet.

Bezogen auf die in Kapitel 2.3.1 dargestellten Anforderungen an wertorientierte Incentivierungssysteme ergibt dies für den Ansatz einer strikt linearen Bonusfunktion bei Ziel-Steuerung folgende Aussagen:

- Die Anreizkompatibilität bzw. Zielkongruenz ist aufgrund der Top-down-Vorgabe der Bereichszielsetzungen durch die Unternehmensleitung gegeben.
- Ein Bereichsmanager wird nur auf Basis von Indikatoren seines Bereichs incentiviert, womit die Beeinflussbarkeit der Bemessungsgrundlage erfüllt ist.
- Manipulationsfreiheit kann wie im Gaming-Zusammenhang mehrmals ausgeführt zwar niemals vollständig gewährleistet oder vorhergesehen werden, nach den hier vorgenommenen Untersuchungen kann jedoch davon ausgegangen werden, dass dies sehr gut gelingt.
- Das Kriterium der Planungsgenauigkeit verliert in diesem System an Bedeutung – zumindest was das Planungshandeln der Bereichsmanager angeht. Wichtiger wird dies hier dafür im Sinne einer gerechten Übersetzung des Wertsteigerungsziels des Gesamtunternehmens in Prognose und Benchmark-orientierte Zielvorgaben der operativen Geschäftsfelder.
- Das betrachtete Incentivierungssystem ist leistungsorientiert und bemisst die Belohnung in positiver sowie negativer Richtung vollständig am Erfolgsergebnis des Bereichs.

- Langfristigkeit und Nachhaltigkeit sowie Dualität erfüllen sich einerseits daraus, dass der Bereichsmanager sich mehr auf sein Tagesgeschäft konzentrieren kann. Die Gestaltung der Belohnungsfunktion führt zwar grundsätzlich dazu, dass er versucht, jede in der aktuellen Periode möglicherweise erreichbare Wertsteigerung zu realisieren. Andererseits läuft ihm die Belohnung aber nicht weg, da die entsprechende Wertsteigerung auch in einer Folgeperiode noch die gleiche Belohnung generiert.
- Ein kritischer Faktor kann das Gerechtigkeitsempfinden sein, wenn eine normative Zielsetzung für die Manager von Bereichen mit schlechter Ergebnissituation als unrealistisch empfunden wird. Dann kann auch die Querdurchlässigkeit bei Personalwechseln zwischen den Bereichen beeinträchtigt werden. Gerade aus diesem Grund ist es hier aber die Aufgabe einer Prognose- und Benchmark-orientierten Zielableitung auf operativer Ebene dafür zu sorgen, dass die Gesamtzielsetzung gerecht auf die Bereiche verteilt wird.
- Ausgehend davon, dass auch die Kriterien der Objektivität – vorausgesetzt die Herleitung von Prognose und Benchmark-Werten erfolgt transparent und nachvollziehbar – und Relevanz erfüllbar sein sollten, ist in Summe davon auszugehen, dass die Bereichsmanager diese Art der Bonusbemessung akzeptieren sollten.
- Schlussendlich scheint auch die Anforderung an die Wirtschaftlichkeit positiv, da das System einfach in der Implementierung, Verwaltung und Kommunikation scheint. Hohe Bonuszahlungen durch den Verzicht auf eine obere Belohnungsgrenze können verkraftet werden, da sie aus den Mitteln entsprechender Wertsteigerung geleistet werden können.

Nach Betrachtung dieses Lösungsansatzes unter Berücksichtigung der Vor- und Nachteile der jeweiligen Steuerungsphilosophien, der Betrachtung beispielhafter Gaming-Phänomene sowie der Wirkung weiterer oben untersuchter Ansätze zur Vermeidung von Gaming-Phänomenen, wird dem Steuerungs- und Incentivierungsansatz von *Jensen* spezifiziert durch eine Ziel-Steuerung, welche normative und Benchmark-orientierte Zielableitung kombiniert, in Summe das größte Potenzial zur Lösung der Gaming-Problematik zugeschrieben. Ein Problem ist jedoch die praktische Durchsetzbarkeit von negativen Bonuszahlungen: Eine auch nach unten unbegrenzt lineare Bonusfunktion ist kaum vorstellbar. Ansonsten spricht auch bei der Bewertung seiner praktischen Anwendbarkeit grundsätzlich wenig gegen diesen Lösungsversuch: mit der Entfernung von Kappungsgrenzen geht ein Unternehmen – allerdings auf Basis entsprechender Wertsteigerung – ins Risiko, sehr hohe Bonuszahlungen leisten zu müssen.

Auch das Gerechtigkeitsempfinden und dadurch die Akzeptanz sowie Querdurchlässigkeit könnten durch diesen Faktor und durch die teilweise normative Zielsetzung negative Auswirkungen zeigen.

Für eine praktische Anwendbarkeit spricht – wie oben im Zusammenhang mit der Interpretation von *Jensens* Appell bereits formuliert – seine Einfachheit aus der Beschränkung auf das Wesentliche und Einfache.

3.2.5 Zwischenfazit und besondere Anforderungen für wertorientierte Incentivierungssysteme

In Abbildung 42 sind zusammenfassend die verschiedenen Ausprägungen von Gaming-Verhalten dargestellt. Dabei wird einerseits in die unterschiedlichen Steuerungsphilosophien differenziert und andererseits die Phase des Incentivierungsprozesses, in der sich die Bereichsmanager befinden, und die aktuelle Situation ihres Bereichs zugrunde gelegt.

Das perfekte Incentivierungssystem zur Lösung aller (Gaming-)Probleme gibt es nicht. So stellt *Jensen* fest: "Incentives, as powerful as they are, cannot do everything".[430] Und *Locke* fügt hinzu: "Effective bonus plans are extraordinarily difficult to set up and to maintain".[431] Zwar hat die Gestaltung von Anreizsystemen Einfluss auf Gaming-Verhalten, ganz vermeiden kann sie diese allerdings nicht – auch weil Gaming-Phänomene schwer vorhersehbar sind. Bei jedem neu eingerichteten Incentivierungssystem muss damit gerechnet werden, dass diejenigen, die damit zu Leistungs- und Ergebnissteigerung angereizt werden sollen, auch kreative Wege finden, das System zu ihren Gunsten zu beeinflussen. Deshalb muss die Unternehmensführung vom Grundsatz her stets wachsam gegenüber Gaming-Verhalten ihrer Bereichsmanager sein,[432] es sollten selbstverständliche Kontrollmechanismen nicht außer Acht gelassen werden und zudem immer Möglichkeiten zur Anpassung eines Incentivierungssystems gegeben sein.[433]

---

[430] Jensen (2003), S. 404.
[431] Locke (2004), S. 133.
[432] Vgl. Steele/Albright (2004), S. 83.
[433] Vgl. Jensen (2003), S. 404; Locke (2004), S. 132.

Ein unter allen in dieser Arbeit genannten Gesichtspunkten viel versprechendes Steuerungs- und Incentivierungssystem stellt die Ziel-Steuerung mit Incentivierung auf Basis einer strikt linearen Bonusfunktion ohne Kappungsgrenzen dar. Dieses Konzept muss zwar die Nachteile der Ziel-Steuerung in Kauf nehmen, verspricht aber in den Gaming-relevanten Phasen der Planung und Zielsetzung sowie der Zielerreichung den besten Effekt gegen Gaming. Die empirische Überprüfung und weitere Untersuchung des Vorschlags stehen allerdings noch für weitere Forschungsarbeiten offen.

Steuerungs-Philosophie / Incentivierungsprozess / Situation des Bereichs	**Plan-Steuerung**	**Ziel-Steuerung**	**Ist-Steuerung**
Planung u. Zielsetzung / Gute Ergebnissituation	***Sandbagging*** Wenn Zielbonus definiert wird	Kein Einfluss	Abhängig von Bonusfunktion
Planung u. Zielsetzung / Schlechte Ergebnissituation	***Bullarding***	Kein Einfluss	
Zielerreichung / Gute Ergebnissituation	***Slowing down*** Wenn obere Schranke existiert	***Slowing down*** Wenn obere Schranke existiert	
Zielerreichung / Schlechte Ergebnissituation	***Big Bath*** Wenn untere Schranke unerreichbar ***Speeding up*** Wenn erreichbar	***Big Bath*** Wenn untere Schranke unerreichbar ***Speeding up*** Wenn erreichbar	

Abbildung 42: Zusammenfassung der verschiedenen Ausprägungen von Gaming-Verhalten je nach Steuerungsphilosophie

4 Untersuchung der wertorientierten Incentivierung anhand eines Unternehmensbeispiels

Ein wichtiges Merkmal betriebswirtschaftlicher Forschung ist ihre Praxisrelevanz.[434] Dementsprechend, ist der Abgleich der theoretischen Grundlagen der wertorientierten Incentivierung mit einer exemplarischen praktischen Ausprägung sowie die Betrachtung der Themen *Steuerungsphilosophie* und *Gaming* anhand dieses Fallbeispiels weiterer Kernteil der vorliegenden Arbeit. Dabei ist Ziel des Kapitels die Beantwortung folgender Fragen:

- Wie ist das wertorientierte Steuerungs- und Incentivierungssystem im Fallbeispiel gestaltet? Wie läuft der Planungs- und Zielsetzungsprozess ab und welche Steuerungsphilosophie entsprechend Kapitel 3.1 lässt sich diesem Vorgehen zuschreiben? (Kapitel 4.2 und 4.3.1)
- Welche Gaming-Phänomene sind auf Basis der Erkenntnisse aus Kapitel 3, insb. 3.2, bei einer Incentivierungs-Gestaltung wie in der Falluntersuchung zu erwarten? (Kapitel 4.3.2)
- Welche Hinweise über Gaming in diesem Praxisfall werden nach Auswertung real beobachtbarer Incentivierungs-Faktoren (Kapitel 4.3.3) und einer explorativen Umfrage unter Managern (Kapitel 4.3.4) gefunden? Welche weiteren Implikationen lassen sich aus der Analyse dieses Fallbeispiels ableiten? (Kapitel 4.3.5)

Die beispielhafte Untersuchung bezieht sich auf das Unternehmen Bosch. Die Unternehmenssteuerung der Robert Bosch GmbH war bis 2002 geprägt durch die Umsatzrendite mit dem Betriebsergebnis. Nachteilig erwies sich dabei jedoch die Verfolgung eines effizienten Mitteleinsatzes. Deshalb steuert der Bosch-Konzern seine Geschäfts- und Produktbereiche seither mittels wertorientierter Kennzahlen und wertorientierter Incentivierung.[435] Das verwendete Konzept bietet mit langer Zeit konstanten Grundsatzprämissen sehr gute Voraussetzungen für

[434] Siehe dazu Kapitel 1.1.
[435] Vgl. Watterott (2006), S. 135 f.

diese Falluntersuchung.[436] Seit 2012 werden allerdings tiefgreifende Veränderungen im Steuerungs- und Incentivierungssystem umgesetzt.[437]

Nach einer kurzen Vorstellung des Unternehmens gliedert sich die Vorgehensweise im nächsten Kapitel folgendermaßen: Zuerst wird das wertorientierte Steuerungssystem des Unternehmens erläutert, in dessen Zuge sich der Charakter der systemspezifischen Steuerungsphilosophie herauskristallisiert. Anschließend folgt die Darstellung des wertorientierten Incentivierungssystems im Fallbeispiel und dessen kurz- und langfristiger Incentivierungskomponenten. Danach wird bezugnehmend zu Kapitel 3.2 die erwartete Ausprägung von Gaming-Phänomenen hergeleitet. Dies wird daraufhin gespiegelt an den Ergebnissen einer Auswertung von Incentivierungs-Faktoren sowie einer explorativen Umfrage unter Managern.[438] Die Ergebnisse werden abschließend diskutiert und weitere Implikationen abgeleitet.

4.1 Unternehmens- und Controlling-Organisation

Die Bosch-Gruppe ist ein Technologie- und Dienstleistungsunternehmen. Im Geschäftsjahr 2012 hat Bosch mit 306 000 Mitarbeitern einen Umsatz von 52,5 Milliarden Euro erwirtschaftet. Die Bosch-Gruppe umfasst die Robert Bosch GmbH und ihre rund 360 Tochter- und Regionalgesellschaften weltweit.

Das Unternehmen wurde 1886 als „Werkstätte für Feinmechanik und Elektrotechnik" von Robert Bosch (1861–1942) in Stuttgart gegründet. Die gesellschaftsrechtliche Struktur der Robert Bosch GmbH soll die unternehmerische Selbstständigkeit der Bosch-Gruppe sichern. Sie soll es dem Unternehmen ermöglichen, langfristig zu planen und in Vorleistungen für die Zukunft zu investieren. Die Kapitalanteile der Robert Bosch GmbH liegen zu 92 Prozent bei

---

[436] Sprachlich wird im Folgenden dennoch der Zustand bis 2012 im Präsens beschrieben, um bei Themen, welche nur teilweise geändert wurden, sprachlich nicht unterscheiden und damit den Textfluss verkomplizieren zu müssen.

[437] Siehe bspw. Stoi/Asenkerschbaumer/Bley (2015), S. 16 ff.; Die Weiterentwicklung des Planungs- und Kennzahlensystems durch Einführung des *Bosch Value Concepts* umfasst i.W. die Verkürzung des Wirtschaftsplanprozesses sowie die Vereinfachung der Wertbeitrags-Kennzahl. Außerdem wird der bisherige Wertsteigerungs-Fokus der wertorientierten Unternehmenssteuerung ergänzt durch ein Wertsicherungs-Konzept, welches ein verändertes Volatilitäts- und Liquiditätsmanagement umfasst. Vgl. Asenkerschbaumer (2012), S. 336 ff.; Bosch (2012), S. 53; Bosch (2013a), S. 39.

[438] Soweit nicht referenziert, basieren die Inhalte dieses Hauptkapitels auf unternehmensinternen Unterlagen, Analysen und Interviews.

der gemeinnützigen Robert Bosch Stiftung GmbH. Die Stimmrechte hält mehrheitlich die Robert Bosch Industrietreuhand KG; sie übt die unternehmerische Gesellschafterfunktion aus. Die übrigen Anteile liegen bei der Familie Bosch und der Robert Bosch GmbH.[439]

In dieser Basisinformation werden bereits die langfristige Ausrichtung des Unternehmens und das Streben nach profitablem Wachstum als Zielsetzungen genannt. Auch in der Bosch-Vision *Werte schaffen – Werte leben* werden grundsätzliche wertorientierte Ansätze formuliert: „... Wir suchen bei allem, was wir tun, den nachhaltigen wirtschaftlichen Erfolg und eine führende Marktposition. Unternehmerische Selbstständigkeit und finanzielle Unabhängigkeit ermöglichen uns ein langfristig ausgerichtetes Handeln. ...“[440]

Ausgehend von der Unternehmenszentrale, die die Geschäftsführung und den Aufsichtsrat sowie zentrale Abteilungen umfasst, organisiert sich die Bosch-Gruppe im Wesentlichen in ihre *Geschäftsbereiche (GB)*, zu denen bspw. *Gasoline Systems* oder *Security Systems* zählen.[441]Die Geschäftsbereiche sind sowohl verantwortlich für ihre Werke und Erzeugnisse weltweit als auch für deren Ergebnis. Die Geschäftsbereiche wiederum sind im Wesentlichen organisiert in zentrale GB-Abteilungen und Produktbereiche (*Business Units, abgekürzt BU*).

Eine führende Funktion bei der Konzeptionierung und Umsetzung der wertorientierten Steuerung und Incentivierung nimmt das Controlling ein. Die Zentralabteilungen Controlling, Rechnungswesen und Finanzen sind dem CFO zugeordnet. Auf Ebene der GB verantwortet der jeweilige Bereichsvorstand mit Zuständigkeit für kaufmännische Aufgaben die Finanz- und Controlling-Abteilungen seines Geschäftsbereichs und der Produktbereiche. Darüber hinaus sind ihm meist die kaufmännischen Leiter der Produktionswerke unterstellt, welche wiederum für die Controlling-Abteilung in ihrem Werk verantwortlich sind.

Die Aufgabe der zentralen Abteilungen für Controlling, Rechnungswesen und Finanzen ist die Ausprägung des wertorientierten Steuerungssystems, die Etablierung und Vorgabe von Standards und Instrumenten zur Umsetzung der wertorientierten Steuerung in den Bereichen

---

[439] Vgl. Bosch (2013a), S. U3; Bosch (2013b), S. 4 f.; Da das hier im Folgenden betrachtete Steuerungs- und Incentivierungssystem bis 2012 galt, wird hier dementsprechend auf 2012 verwiesen.
[440] Bosch (2013a), S. U1; Bosch (2013b), S. 3.
[441] Vgl. Bosch (2013c); Vgl. auch im Weiteren Kümmel/Watterott (2008); S. 248 f.; Watterott (2006), S. 133 f.

sowie die Entscheidungsunterstützung der Unternehmensführung bei der Unternehmenssteuerung. Außerdem liegt Ihnen in Zusammenarbeit mit den zentralen Personalabteilungen die Verantwortung für die Gestaltung und Umsetzung der wertorientierten Incentivierung inne.

4.2 Wertorientierte Steuerung und Steuerungsphilosophie

Parallel zum gesellschaftlichen und sozialen Engagement der Stiftung wird der Konzern von einem Steuerungssystem geprägt, das die kontinuierliche Steigerung des Wertes des Unternehmens und seiner Teileinheiten in den Vordergrund stellen soll. Die Ziel-, Führungs- und Berichtssysteme werden entsprechend ausgerichtet und die wertorientierte Steuerung wurde in allen wesentlichen Entscheidungsprozessen verankert. Mit dem Anspruch, dass dieses System mehr als nur ein Kennzahlensystem und Steuerungsinstrument ist, soll die wertorientierte Steuerung als Führungsprinzip und Unternehmensphilosophie aufgefasst werden, die von allen Mitarbeitern verstanden und gelebt werden soll.[442] Damit entspricht sie vom Ansatz her dem modernen Verständnis der wertorientierten Unternehmenssteuerung wie in Kapitel 2.1.1 beschrieben.

4.2.1 Wertbeitrag als oberste Kennzahl und zentrale wertorientierte Steuerungsinstrumente

Ein nicht börsennotiertes Unternehmen wie in diesem Fall kann ohne Veränderung seiner rechtlichen Struktur nicht über Instrumente zur Eigenkapitalbeschaffung verfügen. Daher sind Erhaltung und Ausbau der Ertrags- und Finanzierungskraft entscheidend für die Finanzierung des zukünftigen Wachstums bei gleichzeitiger Erhaltung der finanziellen Unabhängigkeit des Unternehmens. Das Wachstum der Unternehmens-Gruppe muss also primär durch Innenfinanzierung erfolgen.[443] Die Geschäftsführung des Konzerns und die Entscheidungsträger auf allen Unternehmensebenen müssen entscheiden, welche Mittel in welche Projekte und in welcher Höhe investiert werden. Damit stehen sie vor ähnlichen Entscheidungen wie ein

---

[442] Vgl. Kümmel/Watterott (2008), S. 250 f.
[443] Vgl. Watterott (2006), S. 136.

Investor. Auch er hat verschiedene Möglichkeiten, sein Kapital anzulegen. Daran knüpft die Methode der wertorientierten Steuerung an.[444]

Im Beispiel-Unternehmen wurde entschieden, den CVA-Ansatz für die Implementierung der wertorientierten Unternehmenssteuerung zu verwenden.[445] Er bietet wie alle Kennzahlenkonzepte – dargestellt in Kapitel 2.1.3 – Vor-und Nachteile. Ausschlaggebend für den CVA-Ansatz war, dass durch die Berechnung der Kapitalkosten auf Basis der Anschaffungs- und Herstellkosten Vorteile für die wertorientierte Kostensteuerung gesehen wurden, da die Kosten eines planmäßig abschreibbaren Anlagegutes, d.h. die Kapitalkosten und die ökonomische Abschreibung, über die wirtschaftliche Nutzungsdauer konstant bleiben.[446] Der CVA wird dort verallgemeinert als *Wertbeitrag (WB)* bezeichnet.

Der *Kapitalkostensatz (KKS)* entspricht als Gesamtkapitalkostensatz dem sog. *Weighted Average Cost of Capital (WACC)*, welcher in Kapitel 2.1.2 eingeführt wurde.[447] Dieser gilt einheitlich für den gesamten Konzern sowie die Geschäfts- und Produktbereiche. Er soll mittelfristig konstant bleiben, wird jedoch jährlich auf notwendige Anpassungen hin überprüft. Für den Konzern wurde bei Einführung der wertorientierten Steuerung ein Kapitalkostensatz von 9,0 % ermittelt.

Die Kapitalkosten werden verursachungsgerecht den Kostenstellen zugeordnet, d.h. den Stellen, an denen sie operativ entstehen. Die Kapitalkosten einer Maschine werden also bspw. der entsprechenden Produktionskostenstelle zugerechnet. Damit werden die Kapitalkosten in die *Herstellkosten (HEK)* und die *Vertriebs-, Entwicklungs- und Verwaltungskosten (VVGK)* der Ergebnisrechnung übernommen. Die Kapitalkosten für die Gebäude, Maschinen, Einrichtungen und Anlagen eines Werkes sind in den *Planherstellkosten (PHEK)* oder die Kapitalkosten für Forderungen gegenüber Kunden in den geplanten Vertriebskosten enthalten.[448]

---

[444] Vgl. Kümmel/Watterott (2008), S. 248 ff.
[445] Vgl. Watterott (2006), S. 137 f.
[446] Siehe zum EVA und CVA auch Kapitel 2.1.3.
[447] Dabei erfolgt die Ermittlung des Eigenkapitalkostensatzes mit dem Capital Asset Pricing Model (CAPM); siehe auch dazu Kapitel 2.1.2.
[448] Vgl. Kümmel/Watterott (2008), S. 250 ff.

Über den WB soll die Entwicklung eines Geschäfts- oder Produktbereichs im Zeitablauf beurteilt werden. Doch um verschiedene Bereiche vergleichen zu können, ist auch eine relative Kennzahl erforderlich. Die Frage, welche Bereiche das ihnen zur Verfügung gestellte Kapital am wirtschaftlichsten nutzen, wird mit der Kapitalrendite bzw. dem CFROI beantwortet. Wie in Kapitel 2.1.3 erläutert, misst er die Verzinsung des Kapitaleinsatzes.

Um eine nachhaltige Wertsteigerung zu erreichen, d.h. positive Delta-WB im Zeitverlauf, werden über die Messung des WB im Controlling hinaus Wertsteigerungsstrategien entwickelt, die in den Bereichen umgesetzt werden sollen. Für die operative Steuerung ist daher eine systematische, aus der Strategie abgeleitete Vorgehensweise zur Wertsteigerung erforderlich.

WB, Delta-WB und CFROI finden sich durchgängig in der Portfolio-Steuerung im Rahmen der strategischen Unternehmensgesamtplanung, der Steuerung der Investitionsbudgets, der Zielableitung für die Geschäftsbereiche sowie in der Incentivierung wieder. Die Wertorientierung soll somit in den Planungs- und Steuerungsprozessen tief verankert werden. Wertsteigerung auf der Prozessebene in den Funktionsbereichen soll durch die zielgerichtete Beeinflussung von Werttreibern erfolgen. Dafür werden in den Bereichen die Instrumente des Werttreiber-Managements eingesetzt.

Über die kurze Einführung in Kapitel 2.1.4 hinaus wird das Portfolio-Management hier veranschaulicht. Es hat die Aufgabe, die Konzernstruktur und die Struktur der Geschäftsfelder wertorientiert zu optimieren. Hierzu werden die einzelnen Geschäfte in einem Wertportfolio mit vier Feldern eingetragen. Das Wertportfolio bildet sowohl die aktuelle Position eines Bereichs als auch dessen zukünftig angestrebte Ziel-Position ab. Der CFROI bildet die y-Achse der Portfolio-Matrix, der Delta-WB die x-Achse. So lässt sich eine Klassifizierung in vier Felder darstellen – Wertschaffer, -abschmelzer, -nachholer und -verzehrer –, für welche anschließend Entscheidungsempfehlungen abgeleitet werden können.[449]

---

[449] Vgl. Asenkerschbaumer/Forschner (2011), S. 66 ff.

Das Werttreiber-Management des Konzerns umfasst im Wesentlichen die Werttreiberanalyse sowie das Aufstellen von Wertreiberbäumen und soll mit Hilfe der Balanced Scorecard umgesetzt werden.[450]

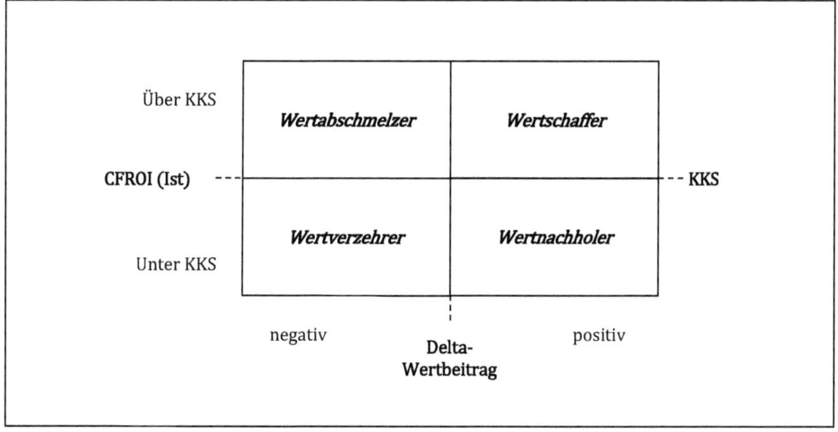

Abbildung 43: Aufbau eines Wertportfolios[451]

Die Werttreiberanalyse zielt darauf ab, den WB in die ihn beeinflussenden operativen Steuerungsgrößen zu zerlegen und ihr wechselseitiges Zusammenspiel zu untersuchen. Die Werttreiberanalyse soll somit Voraussetzung für ein aktives Einwirken und damit für die Wertschaffung im Unternehmen oder in Teileinheiten sein. Das Zusammenwirken von Werttreibern in einem Unternehmen oder in Teileinheiten wird in einer Baumstruktur dargestellt, dem Werttreiberbaum.[452] Dabei werden die Werttreiber der unterschiedlichen Hierarchieebenen mit den Werthebeln *Rendite* und *Wachstum* verknüpft und folglich auch mit dem übergeordneten WB.

Diese Wertreiber werden sehr konkret bis auf Prozessgrößen zurückgeführt. Es entsteht ein in sich zusammenhängendes System an Kennzahlen, das ein wertorientiertes Steuern über die ganze Hierarchie ermöglicht. Damit soll nicht nur Transparenz geschaffen, sondern auch die

---

[450] Vgl. Kümmel/Watterott (2008), S. 251.
[451] Vgl. dazu auch Macharzina/Wolf (2008), S. 353 ff.; Roos/Stelter (1999).
[452] Synonym für die in Kapitel 2.1.4 dargestellten Werttreiberhierarchien.

Zielentfaltung unterstützt werden. Außerdem bietet sich der Werttreiberbaum zur Überprüfung der Wert schaffenden Wirkung von Maßnahmen an.[453]

Wie in *Abbildung 44* dargestellt, soll das Wertreiber-Management die Wertorientierung also konsequent und durchgängig auf alle Organisationsebenen transportieren und entspricht damit dem in Kapitel 2.1.4 beschriebenen Implementierungsansatz.

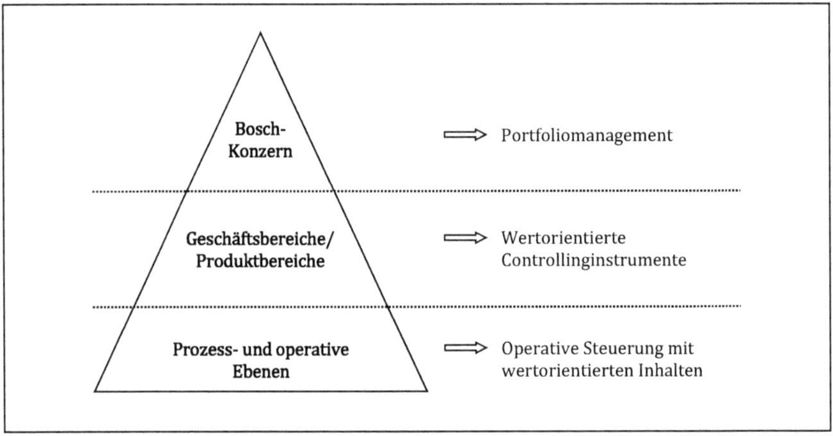

Abbildung 44: Durchgängiger Implementierungsansatz der wertorientierten Steuerung im Fallbeispiel[454]

4.2.2 Planungs- und Zielsetzungsprozesse als Basis nachhaltiger Wertsteigerung

Allein ein Steuerungssystem im engeren Sinne – also die Definition von Kennzahlen und Steuerungsinstrumenten – entfaltet noch keine Steuerungswirkung. Um die Frage nach der Steuerungsphilosophie im betrachteten Unternehmen beantworten zu können, wird im Folgenden der Prozess der Planung und Zielsetzung des Konzerns vorgestellt.

---

[453] Vgl. Kümmel/Watterott (2005), S. 17 f.

[454] Vgl. Kümmel/Watterott (2005), S. 15; Kümmel/Watterott (2008), S. 251.

4.2.2.1 Ergebniszielsetzung auf Konzernebene

Wie oben bereits beschrieben, wird Wachstum zur dauerhaften Weiterentwicklung des Unternehmens angestrebt. Wachstum ist allerdings nur dann nachhaltig, wenn das Wachstum profitabel ist – Wachstum muss also zur Erhöhung des Unternehmenswerts beitragen. Als angestrebtes Umsatzwachstum des Konzerns werden 8% p.a. avisiert.[455]

Das Ergebnisziel wird einerseits aus einer angemessenen Verzinsung des eingesetzten Kapitals und andererseits aus dem Wachstumsziel und den dafür erforderlichen Investitionen und Akquisitionen abgeleitet. Die Ziel-Rendite liegt bei 7-8% – EBIT in Relation zum Umsatz.[456] Das EBIT-Ziel dient der externen Kommunikation, ist jedoch keine Größe zur operativen Steuerung des Unternehmens.

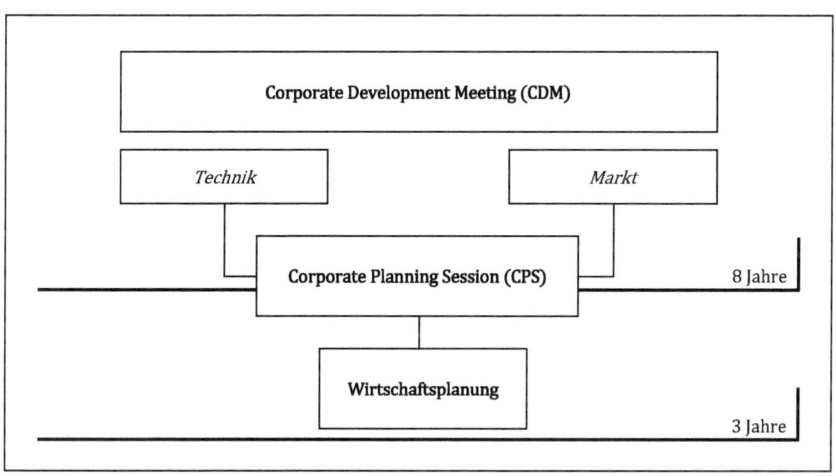

Abbildung 45: Zentrale Planungprozesse des betrachteten Konzerns[457]

Der Konzern verfügt über ein mehrstufiges Planungs- und Zielsetzungssystem, bestehend aus der strategischen Langfristplanung und der operativen Wirtschaftsplanung. Beide basieren auf

---

[455] Vgl. Bosch (2013a), S. 39.
[456] Vgl. Bosch (2013a), S. 39.
[457] Vgl. Watterott (2008), S. 351.

einem einheitlichen Datengerüst, womit sichergestellt sein soll, dass beide Planungen konsistent und eng verzahnt sind.

Die Langfristplanung umfasst einen Planungshorizont von acht Jahren und besteht aus den beiden Elementen *Corporate Development Meeting (CDM)* und *Corporate Planning Session (CPS)*:[458]

- Im CDM betrachtet die Geschäftsführung die langfristige Entwicklung des Gesamtunternehmens, der Unternehmensbereiche und Geschäftsbereiche und leitet aus der Analyse des Technik-, Markt- und Wettbewerberumfeldes die strategische Ausrichtung des Konzerns ab. Sie wird dabei durch die Langfristplanung der Geschäftsbereiche unterstützt, in der diese ihre jeweilige Markt- und Technikposition ermitteln und daraus strategische Handlungsoptionen ableiten.
- In der CPS präsentieren die GB ihre strategische Ausrichtung der nächsten acht Jahre und die Strategie des GB wird mit der Geschäftsführung diskutiert. Als Ergebnis aus diesem Planungsprozess entstehen konkrete Zielvorgaben für die WB-Entwicklung der GB. Diese Ziele werden zwischen Geschäftsführung und den Bereichsvorständen der Geschäftsbereiche formal vereinbart. Die Ergebnisse der strategischen Planungen der GB dienen auch als Grundlage für den CDM-Prozess des folgenden Jahres.

4.2.2.2 Benchmark-orientierte Zielableitung für Geschäfts- und Produktbereiche

Wertorientierte Ziele sind ein zentrales Instrument, die wertorientierte Unternehmenssteuerung im Unternehmen zu verankern, und bilden den Maßstab, an dem die Leistung des Managements, aber auch die Entwicklung unterschiedlicher Teileinheiten in Form des Zielerreichungsgrads gemessen wird. Dazu ist ein Zielableitungsprozess festgelegt, aus dem quantitative Ziele für die einzelnen Bereiche gewonnen werden.[459]

Die Geschäftsbereiche erhalten ihre Ziele von der Geschäftsführung und tragen die Ergebnisverantwortung für ihre Erzeugnisgebiete weltweit. Die Ziele für die GB sollen anspruchsvoll, aber zugleich auch realistisch sein. Deshalb werden für die GB – wo möglich – Wettbewerbs-

---

[458] Vgl. Kümmel/Watterott (2008), S. 254; Watterott (2008), S. 351 f.; Asenkerschbaumer/Forschner (2011), S. 72 ff.

[459] Vgl. auch im Weiteren Kümmel/Watterott (2008), S. 254; Watterott (2008), S. 351 f.

unternehmen als Vergleichsmaßstab zur Ableitung der Ziele herangezogen. Die Wettbewerber veröffentlichen in ihren Geschäftsberichten in der Regel ein EBIT, allerdings keine WB, insbesondere keine WB, die nach den Regeln der wertorientierten Steuerung des betrachteten Unternehmens ermittelt wurden. Daher erfolgt eine Ableitung der WB-Ziele aus den veröffentlichten Ergebnissen.

Der Zielableitungsprozess umfasst mehrere Schritte: Ausgangspunkt ist der aktuelle WB eines Geschäftsbereichs. Davon ausgehend wird top-down anhand eines Vergleichs mit Wettbewerbern oder der Branche – also dem sog. Benchmarking – eine wettbewerbs- oder branchenspezifische Benchmark-Rendite bzw. Umsatzrendite ermittelt und in ein Wertsteigerungsziel für den Geschäftsbereich überführt. Unter Berücksichtigung der Bottom-up-Planung aus der Geschäftsfeldentwicklungsplanung des Geschäftsbereichs werden die Ziele im anschließenden Zielfindungsprozess mit dem Geschäftsbereich festgelegt.

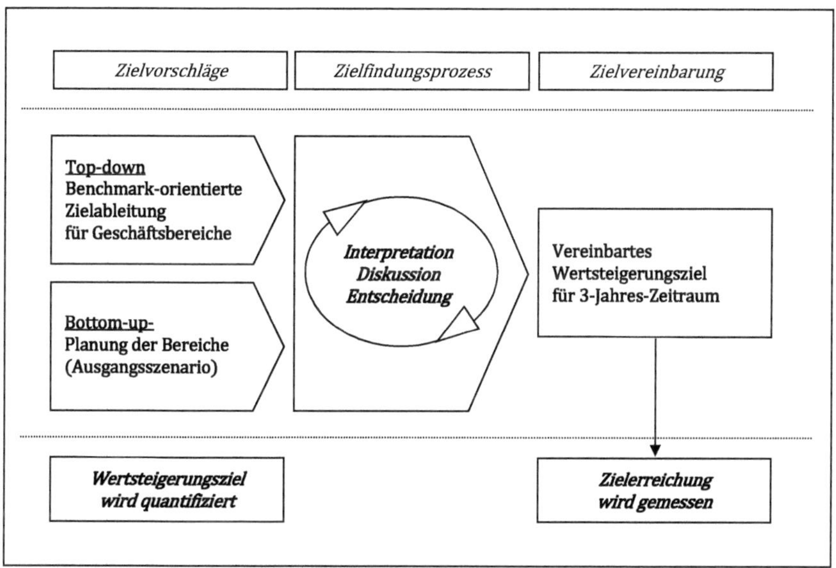

Abbildung 46: Grobschema des Zielableitungsprozesses[460]

[460] In Anlehnung an Bosch-interne Abbildung.

Diese Vorgehensweise erlaubt, nicht nur die Ziele der Gesellschafter bzw. stellvertretend der Geschäftsführung, sondern auch die je GB und PB unterschiedlichen Ausgangslagen angemessen zu berücksichtigen. Die Orientierung an Benchmarks soll außerdem zu einer Objektivierung der Zielfestlegung führen. Der Grad der Zielerreichung hat wesentlichen Einfluss auf den variablen Teil der Vergütung des Top-Managements der Bereiche.

Die *Produktbereiche bzw. Business Units (BU)* bilden die Steuerungsebenen unterhalb der GB. Daher erhalten diese ihre Ziele vom Bereichsvorstand des GB, welcher die mit der Geschäftsführung vereinbarten Ziele auf die organisatorischen Einheiten disaggregiert und mit den jeweils Verantwortlichen vereinbart. Dabei sollte sich die Zielableitung für Produktbereiche zur Objektivierung auch an Benchmarks orientieren. Dies bedingt allerdings, dass zum Produktbereich passende abgegrenzte Informationen von den Wettbewerbsunternehmen zugänglich sind.

4.2.2.3 Wirtschaftsplanung der operativen Bereiche

Die operative Wirtschaftsplanung bildet für einen Zeitraum von drei Jahren konkrete Einzelpläne zu Umsatz, Kosten und Ressourcen. Ausgangspunkt der operativen Planung ist die sog. Vorsteuerung bzw. sind die sog. Vorsteuerungsziele. Diese werden in dem oben beschriebenen Prozess ausgehend von der Gesamtunternehmenszielsetzung über die Geschäftsbereichs- und Produktbereichsziele auf die operativen Einheiten top-down heruntergebrochen und diesen für ihre Bottom-up-Planung vorgegeben.

Im Falle eines Erzeugnisses bedeutet dies, dass dem Produktionswerk Kostenziele für das Produkt vorgelegt werden. Dieses sollte mit seiner Herstellkostenplanung die Kostenziele erreichen, damit der Produktbereich seinerseits seine Vorsteuerung nach Aggregation der jeweiligen Erzeugnisgebiete erreichen kann.

Die Durchführung der operativen Planung liegt in der Verantwortung der operativen Einheiten. Nach Abschluss der operativen Planungsphase melden sie ihr Planungsergebnis an den jeweiligen Produkt- und Geschäftsbereich. Die BU haben nach Aggregation der einzelnen Erzeugnispläne die Möglichkeit, über inhaltliche Diskussionen oder Vorgaben Plananpassungen bei den operativen Einheiten durchzusetzen. Nach Aggregation der Einzelpläne der BU kann der jeweilige GB wiederum in deren Planungsstand eingreifen, um das Ergebnis der GB-Wirtschaftsplanung zu beeinflussen.

Die Wirtschaftspläne der GB werden anschließend in der CPS vorgestellt und jeweils von der Geschäftsführung – ggf. mit Auflagen – frei gegeben. Die frei gegebene Wirtschaftsplanung wird in dem sich an die CPS anschließenden Zielentfaltungsprozess in den GB auf die nachgeordneten Ebenen kaskadiert. Das bedeutet, die operative Planung muss ggf. durch CPS-Zusatzziele nochmals angepasst werden.

In den Zielvereinbarungsgesprächen mit den Mitarbeitern werden entsprechende auf der jeweiligen Unternehmensebene beeinflussbare Zielgrößen vereinbart. Auf diese Weise soll den Mitarbeitern auf allen Ebenen bekannt und transparent werden, welchen Beitrag sie selbst zum Erfolg des Unternehmens leisten.

4.2.3 Kritische Diskussion der Steuerungsphilosophie des betrachteten Unternehmens

In den ersten Schritten sind die Planungs- und Zielsetzungsprozesse im Fallbeispiel stark top-down geprägt: Das wertorientierte Zielsetzungsverfahren erfolgt mittels Benchmark-orientierter Zielableitung und es findet eine Vorsteuerung bzw. Vorgabe von Zielwerten *von oben*, von der Unternehmensführung, *nach unten* zu den GB, über die BU, zu den Werken statt. Die weiteren Schritte sind anschließend bottom-up geprägt: Auf Basis der Top-down-Zielsetzung erfolgt eine Bottom-up-Planung der operativen Einheiten und darauf aufbauend eine progressive Planung jedes Unternehmensbereichs. Allerdings bestehen Eingriffsmöglichkeiten und -befugnisse auf allen Rücklaufebenen, wodurch ein hoher Anspannungsgrad der Planung sichergestellt werden soll.

Grundsätzlich kann in diesem Fall folglich von einem wie in Kapitel 3.1.3.4 dargestellten Gegenstromverfahren gesprochen werden, welches mit einem hohen Ressourcen- und Zeitaufwand verbunden ist, nicht nur in der Planungs- und Zielsetzungsphase, sondern auch in der Zielerreichungsphase bei einer analogen Bottom-up- und Top-down-Steuerung. Da sowohl eine Top-down-Zielsetzung stattfindet, als auch die Durchsetzung dieser Ziele über alle Ebenen sichergestellt werden soll, trifft eine Bezeichnung als top-down geprägtes Gegenstromverfahren formal zu.

Im Unternehmensalltag zeigt sich jedoch, dass die Steuerungsphilosophie eher als stark bottom-up geprägtes Gegenstromverfahren charakterisiert werden muss. Als Ergebnis der im Zuge dieser Untersuchung durchgeführten Interviews (siehe Kapitel 4.3.4) hat dies insbesondere folgende Gründe:

- Langfristige Zielvorstellungen für die GB entstehen unter Einfluss der von den GB erstellten GB-Strategie.
- Die Benchmark-orientierte Zielvorgabe für GB sowie abgeleitet auch für PB kann im anschließenden Zielfindungsprozess stark durch die eigene Bottom-up-Planung der GB und PB in ihrem verbindlichen Vorgabecharakter abgeschwächt werden.
- Die Zielableitung für die operativen Einheiten unterliegt einer starken Vorläufigkeit und damit Veränderbarkeit durch die eigene Planung der Einheiten, was auch durch die Bezeichnung als *Vorsteuerung* zum Ausdruck kommt.
- Auch der letztlich durch die Geschäftsführung freigegebene Wirtschaftsplan orientiert sich tendenziell an der Bottum-up-Planung des Geschäftsbereichs. Diesem wird mehr Kenntnis hinsichtlich des operativen Geschäfts zugesprochen.

Daher hat die Steuerungsphilosophie im vorliegenden Fall die Bezeichnung als Plan-Steuerung trotz grundsätzlichem Gegenstromprinzip verdient und es liegt folglich trotz formal top-down geprägtem Ansatz ein tatsächlich bottom-up lastiger Prozess vor. Der Grund für diesen *Mismatch* von intendierter und gelebter Steuerungsphilosophie könnte in der Gestaltung der wertorientierten Incentivierung liegen. Diese wird im folgenden Kapitel vorgestellt und analysiert – auch im Bezug auf ihre Steuerungswirkung. Sie führt – so viel sei vorweggenommen – dazu, dass der Bottom-up-Planung ein sehr starkes Gewicht im Zielsetzungsprozess zukommt.

4.3 Wertorientiertes Incentivierungssystem und Gaming-Phänomene

Unter Incentivierung werden im Fallbeispiel finanzielle Anreize für außertarifliche Führungskräfte und Mitarbeiter verstanden, die gesetzten Ziele zu erreichen. Diese Anreize sind im variablen Teil der Vergütung umgesetzt.

Die variable Vergütung des Konzerns soll Entscheidungen fördern und belohnen, die den Erfolg nachhaltig steigern. Daher greifen die Vergütungssysteme die in der strategischen und operativen Planung festgelegten Ziele der Geschäftseinheiten auf und vergüten die Manager entsprechend ihrer Zielerreichung. Die Zielerreichungsgrade definieren jeweils einen prozentualen Anteil des Grundgehalts als variable Vergütung.

Damit schließt sich der wertorientierte Steuerungskreislauf und das durchgängig implementierte Steuerungssystem wird mit der Incentivierung vervollständigt (siehe *Abbildung 47*).

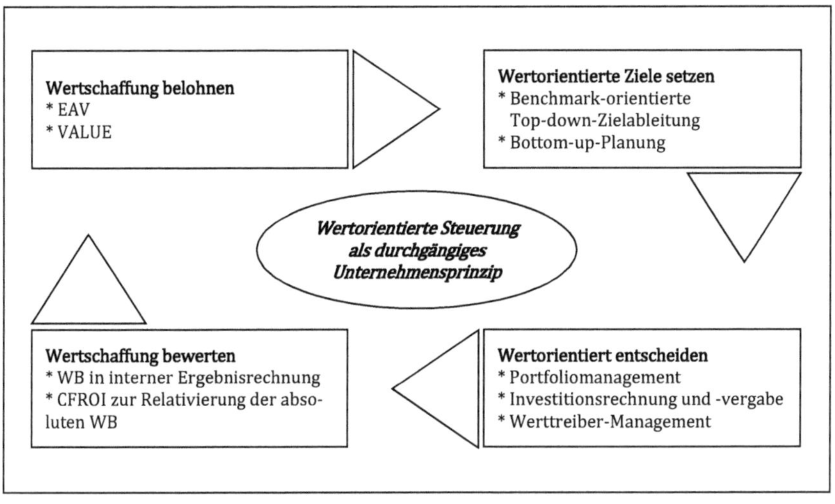

Abbildung 47: Der Steuerungskreislauf im Fallbeispiel[461]

4.3.1 Gestaltung der wertorientierten Incentivierung

Über die beiden variablen Vergütungssysteme *EAV (Erfolgsabhängige Abschlussvergütung)* und *VALUE (Variable Abschlussvergütung für langfristigen Unternehmenserfolg)* ist im Fallbeispiel die Vergütung der Manager mit den Wertsteigerungszielen verknüpft. Den Managern wird damit ein zusätzlicher Anreiz geboten, den Wert des Unternehmens zu stei-

[461] In Anlehnung an Bosch-interne Abbildung.

gern.[462] Die kurzfristig ausgerichtete *EAV* honoriert die Zielerreichung im laufenden Geschäftsjahr für außertarifliche Mitarbeiter. Der *VALUE* honoriert jedes Jahr die Erreichung des jeweiligen Drei-Jahres-Ziels für das Top-Management. Durch die beiden Systeme sollen sowohl der kurzfristige operative Erfolg belohnt als auch Anreize für die nachhaltige Steigerung des Unternehmenswertes in der Zukunft gegeben werden.

Durch die Verbindung der beiden Systeme sollen einerseits – insbesondere durch die *EAV* – zwischen den Geschäftsbereichen vergleichbare Verdienstchancen gewährleistet werden, so dass der Wechsel zwischen Bereichen nicht mit finanziellen Vor- oder Nachteilen für einen Manager verbunden ist, und andererseits – insbesondere durch den *VALUE* – eine nachhaltige Wertsteigerung für das Unternehmen sichergestellt werden. Da die GB die weltweite Verantwortung für ihr Geschäft haben, stehen diese im Fokus des Incentivierungssystems.

4.3.1.1 Kurzfristige Incentivierungskomponente

Die kurzfristige Incentivierungskomponente – die *EAV* – besteht aus drei Bausteinen, wobei die beiden ersten Bausteine wertbeitragsbezogen sind und der dritte Baustein vom Erreichungsgrad der persönlichen Ziele des einzelnen Managers abhängt.

- Der erste Baustein besteht aus dem Gesamterfolg des Konzerns, der von der Geschäftsführung unter Berücksichtigung der Erreichung des Gesamt-WB festgelegt wird.
- Der zweite Baustein besteht aus dem Erfolg der operativen Einheit (Geschäfts- oder Produktbereich), der als *GB-Faktor* bezeichnet wird. Die für die variable Vergütung des GB-Faktors maßgebliche Erfolgskennziffer ist der WB. Es wird die Erreichung des von der Geschäftsführung genehmigten WB für das *Planjahr* belohnt.

Die Zielerreichungsgrade der Bausteine werden dabei jeweils mittels eines Faktors zwischen 0 und 2 ausgedrückt. EAV-Faktor 0 stellt die untere Grenze dar und bedeutet 0% *EAV*-Anteil, Faktor 2 ist mit 100% *EAV*-Anteil die obere Grenze. Die Höhe der EAV wird mit Faktoren zwischen 0,0 und 2,0 mit Angabe einer Dezimale ermittelt und steigt mit jeder Dezimalstufe

---

[462] Vgl. auch im Weiteren für Kap. 4.3.1: Kümmel/Watterott (2008), S. 252; Kümmel/Watterott (2005), S. 20 f.

um 5 %-Punkte. Abhängig von der Hierarchiestufe wird der erreichte EAV-Anteil in einen Zuschlagssatz auf das Grundgehalt überführt und so der auszuzahlende Bonus ermittelt.

Der Abstand zwischen den Bemessungswerten für die Faktoren 0, 1 und 2 wird als Spreizung bezeichnet. Sie wird vom geplanten WB abgeleitet.
Zwischen dem EAV-Faktor 0,0 und 1,0 sowie zwischen 1,0 und 2,0 verläuft die Belohnungsfunktion linear. Die Spreizung von Faktor 0,0 bis 1,0 ist allerdings doppelt so groß wie die Spreizung von 1,0 bis 2,0, d.h. es ist doppelt so viel Wertsteigerung erforderlich, um von einem EAV-Faktor von 0 auf 1 zu kommen, wie erforderlich ist, um von EAV-Faktor 1 auf 2 zu kommen. Damit soll einerseits auch bei einer deutlicheren Unterschreitung des Plan-WB noch ein Anreiz gegeben werden, einen maximal möglichen WB zu erreichen und andererseits wird jeder Euro, den der erreichte WB im Ist den Planwert überschreitet, stärker belohnt. Damit stellt sich die Belohnungsfunktion wie in Abbildung 48 gezeigt mit folgenden Eigenschaften dar:

- Sie hat sowohl eine untere als auch eine obere Begrenzung.
- Sie hat zwei unterschiedliche Abschnittsverläufe, die jeweils linear verlaufen.
- Der Funktionsabschnitt zwischen einem erzielten EAV-Faktor von 0 und 1 hat eine geringere Steigung als der Abschnitt von 1 bis 2, womit ein Knick im Funktionsverlauf entsteht.

Sieht man von den Beschränkungen der Belohnungsfunktion im Fallbeispiel ab, entspricht ihr Verlauf dem umgekehrten Verlauf der Belohnungsfunktion des Weitzman-Schemas aus Kapitel 3.2.4.2. Diese verläuft bis zum Planwert steiler als darüber hinaus.

Die Erreichung des *Plan-WB* wird von der Geschäftsführung erwartet, daher entspricht der Plan-WB des frei gegebenen Wirtschaftsplans grundsätzlich dem EAV-Faktor von 1,0. Zur Motivation, die Planung auf einen WB auszurichten, der in der Realisierung anspruchsvoll ist, erhält der geplante WB jedoch einen höheren Faktor als 1,0, wenn er für das Planjahr nahe dem Ziel-WB bzw. dem Drei-Jahres-Ziel liegt. Der Plan-WB erhält in diesem Zusammenhang maximal den Faktor 1,5, wenn er den Ziel-WB erreicht oder darüber liegt. Diese Vorgehensweise verzahnt die bottom-up geprägte Zielsetzung der EAV mit der Top-down-Zielsetzung des VALUE, soll so die Motivation der Manager zu ambitionierter Planung honorieren und folglich insgesamt den Anspannungsgrad in der Planung erhöhen.

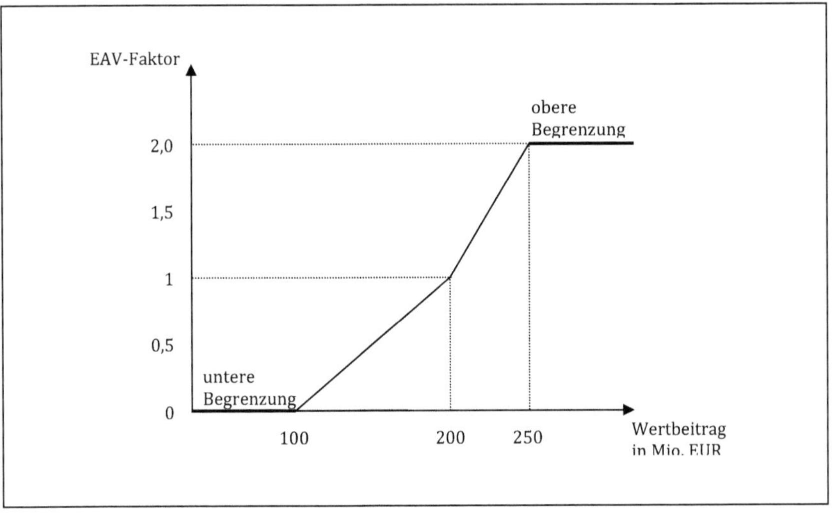

Abbildung 48: Belohnungsfunktion der kurzfristigen Incentivierungskomponente[463]

4.3.1.2 Langfristige Incentivierungskomponente

Mit dem *VALUE*-System wird die tatsächliche Wertschaffung über einen Drei-Jahres-Zeitraum belohnt. Maßstab des *VALUE*-Systems ist die Wertsteigerung. Die Messung dieser Wertsteigerung erfolgt nach Abschluss eines dreijährigen Zielerreichungszeitraums, wobei in jedem Kalenderjahr ein neuer Drei-Jahres-Zyklus, eine sog. Tranche, beginnt.

Das VALUE-Ziel orientiert sich wie oben beschrieben an den Benchmarks der Branche. Der Ausgangswert für die Messung der Wertsteigerung ist der WB des Basisjahres. Das Basisjahr ist das Jahr vor Beginn des Drei-Jahres-Zyklus. Jeder im Zieljahr über dem Ausgangs-WB geschaffene Euro Mehrwert ergibt einen Bonus. Dabei wird der Zielerreichungsgrad ermittelt, indem die erreichte WB-Erhöhung ins Verhältnis zum Ziel-WB gesetzt wird. Dieser Prozentwert wird auf einen definierten Anteil am Grundeinkommen angewendet und bestimmt damit die Höhe der Auszahlung.

---

[463] Vgl. zu möglichen Verläufen einer Belohnungsfunktion Kapitel 2.3.2.2.

Obergrenze für den Bonus ist die Erreichung des VALUE-Ziels, also eine VALUE-Quote in Höhe von 100%. Eine Überschreitung des Ziels führt also zu keiner höheren Auszahlung. Wird im Zieljahr nur der Ausgangs-WB oder weniger erreicht, wird kein variabler Vergütungsanteil bezahlt, d.h. die VALUE-Quote beträgt dann 0%.

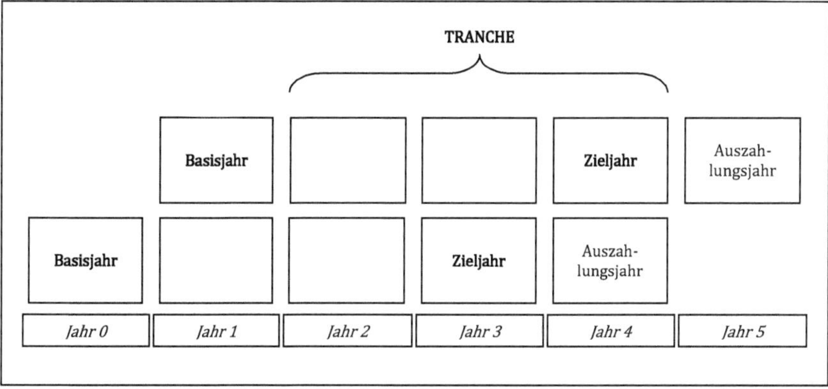

Abbildung 49: Logik des Tranchen-Ansatzes für Mehrjahresziele[464]

In der grafischen Darstellung des VALUE wird beispielhaft

- ein Ziel-WB im Zieljahr in Höhe von 160 Mio. Euro,
- ein Ausgangs-WB von 100 Mio. Euro
- sowie ein Ist-WB von 130 Mio. Euro betrachtet.

Auf Basis dieser Ausgangsdaten ergibt sich ein Ziel-Delta-WB – ermittelt aus Ziel-WB des Zieljahres minus Ausgangs-WB – von 60 Mio. Euro und ein Ist-Delta-WB – Ist-WB minus Ausgangs-WB – von 30 Mio. Euro. Daraus resultiert schlussendlich ein Zielerreichungsgrad bzw. eine VALUE-Quote von 50%, die durch Division des Ist-Delta-WB durch den Ziel-Delta-WB errechnet wird.

Das bis hierhin nun vorgestellte wertorientierte Incentivierungssystem des Konzerns orientiert sich an den in Kapitel 2.3.2 dargelegten typischen Grundmustern zur Gestaltung der wertori-

---

[464] In Anlehnung an Bosch-interne Abbildung.

entierten Incentivierung. Interessant wird im Folgenden zu sehen sein, welche Rolle Gaming-Phänomene bei dieser spezifischen Art der Incentivierungsgestaltung spielen.

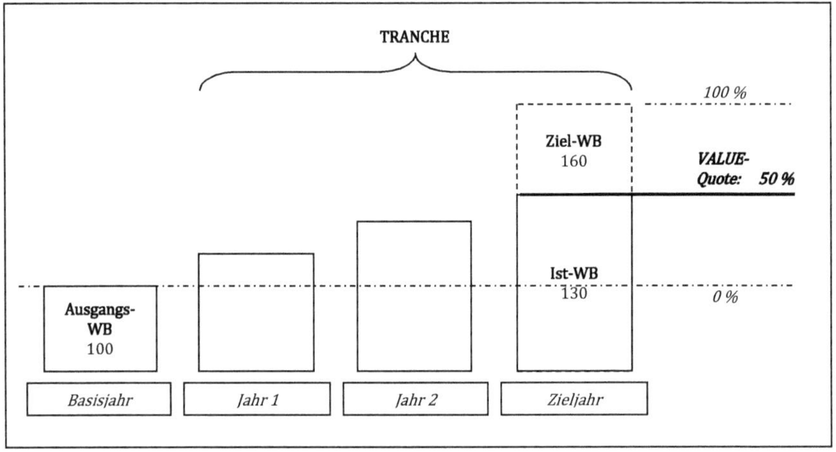

Abbildung 50: Funktionsweise der langfristigen Incentivierungskomponente im Fallbeispiel

4.3.2 Erwartete Ausprägung von Gaming-Phänomenen im Fallbeispiel

Aus den theoretischen Ausführungen und Erkenntnissen in Kapitel 3.2 wird nun abgeleitet, welche Gaming-Phänomene beim oben dargestellten, vom Unternehmen angewendeten wertorientierten Incentivierungssystem zu erwarten sind. Dabei wird unterschieden in die zuerst separat voneinander betrachtete kurz- sowie langfristige Incentivierungskomponente und zu erwartende Effekte, die aus dem Zusammenspiel beider Komponenten entstehen könnten.

Bei der kurzfristigen Incentivierungskomponente des EAV können Top-down-Benchmark-Ziele und die weiter disaggregierten sog. Vorsteuerungs-Ziele durch einen Zielfindungsprozess mit starkem Einfluss von Bottom-up-Planungsergebnissen *aufgeweicht* werden. Zwischen allen beteiligten Hierarchieebenen können Diskussionen über die Erreichbarkeit der Ziele stattfinden. Dabei ist zu erwarten, dass sich bei einer inhaltlichen Auseinandersetzung die Ebene mit den besseren Argumenten durchsetzt, welche meist diejenige mit dem größeren Wissen über das jeweilige Geschäft ist – also die jeweils untergeordnete Ebene, die *näher am*

Geschäft ist. Die Bereichsmanager sind dementsprechend also sehr stark in die eigene Zielsetzung involviert und es liegen stark ausgeprägte Eigenschaften einer Plan-Steuerung vor wie in Kapitel 3.1.3.2 dargestellt.

Bei der EAV handelt es sich um ein Modell mit Bonusfaktor, welchem eine geknickte Bonusfunktion – in umgekehrter Weise des Weitzman-Schemas – zugrunde liegt. Die Erreichung einer Incentivierungs-Situation über dem Planwert ist also umso erstrebenswerter, da sie mit höheren Belohnungssteigerungen verbunden ist im Vergleich zum Bereich unter dem Planwert. Außerdem weist das Incentivierungssystem eine untere und eine obere Schranke auf.

Folglich ist ein starkes Gaming-Verhalten in der Planungs- und Zielsetzungsphase zu erwarten. Insbesondere durch die Kombination aus starker Beteiligung der Bereichsmanager an der eigenen Zielsetzung und gleichzeitig Verwendung einer nach *oben* geknickten Belohnungsfunktion ist ein sehr starker Anreiz zu konservativer Planung und damit zu Sandbagging zu erwarten.

Zudem ist auch in der Zielerreichungs-Phase aufgrund der Kappungsgrenzen starkes Gaming-Verhalten zu erwarten. Zum einen schadet ein Big-Bath-Verhalten dem Bereichsmanager nicht und zum anderen werden Wertsteigerungen über dem Faktor 2,0 nicht belohnt und daher wohl in die nächste Periode verschoben – das im Sinne von *Bremsen* bzw. *Verzögern* in Kapitel 3.2.3.2 bezeichnete Verhalten. Lediglich zum *Frisieren* besteht hier kein Anreiz, da die Realisierung einer hart erarbeiteten Wertsteigerung am unteren Ende der Skala in der Folgeperiode vielleicht besser angelegt ist, um die Erreichung der Incentivierungs-Situation über Faktor 1 wahrscheinlicher zu machen.

Bei der langfristigen Komponente des VALUE wird die Top-down-Zielsetzung zwar auch mit Beteiligung der Bereiche diskutiert, allerdings wird hier schließlich trotzdem eine aus externen Faktoren abgeleitete Ziel-Vorgabe über drei Jahre festgelegt. In der Zielsetzungsphase ist also mit verhältnismäßig wenig Gaming-Verhalten zu rechnen. Anders sieht dies in der Zielerreichungsphase aus. Da durch die 0%- und 100%-Festlegung eine Kappung nach unten und oben festgelegt wird, ist hier das Auftreten von typischen Gaming-Phänomenen dieser Phase zu erwarten.

Durch das Zusammenspiel beider Komponenten ist in der Planungs- und Zielsetzungsphase zu erwarten, dass Gaming reizvoll bleibt, da die kurzfristige Planung evtl. *abstrahlen* kann auf die langfristige Planung, d.h. der Bereichsmanager einer seiner Meinung nach zu hohen Langfrist-Zielsetzung seine von Sandbagging beeinflusste niedrige Kurzfrist-Planung entgegensetzen könnte. Dem will das Unternehmen durch den oben beschriebenen zusätzlichen Anreizmechanismus begegnen.

In der Zielerreichungsphase hängt die Vorteilhaftigkeit von Gaming für den Bereichsmanager davon ab, wie kurzfristiger und langfristiger Wert zueinander liegen und wie sich die Relevanz der Bonushöhen im Vergleich zwischen EAV und VALUE darstellt. Allgemeine Aussagen dazu können aus den nachfolgenden Praxisuntersuchungen nicht abgeleitet werden.

Diese hier getroffenen theoretischen Vorhersagen sollen in Kapitel 4.3.4 und 4.3.5 empirisch mit in der Praxis beobachtbaren Werten und Verhaltensweisen überprüft werden.

4.3.3 Untersuchung der Incentivierungs-Faktoren

Datenbasis der ersten Analyse sind die EAV-Faktoren, d.h. die Incentivierungs-Faktoren der kurzfristigen Komponente, vom Zeitpunkt der Einführung des wertorientierten Incentivierungssystems im Konzern bis zum Jahr 2008. Bei der zweiten Datenanalyse, welche sich auf die langfristige Incentivierungskomponente bezieht, werden ebenfalls die Werte bis zum Jahr 2008 betrachtet. Die Zeitreihe beginnt allerdings erst mit dem Jahr 2005, da dieses das erste Jahr darstellt, in dem es nach Festlegung eines 3-Jahres-Ziels in 2002 für 2005 zur Auszahlung des VALUE kam.

Da es sich um vertrauliche Unternehmensdaten handelt, werden Inhalt und Ergebnis verbal beschrieben. Es lässt sich Folgendes feststellen:

- Das Jahr 2008 wird für hiesige Zwecke nicht berücksichtigt, da der Ausbruch der Finanz- und Wirtschaftskrise wohl für fast alle Unternehmen im Jahr 2007 noch nicht in diesem Ausmaß abzusehen war und dieses Szenario deshalb in der Planung keine Berücksichtigung gefunden hat.
- In den Jahren 2002 bis 2007 wurde über alle GB eine Anzahl von 96 EAV-Faktoren ermittelt. Davon sind nur 22 von nicht-extremer Ausprägung. Die große Mehrzahl von

74 Faktoren – das entspricht einem Anteil von 77% – zeigt eine extreme Ausprägung <0,5 oder >1,5.

- In den Jahren 2002 bis 2007 sind nur 9 EAV-Faktoren <0,5. Dagegen sind 65 Faktoren >1,5.
- Bei den 9 EAV-Faktoren, die <0,5 sind, lässt sich kein Muster oder systematisches Auftreten erkennen. Sie sind über alle GB unregelmäßig verteilt.

Da Sandbagging und Bullarding sowie Big Bath über extreme Ausprägungen bei der Zielerreichung zu einem hohen Bonus führen, wird hier angenommen, dass die Häufung von Zielerreichungs- bzw. EAV-Faktoren mit extremer Ausprägung ein starkes Anzeichen für obige Gaming-Phänomene darstellt. Für die kurzfristige Incentivierungskomponente in der Falluntersuchung wird auf Grundlage der beschriebenen Beobachtungen davon ausgegangen, dass

1. eine Gaming-Problematik vorliegt. Dafür spricht der sehr große Anteil extremer Ausprägungen bei den Zielerreichungsfaktoren.
2. sich die Gaming-Problematik auf das Sandbagging-Phänomen konzentriert. Dafür spricht der sehr große Anteil an Ausprägungen >1,5 bei den Zielerreichungsfaktoren mit extremer Ausprägung.
3. das Gaming-Phänomen des Bullarding in diesem Fall nicht oder zumindest nicht über eine Reihe mehrerer Perioden beim gleichen GB beobachtet werden kann. Das Auftreten einer einzelnen Ausprägung <0,5 kann zwar durch Bullarding-Verhalten hervorgerufen worden sein, ob dies tatsächlich der Fall ist, lässt sich aber auf der vorliegenden Datenbasis nicht folgern. Ebenso lässt die Datenbasis keine Schlüsse auf die Existenz des Big Bath-Phänomens zu, wozu auch ein tieferer Einstieg in Einzelhandlungen der Manager im Jahresabschluss notwendig wäre.
4. keine Rückschlüsse auf das Auftreten von Gaming-Phänomenen in GB mit wirtschaftlich guter oder schlechter Situation gezogen werden können. Wenn davon ausgegangen wird, dass nicht alle GB in einer guten wirtschaftlichen Situation sind, kann unter Anbetracht des überwiegenden Auftretens von Faktoren >1,5 und unsystematischen Verteilung von Faktoren <0,5 davon ausgegangen werden, dass die Ergebnissituation der Bereiche keine Rolle bei der Ausprägung von Gaming-Phänomenen spielt.

Die VALUE-Quoten von 2005 bis 2008 wurden ebenfalls über alle Geschäftsbereiche untersucht. Dieses Mal werden die extremen Ausprägungen in VALUE-Quoten von 0% und VALUE-Quoten von 100% unterschieden. Dabei wird Folgendes festgestellt:

- Das Jahr 2008 wird für hiesige Zwecke wieder nicht berücksichtigt (Begründung siehe oben).
- In den Jahren 2005 bis 2007 wurde über alle GB eine Anzahl von 48 VALUE-Quoten ermittelt. Davon zeigen nur 11 keine extreme Ausprägung. 37 Quoten allerdings haben einen Wert von 0% oder 100%, was einem Anteil an Extremwerten von 77% entspricht.
- Die VALUE-Quoten von 0% treten größtenteils in Reihen von zwei aufeinander folgenden Perioden auf.

Da es sich beim VALUE um die langfristige Incentivierungskomponente handelt, die auf einem Drei-Jahres-Ziel basiert, welches Benchmark-orientiert abgeleitet wurde, können in diesem Fall keine Rückschlüsse auf die Gaming-Phänomene Sandbagging und Bullarding gezogen werden, die in der Planungs- und Zielsetzungsphase durch den Einfluss des Bereichsmanagers erfolgen. Die Datenbasis ermöglicht es außerdem nicht, auf die Existenz des Big Bath-Phänomens zu schließen. Eine Folgerung könnte für die langfristige Incentivierungskomponente des Konzerns aus den beschriebenen Beobachtungen dennoch formuliert werden bzw. ihr *Funktionieren* kann zumindest in Frage gestellt werden: Die sehr hohe Anzahl an Quoten von 0% oder 100% hat den Anschein eines *hopp oder top*-Auftretens des Bonus oder kann auch als *Zero or Hero*-Phänomen beschrieben werden. Es kann also vermutet werden, dass die langfristige Incentivierungskomponente die an sie gestellten Anforderungen nicht erfüllt.

Im Folgenden wird die Datenanalyse ergänzt um die Ergebnisse einer empirisch-explorative Befragung zum vorliegenden Incentivierungssystem.

4.3.4 Ergebnisse explorativer Interviews mit Managern aller Hierarchieebenen

Im Jahr 2010 wurden mit 25 Managern, gleichverteilt über alle Hierarchiestufen vom unteren bis zum Top-Management der Geschäftsbereiche, Interviews zur wertorientierten Incentivierung im betrachteten Unternehmen durchgeführt. Die interviewten Manager stammten nicht aus dem Controlling- und Finanzbereich, da deren aufgabenbedingte Nähe zur wertorientierten Steuerung die Ergebnisse beeinflusst hätte, sondern wurden aus verschiedenen Bereichsfunktionen wie bspw. Vertrieb, Entwicklung, Fertigung oder Logistik ausgewählt.

Aufgrund dieser Rahmenbedingungen handelt es sich um eine explorative Untersuchung. Die Interviews wurden vor Ort beim jeweiligen Manager in einem Vier-Augen-Gespräch durchgeführt, um dem sensiblen Thema der Incentivierung gerecht zu werden. Außerdem lassen die Protokolle und die Auswertung keine Rückschlüsse auf den befragten Manager zu, so dass von einer anonymisierten Befragung gesprochen werden kann. Die Dauer eines Interviews betrug 30-45 Minuten.

Zielsetzung der Interviews ist es, ein exploratives Meinungsbild und Anhaltspunkte zum Auftreten von Gaming-Phänomenen beim wertorientierten Incentivierungssystem in diesem Fall einzuholen. Dabei wurden Fragen gestellt

- zur Implementierung und Kommunikation der wertorientierten Incentivierung im Unternehmen,
- zum Verständnis des wertorientierten Incentivierungssystems durch die Manager
- sowie zur Erfüllung der wissenschaftlichen Anforderungen an wertorientierte Incentivierungssysteme entsprechend Kapitel 2.3.1 aus Sicht des jeweiligen Managers.

Da die Implementierung, die Kommunikation und das Verständnis der Grundkonzeption des wertorientierten Steuerungssystems selbst Ausgangspunkt und wichtig für eine Beurteilung der wertorientierten Incentivierung sind, wurden auch dazu im ersten Schritt Fragen gestellt. Im Folgenden werden die Ergebnisse der Interviewreihe dargestellt.

Grundsätzlich fühlt sich der Großteil der Manager gut informiert. Zur wertorientierten Steuerung als auch zur Incentivierung wurden Broschüren durch die Unternehmenszentrale zur Verfügung gestellt, zudem werden verschiedene Schulungen und Online-Trainings angeboten. Zum Incentivierungssystem werden die Manager darüber hinaus im Rahmen von Personalmaßnahmen oder -gesprächen informiert. Weitere Implementierungs- und Kommunikationsmaßnahmen werden individuell von den Geschäftsbereichen durchgeführt.

Ihren Beitrag zur wertorientierten Steuerung des Unternehmens sehen die Manager wie erwartet je nach Hierarchiestufe unterschiedlich. Die Manager der unteren Führungsebene konzentrieren sich vor allem auf ihre persönlichen Ziele und schenken dem Gesamtunternehmens- und GB-Incentivierungsfaktor bei ihrem Handeln keine Beachtung. In den höheren Managementebenen reicht der Handlungsschwerpunkt im Rahmen der Wertorientierung bspw. von der Kostenreduzierung über die Orientierung an Werttreibern bis hin zur Fokussierung auf wertorientierte Gesamtziele.

Es lässt sich also schlussfolgern, dass die Befragten ausreichende Kenntnis über das wertorientierte Incentivierungssystem des Unternehmens haben und somit in der Lage sind, es für die Zwecke und Themenstellung dieser Arbeit aussagefähig zu bewerten.

Die wesentlichen Rückmeldungen zu den Anforderungen an wertorientierte Incentivierungssysteme aus Kapitel 2.3.1 werden nachfolgend erläutert. Der Schwerpunkt liegt dabei auf den für Gaming relevanten Kriterien der Manipulationsfreiheit und Planungsgenauigkeit:

- Ein großer Anteil der Manager sieht Beeinflussungsmöglichkeiten der Incentivierung über die Planung und die Gestaltung der Planerreichung. Stichworte dazu sind: *Verhandlungsgeschick bei der Planung; konservative Planung; Trickkiste bei Prognosen bzw. bei der Planerreichung; Beeinflussung über Rückstellungen oder Ergebnisvorlauf; großer Anreiz zur Optimierung der EAV, so dass Planen wichtiger sei als gute Leistung.* Folglich kann angenommen werden, dass das System **nicht manipulationsfrei** ist.
- Insbesondere durch den vorangegangenen Punkt wird der Anspannungsgrad der Planung als weitere Hauptproblematik in der Incentivierung gesehen. Daher kann angenommen werden, dass der Beitrag des Incentivierungssystems zur **Planungsgenauigkeit** im Sinne von realistischer Datenbasis in Frage zu stellen ist. Dies ist ein wichtiger Punkt in Bezug auf die nachfolgende Gesamtdiskussion von Gaming in einem wie im Fallbeispiel angewendeten Incentivierungssystem.

Neben diesem unmittelbar auf die Gaming-Phänomene bezogenen Hauptergebnis liefern die Interviews auch weitere Ergebnisse in Bezug auf andere Anforderungen, die an Incentivierungssysteme gestellt werden:

- Zwischen den GB werden überwiegend keine vergleichbaren Verdienstmöglichkeiten gesehen. Aussagen in diesem Zusammenhang lauten bspw. wie folgt: *Ein guter EAV-Faktor bei schlechtem Ergebnis ist nicht verständlich; Es ist unsinnig, wenn ein Bereich mit einem positiven Ergebnis nicht belohnt wird, ein Bereich mit negativem Ergebnis aber einen Bonus erhält.* Dies wiederum kann zu einer **eingeschränkten**

Querdurchlässigkeit zwischen den GB im Gesamtunternehmen führen. Dies überrascht allerdings, da es gerade Intention der kurzfristigen plan-orientierten Incentivierungskomponente ist, vergleichbare Verdienstmöglichkeiten zu ermöglichen. Die Verteilung der EAV-Faktoren über die GB zeigt tatsächlich, dass diese gleichmäßig verteilt sind. Eine mögliche Erklärung könnte dann sein, dass sich die tatsächliche wirtschaftliche Situation einzelner Bereiche auf die Einschätzung der Verdienstmöglichkeiten der jeweiligen Bereiche auswirkt, wenn die Incentivierungssystematik nicht verstanden wurde. Die Aussagen könnten also auf ein Verständnisproblem zur Plan-Basierung der Incentivierung schließen lassen, was jedoch der oben beschriebenen mehrheitlichen Meinung widerspricht, dass das System im Rahmen der Planung manipulierbar sei.

- Der VALUE dient der Mehrheit der Manager nach zur langfristigen Wertschaffung. Aus diesem Grund ließe sich die Anforderung der **Langfristigkeit und Nachhaltigkeit** als erfüllt betrachten. Allerdings verneint die Großzahl der Manager die ergänzende Frage, ob Sie durch den VALUE bewusst Langfristigkeit in Ihr Handeln einbeziehen. Langfristiges Handeln sei weniger durch den VALUE als vielmehr von Unternehmens-Werten und sinnvollen Investitionsentscheidungen bestimmt.
- Die **Dualität** der Incentivierung wird durch die beiden Komponenten, kurzfristige EAV und langfristiger VALUE, erreicht. Da der VALUE aber als schwer beeinflussbar empfunden wird, sind das Zusammenspiel dieser Teilsysteme und die gemeinsame Ausrichtung auf die Wertorientierung kritisch zu sehen.
- Das Kriterium der **Beeinflussbarkeit** ist wie zu erwarten stark vom Hierarchielevel abhängig. Die kurzfristige EAV wird grundsätzlich als gut beeinflussbar, der VALUE dagegen als schwer beeinflussbar eingeschätzt.
- Die Incentivierung ist aus Sicht der Manager **leistungsorientiert** und **objektiv**, aber wenig **transparent**.
- Die Incentivierung steigert nach eigener Angabe nur bei der Hälfte der befragten Manager die Motivation, aber bei einem Großteil von ihnen dient die Belohnung als Anreiz, d.h. die Belohnung ist **relevant**. Dies scheint in erster Betrachtung ein Widerspruch zu sein, drückt aber die Tatsache aus, dass zur Motivation mehr gehört als eine monetäre Belohnung.
- Die **Akzeptanz** des Incentivierungssystems ist grundsätzlich gegeben, wird aber durch oben genannte mangelnde Transparenz, gefühlte ungleiche Verdienstmöglichkeiten

zwischen den GB sowie insbesondere der Beeinflussungs- und Manipulationsmöglichkeiten eingeschränkt.

Teilweise zeichnet das Ergebnis der explorativen Interviews also ein eindeutiges Bild von gut oder schlecht erfüllten Anforderungen an die wertorientierte Incentivierung, es gibt aber auch Kriterien, bei denen sich die jeweiligen Aussagen widersprechen.

4.3.5 Diskussion der Ergebnisse und weitere Implikationen

In Kapitel 4.3.2 ließen sich auf Basis der theoretischen Überlegungen aus Kapitel 3 teilweise klar zu erwartende Gaming-Phänomene benennen. Die Untersuchungsergebnisse der Kapitel 4.3.3 und 4.3.4 wurden bereits bzgl. ihrer Hinweise zu Gaming-Phänomenen in den jeweiligen Kapiteln interpretiert. Nun erfolgt zusammenfassend die Spiegelung der im Praxisfall beobachteten Ergebnisse an den aus theoretischen Überlegungen heraus erzeugten Gaming-Erwartungen:

1. Bei der kurzfristigen Incentivierungskomponente wurde eine starke Ausprägung des Sandbagging-Phänomens erwartet. Hier finden sich deutliche Hinweise, dass das aufgrund der Theorie befürchtete Sandbagging-Verhalten bei der EAV auch tatsächlich eintritt – und zwar sogar in stärkerem Ausmaß als erwartet. Es lassen sich dafür sowohl in der Datenanalyse klare Anzeichen erkennen: von den 77% der extremen EAV-Faktoren befinden sich 88% in der Region EAV-Faktor >1,5. Auch bei der Befragung der Manager finden sich deutliche Hinweise in dieselbe Richtung: so gab die Mehrheit der Manager an, zu verstehen, dass das System über eine konservative Planung zu gestalten ist. Dies deutet stark darauf hin, dass der Einfluss der Manager auf ihre Zielsetzung auf allen Hierarchieebenen als sehr hoch eingeschätzt wird. Aus den prägnanten Aussagen der interviewten Manager, die klar auf Sandbagging schließen lassen, kann darüber hinaus sogar von einer *gelebten Kultur des Sandbagging* gesprochen werden. Daraus kann gefolgert werden, dass die Intentionen des Gegenstromverfahrens durch die Incentivierung konterkariert werden: Der zwar top-down initiierte, aber im Rücklauf auf allen Unternehmensebenen stark bottom-up geprägte Planungs- und Zielsetzungsprozess führt im Resultat zur Philosophieausprägung der Plan-Steuerung. Das *darauf aufbauende* Incentivierungssystem verfehlt seine Wirkung, da

es die von den Managern beeinflussbaren Planziele incentiviert. Der installierte und unter Kapitel 4.3.1.1 beschriebene Zusatzmechanismus, welcher zu einem erhöhten Anspannungsgrad der Planung anreizen soll, verpufft. Verstärkt wird dieser Effekt durch die Verwendung einer Bonusfunktion, die dem umgekehrten Weitzman-Schema entspricht und einen unmittelbaren Anreiz zum Sandbagging-Verhalten setzt, dieses sozusagen *befeuert*. Darüber hinaus muss das Kriterium der Anreizkompatibilität kritisch gesehen werden, da nicht nur eine Wertsteigerung eines GB, sondern auch die Erreichung eines geplanten und genehmigten Wertverlusts zu einem Bonus führen kann.

2. Zu den erwarteten Ansätzen des Bullarding-Phänomens bei der kurzfristigen Komponente konnten auf Basis der untersuchten Daten keine Schlussfolgerungen und damit kein Abgleich zu theoretischen Überlegungen hergestellt werden. Gleiches gilt für die Ausprägung von Gaming-Phänomenen in der Zielerreichungsphase der kurzfristigen Incentivierungskomponente sowie bei den theoretischen Überlegungen zur langfristigen Incentivierungskomponente. Bei letzterem wird theoretisch in beiden Phasen des Incentivierungsprozesses mit Gaming-Verhalten gerechnet. Hier lassen sich zwar Erkenntnisse gewinnen, die nachfolgend unter 3. beschrieben werden. Eindeutige Hinweise zu Gaming-Phänomenen lassen sich auf der hier vorliegenden Basis der Daten- und Interview-Ergebnisse aber nicht gewinnen. Zu diesen genannten Punkten wäre eine breiter angelegte Datenanalyse erforderlich, welche über die Incentivierungs-Faktoren hinaus auch Plan-, Ist-, und Zielwerte in einer Zeitreihe betrachtet. Dies stellt einen Ansatz für weitere Forschungsarbeiten in diesem Gebiet dar.

Zwar ist auf Basis der untersuchten Daten zu einigen in 4.3.2 aufgeführten Punkten also keine Aussage möglich, es finden sich wie gesehen jedoch ein paar wesentliche Hinweise, dass die aufgrund der Theorie erwarteten Effekte, insb. die sehr deutlichen Hinweise auf starkes Sandbagging-Verhalten, auch tatsächlich eintreten. Darüber hinaus lassen sich weitere Facetten von Gaming-Phänomenen beschreiben, die im konkreten Fall auftreten, sich aber aus der Theorie heraus nicht auf diese Weise vorhersagen lassen:

3. Es ist eine sehr hohe Anzahl extremer VALUE-Quoten zu beobachten, daher kann bei der langfristigen Incentivierungskomponente von einem stark ausgeprägten Auftreten von Maximal- und Minimal-Werten gesprochen werden, was bereits als *Zero or Hero-*

Phänomen beschrieben wurde. Zwar zielt diese Komponente auf Langfristigkeit und Nachhaltigkeit ab, aber sie wird in den Interviews von den Managern als kaum beeinflussbar und ihr Ergebnis als *Manna vom Himmel* beschrieben. Hier kann vermutet werden, dass die extremen Zielerreichungswerte weniger auf das Verhalten und Handeln der Manager zurückzuführen sind, als vielmehr auf Schwierigkeiten bei der Ableitung von Zielen über einen Zeitraum von mehreren – in diesem Fall drei – Jahren. Hier spielt evtl. auch die zunehmende Volatilität der wirtschaftlichen Entwicklung eine Rolle.

Die darüber hinaus beobachteten Hinweise, dass keine vergleichbaren Verdienstmöglichkeiten zwischen den GB gesehen werden und damit von einer eingeschränkten Querdurchlässigkeit ausgegangen werden muss, überrascht in diesem Fall, da es Intention der kurzfristigen plan-orientierten Incentivierungskomponente ist, gerade diese vergleichbaren Verdienstmöglichkeiten zu ermöglichen. Auch die Datenanalyse liefert hier keinen Ansatzpunkt, da die Mehrheit der GB hohe Bonusfaktoren erzielt haben. Eine mögliche Erklärung könnte sein, dass sich die tatsächliche wirtschaftliche Situation einzelner Bereiche auf die Einschätzung der Verdienstmöglichkeiten der jeweiligen Bereiche auswirkt, wenn die Incentivierungssystematik nicht verstanden wurde. Umso mehr überraschen die Aussagen, dass die Incentivierung als gerecht angesehen wird. Dies kann von den Managern aber auch im Sinne von Leistungsorientierung und Objektivität interpretiert worden sein.

In der Gesamtbetrachtung kann gefolgert werden, dass die Motivationswirkung eines wertorientierten Incentivierungssystems wie in diesem Praxisfall durch die dargestellten Probleme stark beeinträchtigt ist, weitaus kritischer jedoch die Einschränkungen der Koordinationsfunktion durch die Sandbagging-Kultur gesehen werden muss. Daher muss die Frage gestellt werden, ob das Incentivierungssystem dem Unternehmen nicht möglicherweise mehr schadet als nutzt.

4.4 Zwischenfazit zur Untersuchung des Praxisfalls

Im betrachteten Unternehmensfall kommt ein durchgängig implementiertes Steuerungssystem nach dem CVA-Ansatz zur Anwendung. Zentrale Steuerungsgröße ist der sog. Wertbeitrag (WB). Von diesem ausgehend finden sich wertorientierte Kennzahlen in den Planungs- und

Steuerungsprozessen sowie in der Incentivierung wieder. Zwar geht der im Unternehmen grundsätzlich nach dem Gegenstromverfahren ausgerichtete Steuerungsansatz im ersten Schritt von einem Top-down-Ansatz aus, entwickelt sich im Planungs- und Zielsetzungsprozess jedoch stark bottom-up geprägt über ggf. mehrere Rekursionsschleifen und Zielvereinbarungsrunden weiter. Daher trifft im betrachteten Fall die Charakterisierung der Steuerungsphilosophie als Plan-Steuerung zu.

Über eine kurz- und eine langfristige Incentivierungskomponente, genannt EAV und VALUE, ist die Vergütung der Manager mit den Wertsteigerungszielen verknüpft. Die EAV ist dabei nach dem Vergütungsmodell eines Bonusfaktors aufgebaut und incentiviert die Erreichung eines Ein-Jahres-Planziels. Mit dem VALUE wird die tatsächliche Wertschaffung über einen Drei-Jahres-Zeitraum belohnt, wobei die langfristige Zielsetzung Benchmark-orientiert erfolgt.

Die Gestaltung der wertorientierten Incentivierung, insb. die planbasierte EAV-Incentivierung, führt jedoch dazu, dass der Bottom-up-Planung ein sehr starkes Gewicht im Zielsetzungsprozess zukommt. Zudem befördert die Belohnungsfunktion, welche im Verlauf dem *umgekehrten* Weitzman-Schema entspricht, geradezu die Abgabe von konservativen Planwerten. Ergebnis ist eine starke Ausprägung des Sandbagging-Phänomens, die sich in einer *gelebten Kultur des Sandbagging* im Unternehmen manifestiert. Dadurch werden die Vorteile des Gegenstromverfahrens durch die Incentivierung konterkariert und die kurzfristige Incentivierungskomponente verfehlt letztendlich ihre Wirkung.

Beim langfristig ausgerichteten VALUE tritt durch die wohl schwierige Ableitung langfristiger Ziele sowie die zunehmende Volatilität der weltwirtschaftlichen Entwicklung zudem das sog. *Zero or Hero*-Phänomen auf. Dieses drückt sich in einer großen Anzahl von Maximal- und Minimal-Incentivierungs-Quoten aus. Als von den Managern kaum beeinflussbar wahrgenommen, wird das Ergebnis des VALUE als *Manna vom Himmel* empfunden.

Insgesamt kann angenommen werden, dass die Motivationsfunktion der wertorientierten Incentivierung im Unternehmen sowie deren Koordinationsfunktion stark leiden. Der Anspruch, dass das wertorientierte Steuerungssystem mehr als nur ein Kennzahlensystem und Steuerungsinstrument ist, spiegelt sich vor allem in der von den Managern gelebten Gaming-Kultur wider.

Da die benannten Schwierigkeiten erkannt wurden, sind seit 2012 weitreichende Veränderungen eingeführt worden. Diese betreffen sowohl die Methodik als auch den Komplexitätsgrad der wertorientierten Unternehmenssteuerung, die Planungs- und Zielsetzungsprozesse sowie die Gestaltung der Incentive-Systeme. Insbesondere erfolgt die Trennung zwischen Incentivierungs- und Planzielen.[465]

Wünschenswert, aber mit den hier verfügbaren Daten nicht möglich, wäre eine breiter angelegte Datenanalyse, welche – neben den Incentivierungs-Faktoren an sich – weiteres Zahlenmaterial über die Zeit untersucht, aus welchem sich die Faktoren ergeben.

[465] Vgl. Stoi/Asenkerschbaumer/Bley (2015), S. 16 ff.

5 Schluss

Das Schluss-Kapitel zieht Bilanz: Die Zusammenfassung dient dem schnellen Überblick der wesentlichen Inhalte und Erkenntnisse. Mit dem abschließenden Fazit endet die Arbeit.

5.1 Zusammenfassung

Für die wertorientierte Unternehmensteuerung lassen sich folgende Kernaussagen zusammenfassen, die gleichzeitig den Charakter eines wertorientierten Steuerungssystems ausmachen:

- Als wertorientiertes Unternehmensziel ist die Steigerung des Unternehmenswerts definiert.
- Es existiert ein wertorientiertes Managementsystem, in dem alle Aktivitäten auf das wertorientierte Unternehmensziel ausgerichtet sind.
- Durchgängige wertorientierte Methoden und Instrumente kommen im Managementsystem zum Einsatz.

(Siehe Ende des Kapitels 2.1.4)

Die wesentlichen Definitionsmerkmale der wertorientierten Incentivierung lauten darauf aufbauend wie folgt:

- Die wertorientierte Incentivierung unterstützt das Ziel der Steigerung des Unternehmenswerts und ist in das wertorientierte Managementsystem integriert.
- Sie ist variable Komponente des Entgeltsystems eines Unternehmens und unterstützt maßgeblich die Funktionen des Anreizsystems.
- Sie bildet ein System aus wertorientierten Bemessungsgrundlagen, welche als outputorientierte Leistungskriterien dienen, sowie finanziellen Anreizen, verbunden durch definierte Kriteriums-Anreiz-Relationen.

Für die Gestaltung heutiger wertorientierter Incentivierungssysteme haben sich typische Grundmuster entwickelt. Allerdings gibt die Literatur keinen Aufschluss darüber, wie ein erfolgsabhängiges wertorientiertes Vergütungssystem letztlich im Optimalfall ausgestaltet sein sollte, um der breiten Palette der an sie gestellten Anforderungen und den vielen Facetten menschlichen Managerverhaltens gerecht zu werden. (Siehe Kapitel 2.4)

Das Zustandekommen des Zielwerts der Incentivierung hat großen Einfluss auf das Verhalten der incentivierten Manager und damit auf *das Funktionieren* des Incentivierungssystems. Die Betrachtung der wertorientierten Incentivierung vor dem Hintergrund unterschiedlicher Steuerungsphilosophien liefert Anhaltspunkte, inwiefern dies bei der Gestaltung von Incentivierungssystemen berücksichtigt werden kann. Der Begriff der Steuerungsphilosophie basiert auf den Ansätzen zur vertikalen Integration von Planung und Zielsetzung und lässt sich differenzieren in Plan-, Ziel- oder Ist-Steuerung, wobei die Wahl für eine dieser Ausrichtungen einer Grundsatzentscheidung im Unternehmen entspricht und mit den Eigenschaften einer *Frage der Philosophie* gekennzeichnet ist. (Siehe Kapitel 3.1)

Die Steuerungsphilosophie eines Unternehmens ist Ausgangspunkt für jeweils verschiedenartige Gaming-Phänomene. Diese können in ihrer Erscheinungsform zahlreiche Ausprägungen haben und sind in der Literatur bisher nicht einheitlich kategorisiert. Beispielhaft wurden die Phänomene Sandbagging und Bullarding vorgestellt, welche in der Planungs- und Zielsetzungsphase auftreten, sowie das Big Bath-Phänomen, das in der Zielerreichungsphase in Erscheinung tritt.

Das *perfekte* Incentivierungssystem gibt es nicht – somit erst recht nicht zur Lösung aller Gaming-Probleme. Zwar hat die Gestaltung von Anreizsystemen Einfluss auf Gaming-Verhalten, ganz vermeiden kann sie diese allerdings nicht – auch weil Gaming-Phänomene schwer vorhersehbar sind. Bei jedem neu eingerichteten Incentivierungssystem muss damit gerechnet werden, dass diejenigen, die damit zu Leistungs- und Ergebnissteigerung angereizt werden sollen, auch kreative Wege finden, das System zu ihren Gunsten zu beeinflussen.
Ein unter den in dieser Arbeit genannten Gesichtspunkten viel versprechendes Steuerungs- und Incentivierungssystem stellt die Ziel-Steuerung mit Incentivierung auf Basis einer strikt linearen Bonusfunktion dar mit Einschränkung der praktischen Durchsetzbarkeit einer unbegrenzt linearen Beteiligung nach unten. Dieses Konzept muss zwar die Nachteile einer Ziel-Steuerung in Kauf nehmen, verspricht aber in den Gaming-relevanten Phasen der Planung und Zielsetzung sowie der Zielerreichung den besten Gaming-*Schutz*.

Ein weiterer Aspekt, der auch in der Gestaltung von wertorientierten Incentivierungssystemen immer mehr an Bedeutung gewinnt, ist darüber hinaus die zunehmende Volatilität der volkswirtschaftlichen Entwicklung. Sie muss heutzutage als Gestaltungsprämisse berücksichtigt werden, so dass sich die Notwendigkeit zur Ziel-Steuerung ergibt und die Bottom-up-Planung nicht mehr vorteilhaft scheint. (Siehe Kapitel 3.2)

Beim betrachteten Unternehmensbeispiel kommt ein durchgängig implementiertes wertorientiertes Steuerungssystem nach dem CVA-Ansatz zur Anwendung. Von der zentralen Steuerungsgröße, dem sog. Wertbeitrag, ausgehend, finden sich wertorientierte Kennzahlen in den Planungs- und Steuerungsprozessen sowie in der Incentivierung wieder. Die wertorientierte Steuerung ist in allen wesentlichen Entscheidungsprozessen verankert.

Der Planungs- und Zielsetzungsansatz im Konzern ist grundsätzlich nach dem Gegenstromverfahren ausgerichtet. In seiner Ausprägung ist dieser jedoch stark bottom-up geprägt, weshalb eine Charakterisierung der Steuerungsphilosophie als Plan-Steuerung zutreffend ist.

Über eine kurz- und eine langfristige Incentivierungskomponente ist die Vergütung der Manager mit den Wertsteigerungszielen verknüpft. Die kurzfristige EAV ist dabei nach dem Vergütungsmodell eines Bonusfaktors aufgebaut und incentiviert die Erreichung eines Ein-Jahres-Planziels. Die Gestaltung der EAV führt jedoch dazu, dass der Bottom-up-Planung ein sehr starkes Gewicht im Zielsetzungsprozess zukommt. Ergebnis ist wie aus der theoretischen Untersuchung heraus erwartet eine starke Ausprägung des Sandbagging-Phänomens, die sich in einer *gelebten Kultur des Sandbagging* im Unternehmen manifestiert. Dadurch werden die Vorteile des Gegenstromverfahrens durch die Incentivierung konterkariert und die kurzfristige Incentivierungskomponente verfehlt letztendlich ihre Wirkung.

Mit dem langfristigen VALUE wird die tatsächliche Wertschaffung über einen Drei-Jahres-Zeitraum belohnt, wobei die langfristige Zielsetzung Benchmark-orientiert erfolgt. Beim VALUE tritt durch die schwierige Ableitung langfristiger Ziele sowie die zunehmende Volatilität der weltwirtschaftlichen Entwicklung zudem das sog. *Zero or Hero*-Phänomen auf. Dieses drückt sich in einer großen Anzahl von Maximal- und Minimal-Incentivierungs-Quoten aus.

Insgesamt leiden die Motivationsfunktion der wertorientierten Incentivierung sowie insb. deren Koordinationsfunktion. Den benannten Schwierigkeiten wird im Unternehmen seit 2012 mit weitreichenden Veränderungen begegnet. (Siehe Kapitel 4)

5.2 Fazit

Die vorliegende Arbeit hat sich zum Ziel gesetzt, neue Perspektiven und Sichtweisen in die wissenschaftliche Diskussion über wertorientierte Incentivierung einzubringen sowie das Thema anhand eines praktischen Fallbeispiels zu untersuchen.

Mit der Verwendung des Begriffs *Steuerungsphilosophie* wurde der Versuch unternommen, Aspekte der Budgetierung, Planung und Zielsetzung stärker als Ausgangspunkt für die Gestaltung der wertorientierten Incentivierung in die Diskussion einzubeziehen. Anhand empirischer Untersuchungen kann in zukünftigen Forschungsarbeiten getestet werden, inwieweit ausgehend vom Planungs- und Zielsetzungsprozess tatsächlich eine Kategorisierung der wertorientierten Steuerungssysteme von Unternehmen in diese Steuerungsphilosophien sinnvoll und für die Betrachtung als Ausgangspunkt für die Incentivierung hilfreich ist. Dann können ausgehend von der jeweiligen Steuerungsphilosophie Empfehlungen für die konkrete Gestaltung der Incentivierung gemacht werden.

Auch beim Thema der Gaming-Phänomene war es im ersten Schritt das Ziel, den bisher nur in der anglo-amerikanischen Literatur gebräuchlichen, aber nicht einheitlich definierten, Begriff einzuführen. Über die Vorstellung ausgewählter Gaming-Phänomene hinaus, kann in weiteren Arbeiten der Versuch einer umfassenden Aufstellung und Kategorisierung von Gaming-Phänomenen unternommen werden. Außerdem muss der weitere empirische Nachweis zur Existenz und zu den verschiedenen Ausprägungsformen des Gaming erfolgen. Darauf aufbauend scheint eine spezifischere Diskussion von Lösungsmöglichkeiten für die Gaming-Problematik sinnvoll und notwendig.

Das Fallbeispiel zur wertorientierten Incentivierung hat veranschaulicht, wie die Themen Steuerungsphilosophie und Gaming in der Praxis ausgeprägt sein können und wie sie als zentrale Bausteine über Erfolg oder Misserfolg bei der Gestaltung der wertorientierter Steuerung und Incentivierung entscheiden. Schlussendlich kann festgehalten werden, dass viele Probleme zur Steuerung und Incentivierung weiterhin ungelöst sind, vor allem vor dem Hintergrund, dass die Incentivierung den Menschen betrifft *wie er leibt und lebt* und nicht *wie er im Buche steht* – und gerade darin liegt die Schwierigkeit insbesondere für die Praxis, die meist einfache Lösungsvorschläge aus der Wissenschaft bevorzugt.

Literaturverzeichnis

Achleitner/Wichels (2000): Stock Option-Pläne als Vergütungsbestandteil wertorientierter Entlohnungssysteme. Eine Einführung. In: Achleitner/Wichels (Hrsg.): Stock Options, Stuttgart, 2000, S. 1-25.

Aders et al. (2003): Shareholder Value-Konzepte – Umsetzung bei den DAX100-Unternehmen. In: Finanz Betrieb, 2003, Nr. 11, S. 719-725.

Aders/Hebertinger (2003): Shareholder Value Konzepte – Eine Untersuchung der DAX 100 Unternehmen. KPMG, Frankfurt/M, 2003.

Aders/Herbertinger/Wiedemann (2003): Value Based Management (VBM): Lösungsansätze zur Schließung von Implementierungslücken. In: Finanzbetrieb, 5. Jg., H. 6, 2003, S. 356-372.

Albach (2001): Shareholder Value und Unternehmenswert-Theoretische Anmerkungen zu einem aktuellen Thema. In: Zeitschrift für Betriebswirtschaft, 2001, 71. Jg., Nr. 6, S. 643-674.

Anzenbacher (2004): Einführung in die Philosophie. Freiburg, 2004.

Appiah (2003): Thinking it Through – An Introduction to Contemporary Philosophy. Oxford, 2003.

Arbeitskreis Internes Rechnungswesen (2010): Vergleich von Praxiskonzepten zur wertorientierten Unternehmenssteuerung. In: Zeitschrift für betriebswirtschaftliche Forschung, 2010, Heft 11, S. 797-820.

Asenkerschbaumer (2012): Strategisches Controlling bei Bosch: Volatilität ist die neue Normalität. In: Controlling & management review: Zeitschrift für Controlling & Management, 2012, 56. Jg., Nr. 5, S. 336-340.

Asenkerschbaumer/Forschner (2011): Strategisches Controlling bei der Bosch-Gruppe. In: Exzellentes Controlling, exzellente Unternehmensleistung: best practice und Trends im Controlling, Beiträge des 25. Stuttgarter Controller-Forums (SCF), Stuttgart, 2011, S. 63-76.

Atkinson/Banker/Kaplan/Young (1997): Management Accounting. New Jersey, 1997.

Baetge (1998): Bilanzanalyse. Düsseldorf, 1998.

Baetge/Niemeyer/Kümmel (2002): Darstellung der Discounted-Cashflow-Verfahren (DCF-Verfahren) mit Beispielen. In: Peemöller (Hrsg.): Praxishandbuch der Unternehmensbewertung, Herne, 2002, S. 264-360.

Baetge/Heumann (2006): Wertorientierte Berichterstattung – Anforderungen des Kapitalmarkts und Umsetzung in der Konzernlageberichterstattung. In: Der Betrieb, 2006, 59. Jg., Nr. 7, S. 345-350.

Ballwieser (1998): Unternehmensbewertung mit Discounted Cash Flow-Verfahren. In: Die Wirtschaftsprüfung, 1998, 51. Jg., Nr. 3, S. 81-92.

Ballwieser (2000): Wertorientierte Unternehmensführung: Grundlagen. In: Zeitschrift für betriebswirtschaftliche Forschung, 2000, 52. Jg., S. 160-166.

Ballwieser (2011): Unternehmensbewertung. In: Busse von Colbe/Crasselt/Pellens (Hrsg.): Lexikon des Rechnungswesens, München, 2011, S. 794-798.

Bamberg/Trost (1998): Anreizsysteme und kapitalmarktorientierte Unternehmenssteuerung. In: Möller/Schmidt (Hrsg.): Rechnungswesen als Instrument für Führungsentscheidungen, Stuttgart, 1998, S. 91-109.

Banzhaf (2006): Wertorientierte Berichterstattung (Value Reporting): Analyse der Relevanz wertorientierter Informationen für Stakeholder unter besonderer Berücksichtigung von Mitarbeitern, Kunden und Lieferanten. Frankfurt/M, 2006.

Barnard (1938): The Functions of the Executive. Cambridge, 1938.

Bauer (2009): Wertorientierte Steuerung multidivisionaler Unternehmen über Residualgewinne. Frankfurt/M, 2009.

Baum/Coenenberg/Günther (1999): Strategisches Controlling, 3. Aufl., Stuttgart, 1999.

Baum/Coenenberg/Günther (2007): Strategisches Controlling, 4. Aufl., Stuttgart, 2007.

Baxter (1988): Social and psychological foundations of economic analysis. New York, 1988.

Bea/Friedl/Schweitzer (2005): Allgemeine Betriebswirtschaftslehre – Führung. Stuttgart, 2005.

Bea/Friedl/Schweitzer (2011): Allgemeine Betriebswirtschaftslehre – Führung. Stuttgart, 2011.

Bea/Haas (2001): Strategisches Management. Stuttgart, 2001.

Becker (1987): Anreizsysteme für Führungskräfte im strategischen Management. Bergisch Gladbach, 1987.

Becker (1990): Anreizsysteme für Führungskräfte: Möglichkeiten zur strategisch-orientierten Steuerung des Managements. Stuttgart, 1990.

Becker (1993): Strategische Ausrichtung von Beteiligungssystemen. In: Entgeltsysteme. Lohn, Mitarbeiterbeteiligung und Zusatzleistungen, 1993, S. 313-38.

Becker/Christie (2009): Bonus Banking: A Better Way to Reward? In: Directorship, 2. Jg. (2009), H. 4/5, S. 64-65.

Behringer (2011): Konzerncontrolling. Berlin, 2011.

Berens/Wömpener (2011): Budgetierung. In: Busse von Colbe/Crasselt/Pellens (Hrsg.): Lexikon des Rechnungswesens, München, 2011, S. 160-164.

Berthel (1997): Personal-Management. Grundzüge für Konzeptionen betrieblicher Personalarbeit. Stuttgart, 2007.

Bertram (2001): Leistungsorientierte Vergütung für Führungskräfte in der Schering-Gruppe. In: von Eckardstein (Hrsg.): Handbuch variable Vergütung für Führungskräfte. München, 2001, S. 265-279.

Bierhoff/Frey (2011): Sozialpsychologie - Individuum und soziale Welt. Göttingen, 2011.

Bischoff (1994): Das Shareholder-Value-Konzept: Darstellung, Probleme, Handhabungsmöglichkeiten. Wiesbaden, 1994.

Bleicher (1992): Strategische Anreizsysteme: flexible Vergütungssysteme für Führungskräfte. Stuttgart, 1992.

Bosch (2012): Geschäftsbericht 2011. Stuttgart, 2012.

Bosch (2013a): Geschäftsbericht 2012. Stuttgart, 2013.

Bosch (2013b): Bosch heute. Stuttgart, 2013.

Bosch (2013c): Bosch weltweit – Über uns; Internetseite: http://www.bosch.com/de/com/bosch_group/boschgroup.html; abgerufen am 19.11.2013.

Bönsch-Kauke (2009): Nervenkrieg von Aura bis Zweikampf: Angewandte Psychologie für Trainer, Schachlehrer und Spieler. Berlin, 2009.

Breid (1994): Erfolgspotentialrechnung: Konzeption im System einer finanzierungstheoretisch fundierten, strategischen Erfolgsrechnung. Stuttgart, 1994.

Brühl (2009): Controlling: Grundlagen des Erfolgscontrollings. München, 2009.

Brunner (1999): Value-Based Performance-Management: wertsteigernde Unternehmensführung; Strategien - Instrumente - Praxisbeispiele. Wiesbaden, 1999.

Bühner (1989): Möglichkeiten der unternehmerischen Gehaltsvereinbarung für das Top-Management. In: Der Betrieb, 1989, 44. Jg., Nr. 1989, S. 2181-2186.

Bühner (1992): Shareholder-Value-Ansatz. In: Die Betriebswirtschaft, 52. Jg., Nr. 3/1992, S. 418-419.

Bühner/Tuschke (1999): Wertmanagement–Rechnen wie ein Unternehmer. Wertorientierte Steuerungs-und Führungssysteme. In: Bühner/Sulzbach (Hrsg.): Shareholder Value in der Praxis, Stuttgart, 1999, S. 3-42.

Burger/Ulbrich/Ahlemeyer (2010): Beteiligungscontrolling. München, 2010.

Cadsby et al. (2010): Are you paying your employees to cheat? An experimental investigation. In: The BE Journal of Economic Analysis & Policy, 2010, 10. Jg., Nr. 1.

Christie (2009): Is bonus banking the answer?. Internetseite: http://fwarchive.ifslearning.ac.uk/financial_world/Archive/2009/2009_03mar/Features/bonus_banking/16124.cfm; abgerufen am 19.11.2013.

Coenenberg/Salfeld (2003): Wertorientierte Unternehmensführung: Vom Strategieentwurf zur Implementierung. Stuttgart, 2003.

Coenenberg/Salfeld (2007): Wertorientierte Unternehmensführung: Vom Strategieentwurf zur Implementierung. Stuttgart, 2007.

Collingwood (2001): The earnings game. Everyone plays, nobody wins. In: Harvard Business Review, 2001, 79. Jg., Nr. 6, S. 65.

Copeland/Koller/Murrin (1990): Valuation-Measuring and Managing the Value of Companies. New York, 2000.

Copeland/Koller/Murrin (2000): Valuation: Measuring and Managing the Value of Companies. 3. Aufl., New York, 2000.

Copeland/Koller/Murrin (2002): Unternehmenswert – Methoden und Strategien für eine wertorientierte Unternehmensführung. Frankfurt/M, 2002.

Copeland/Moore (1972): The Financial Bath: Is it Common?. In: MSU Business Topics, Autumn, 1972, S. 63-69.

Corsten/Gössinger (2008): Lexikon der Betriebswirtschaftslehre. München, 2008.

Crasselt/Pellens (1998): Aktienkursorientierte Entlohnungssysteme im Jahresabschluss. In: Pellens (Hrsg.): Unternehmenswertorientierte Entlohnungssysteme, Stuttgart, 1998, S. 125-160.

Crasselt (2000): Stock Options. In: Die Betriebswirtschaft, 2000, 60. Jg., S. 135-137.

Crasselt/Schremper (2000): Economic Value Added. In: Die Betriebswirtschaft, 2000, 60. Jg., S. 813-816.

Crasselt (2001): Rappaports Shareholder Value – Eine Alternative zum Economic Value Added?. In: Finanz-Betrieb, 2001, 3. Jg., S. 165-171.

Crasselt/Schremper (2001): Cash Flow Return on Investment und Cash Value Added. In: Die Betriebswirtschaft, 2001, 61. Jg., S. 271-274.

Crasselt (2003): Wertorientierte Managemententlohnung, Unternehmensrechnung und Investitionssteuerung: Analyse unter Berücksichtigung von Realoptionen. Frankfurt/M, 2003.

Crasselt (2004): Managementvergütung auf Basis von Residualgewinnen – Zur Gefahr von Fehlanreizen durch praktisch relevante Abschreibungsverfahren. In: Finanz-Betrieb, 2004, 6. Jg., S. 121-129.

Crasselt/Gassen (2005): Spieltheorie – Ein Lösungsansatz für betriebswirtschaftliche Probleme mit interdependenten Akteuren. In: Horsch/Meinhövel/Paul (Hrsg.): Institutionenökonomie und Betriebswirtschaftslehre, München, 2005, S. 119-135.

Crasselt (2007): Ökonomische Fundierung buchwertbasierter Performancekennzahlen. In: Wirtschaftswissenschaftliches Studium (WiSt), 36. Jg., 2007, S. 222-227.

Crasselt (2008): Einfluss von Erfolgszielen auf den Wert von Mitarbeiter-Aktienoptionen. In: Die Betriebswirtschaft, 68. Jg., 2008, S. 273-296.

Crasselt/Pellens (2010): Anteilsbasierte Vergütung (Share-based Payment). In: Bruns et al. (Hrsg.): IFRS for SMEs – Kommentar zur Rechnungslegung nach IFRS für nicht kapitalmarktorientierte Unternehmen, Stuttgart, 2010, S. 565-576.

Crasselt (2011): Residualgewinn. In: Busse von Colbe/Crasselt/Pellens (Hrsg.): Lexikon des Rechnungswesens, München, 2011, S. 663-666.

Crasselt (2011): Stock Options. In: Busse von Colbe/Crasselt/Pellens (Hrsg.): Lexikon des Rechnungswesens, München, 2011, S. 749-752.

Crasselt/Fründ (2014): Managementvergütung mit Bonusbanken: Ein Instrument zur Förderung der Langfristorientierung von Managern. In: Wirtschaftswissenschaftliches Studium, 43. Jg., S. 165-168.

Däumler (2000): Grundlagen der Investitions-und Wirtschaftlichkeitsrechnung. Herne, 2000.

DeGeorge/Patel/Zeckhauser (1999): Earnings Management to Exceed Thresholds. In: The Journal of Business, 1999, 72. Jg., Nr. 1, S. 1-33.

Demircioglu (2013): Werte und Wertewandel in DAX-Unternehmen: eine inhaltsanalytische Untersuchung ausgewählter DAX-Geschäftsberichte zwischen 1960–1969 und 2000–2010. Hamburg, 2013.

Dirrigl (1998): Wertorientierung und Konvergenz in der Unternehmensrechnung. In: Betriebswirtschaftliche Forschung und Praxis, 1998, S. 540-579.

Domschke/Scholl (2008): Grundlagen der Betriebswirtschaftslehre: eine Einführung aus entscheidungsorientierter Sicht. Berlin, 2008.

Donaldson/Preston (1995): The stakeholder theory of the corporation: Concepts, evidence, and implications. In: Academy of management Review, 1995, 20. Jg., Nr. 1, S. 65-91.

Dreman (1998): Contrarian Investment Strategies: The Psychological Edge. New York, 1998.

Drukarczyk (2001): Unternehmensbewertung. München, 2001.

Duden (2013), Online-Version, http://www.duden.de.

Ehrbar (1999): Economic value added: EVA – der Schlüssel zur wertsteigernden Unternehmensführung, Wiesbaden 1999.

Ehrmann (2007): Unternehmensplanung. Ludwigshafen, 2007.

Eidel (2000): Moderne Verfahren der Unternehmensbewertung und Performance-Messung – Kombinierte Analysemethoden auf der Basis von US-GAAP-, IAS-, HGB-Abschlüssen. Herne, 2000.

Eisenhardt (1989): Agency theory: An assessment and review. In: Academy of management review, 1989, 14. Jg., Nr. 1, S. 57-74.

Ellig (1984): Incentive plans: Over the long term. Compensation & Benefits Review, 1984, 16. Jg., Nr. 2, S. 39-54.

Elschen (1991): Gegenstand und Anwendungsmöglichkeiten der Agency-Theorie. In: Zeitschrift für betriebswirtschaftliche Forschung, Jg. 43, 1991, Heft 11, S. 1002-1012.

Elschen (1991): Shareholder Value und Agency-Theorie-Anreiz-und Kontrollsysteme für Zielsetzungen der Anteilseigner. In: Betriebswirtschaftliche Forschung und Praxis, 1991, 43. Jg., Nr. 3, S. 209-220.

Emde (2004): Versicherungsmagazin – Vergütungsstudie 2004/2005. Wiesbaden, 2004.

Evans (2009): This Crazy World of Chess. Las Vegas, 2009.

Evers (1991): Leistungsanreize für Führungskräfte. In: Schanz (Hrsg.): Handbuch Anreizsysteme in Wirtschaft und Verwaltung, Stuttgart, 1991, S. 737-751.

Ewert/Wagenhofer (2000): Rechnungslegung und Kennzahlen für das wertorientierte Management. In: Wagenhofer/Hrebicek (Hrsg.): Wertorientiertes Management, Stuttgart, 2000, S. 3-64.

Ewert/Wagenhofer (2003): Interne Unternehmensrechnung. Berlin, 2003.

Ewert/Wagenhofer (2008): Interne Unternehmensrechnung. Berlin, 2008.

Fama (1980): Agency Problems and the Theory of the Firm. In: The Journal of Political Economy, Vol. 88, No. 2/1980, S. 288-307.

Faupel (2012): Wertorientierte Unternehmensführung: Problemstellungen und ihre Lösungsmöglichkeiten. Hamburg, 2012.

Ferber (2003): Philosophische Grundbegriffe. München, 2003.

Fischer (2000): Economic Value Added (EVA): Informationen aus der externen Rechnungslegung zur internen Unternehmenssteuerung?. Leipzig, 2000.

Franke/Hax (2004): Finanzwirtschaft des Unternehmens und Kapitalmarkt. Berlin, 2004.

Fraser/Hope (2001): Beyond Budgeting. In: Controlling, 13. Jg., S. 437-442.

Freeman (1983): Strategic management: A stakeholder approach. Boston, 2010.

Freeman/Reed (1983): Stockholders and stakeholders: A new perspective in corporate governance. In: California management review, 1983, 25. Jg., S. 88-106.

Frese (1987): Unternehmensführung. Landsberg am Lech, 1987.

Frey (1997): Markt und Motivation. Wie ökonomische Anreize die (Arbeits-)Moral verdrängen. München, 1997.

Friedl (2003): Controlling. Stuttgart, 2003.

Fründ (2011): Bonusbank. In: Busse von Colbe/Crasselt/Pellens (Hrsg.): Lexikon des Rechnungswesens, München, 2011, S. 132-133.

Fründ (2015): Variable Managementvergütung mit Bonusbanken und Obergrenzen. Frankfurt/M, 2015.

Fruhan (1979): Financial strategy: Studies in the creation, transfer, and destruction of shareholder value. Homewood, 1979.

Führing (2006): Risikomanagement und Personal: Management des Fluktuationsrisikos von Schlüsselpersonen aus ressourcenorientierter Perspektive. Berlin, 2006.

Gaitanides (1989): Out/in- vs. In/out-Planung. In: Szyperski (Hrsg.): Handwörterbuch der Planung, Stuttgart, 1989, S. 1330-1336.

Gibson/Sachau (2000): Sandbagging as a Self-Presentational Strategy: Claiming to be Less than You Are. In: Personality and Social Psychology Bulletin, Vol. 26, No. 1, S. 56-70.

Gladen (2008): Performance Measurement: Controlling mit Kennzahlen. Wiesbaden, 2008.

Goeldel (1997): Gestaltung der Planung. Wiesbaden, 1997.

Göpfert (1993): Budgetierung. In: Wittmann (Hrsg.): Handwörterbuch der Betriebswirtschaft, Stuttgart, 1993, S. 589-602.

Greiner (2006): Beyond Budgeting: Implementierungsansätze für Praktiker. In: Gleich/Hofmann/Leyk (Hrsg.): Planungs- und Budgetierungsinstrumente, Freiburg, 2006, S. 39-60.

Greth (1998): Managemententlohnung aufgrund des Economic Value Added (EVA). In: Pellens (Hrsg.): Unternehmenswertorientierte Entlohnungssysteme, Stuttgart, 1998, S. 89-100.

Griebe (2009): Bonus mit Malus. In: WirtschaftsWoche, 63. Jg. (2009), H. 19, S. 35.

Groves (1973): Incentives in Teams. In: Econometrica, 1973, S. 613-631.

Groves/Loeb (1979): Incentives in a divisionalized firm. In: Management Science, 1979, S. 221-230.

Günther (1991): Erfolg durch strategisches Controlling?: eine empirische Studie zum Stand des strategischen Controlling in deutschen Unternehmen und dessen Beitrag zu Unternehmenserfolg und-risiko. München, 1991.

Günther (1997): Unternehmenswertorientiertes Controlling. München, 1997.

Guthof (1995): Strategische Anreizsysteme: Gestaltungsoptionen im Rahmen der Unternehmungsentwicklung. Wiesbaden, 1995.

Hachmeister (1995): Der Discounted Cash-Flow als Maß der Unternehmenswertsteigerung. Frankfurt/M, 1995.

Hachmeister (2003): Gestaltung von Wertbeitragskennzahlen in der Theorie der Unternehmensrechnung. In: Zeitschrift für betriebswirtschaftliche Forschung, 2003, 55. Jg., S. 97-119.

Hahn/Hintze (1999): Konzepte wertorientierter Unternehmungsführung. In: Hahn/Taylor (Hrsg.): Strategische Unternehmungsplanung – Strategische Unternehmungsführung, Berlin, 2006, S. 83-113.

Hahn/Hintze (2006): Konzepte wertorientierter Unternehmungsführung. In: Hahn/Taylor (Hrsg.): Strategische Unternehmungsplanung – Strategische Unternehmungsführung, Berlin, 2006. S. 83-113.

Hahn/Willers (1986): Unternehmensplanung und Führungskräftevergütung. In: Hahn/Taylor (Hrsg.): Strategische Unternehmensplanung. Heidelberg, S. 391-400, 1986.

Hansell et al. (2009): Fixing What's Wrong with Executive Compensation. Internetseite: http://www.bcg.com/documents/file20211.pdf; abgerufen am 19.11.2013.

Hansen/Mowen (1997): Management Accounting. Ohio, 1997.

Hanssmann (2010): Christliche Werte in Wirtschaft und Gesellschaft. Berlin, 2010.

Haunerdinger/Probst (2007): Zukunftstrends der Unternehmensführung. In: ProFirma, 2007, Heft 10, S. 78-81.

Hauschildt (1980): Zielsysteme. In: Grochla (Hrsg.): Handwörterbuch der Organisation. Stuttgart, 1980, S. 2417-2430.

Hax/Laux (1972): Flexible Planung–Verfahrensregeln und Entscheidungsmodelle für die Planung bei Ungewißheit. In: Zeitschrift für betriebswirtschaftliche Forschung, 1972, 24. Jg., Nr. 1972, S. 318-340.

Hax (1989): Investitionsrechnung und Periodenerfolgsmessung. In: Delfmann (Hrsg.): Der Integrationsgedanke in der Betriebswirtschaftslehre, Wiesbaden, 1989, S. 154-170.

HBSP (2002): Finance for Managers. Harvard Business School Press. Boston, 2002.

Healy (1985): The Effect of Bonus Schemes on Accounting Decisions. In: Journal of Accounting and Economics, Vol. 7, 1985, S. 85-107.

Hebertinger/Schabel/Velthius (2005): Risikoangepasste oder risikofreie Kapitalkosten in Wertbeitragskonzepten. In: Finanz Betrieb, 2005, 7. Jg., Nr. 3, S. 159-166.

Herter (1994): Unternehmenswertorientiertes Management. München, 1994.

Herzberg (1966): Work and the Nature of Man. Cleveland, 1966.

Herzberg/Mausner/Snyderman (1967): The Motivation to Work. New York, 1967.

Herzberg (1980): One More Time: How Do You Motivate Employees?. In: Beach (Hrsg.): Maning People at Work, New York, 1980, S. 206-215.

Hirth/Callsen-Bracker (2009): Investitionscontrolling und Anreizsysteme. In: Reimer/Fiege (Hrsg.): Perspektiven des Strategischen Controllings, Wiesbaden, 2009, S. 137-150.

Hochstein (2012): Konzeptionelle Weiterentwicklung des wertorientierten Managements unter besonderer Berücksichtigung von Kapitalkostenmodellen. Lohmar, 2012.

Höfner/Pohl (1993): Wer sind die Werterzeuger, wer die Wertvernichter im Portfolio. In: Harvard Business Manager, 1993, 15. Jg., Nr. 1, S. 51-58.

Hochmeister (1985): Erfolgsbeteiligung des Managements-auf Grundlage strategischer Leistungen. Wien, 1985.

Hofmann (2002): Anreizsysteme. In: Küpper/Wagenhofer (Hrsg.): Handwörterbuch Unternehmensrechnung und Controlling, Stuttgart, 2002, S. 69-79.

Holler/Illing (2003): Einführung in die Spieltheorie. Berlin, 2003.

Holzer/Bauer/Hauke (2007): Wirkungsgeleitetes Ressourcenmanagement in öffentlichen Gesundheitsbetrieben: Patienten- und Leistungsorientierung. Wien, 2007.

Hope/Fraser (1999): Beyond budgeting. In: Management Accounting, 1999, 77. Jg., S. 16-21.

Hope/Fraser (2003): Beyond budgeting: how managers can break free from the annual performance trap. Harvard Business Press, 2003.

Hopfenbeck (1993): Allgemeine Betriebswirtschafts- und Managementlehre: das Unternehmen im Spannungsfeld zwischen ökonomischen, sozialen und ökologischen Interessen. Landsberg/Lech, 1993.

Horn (2012): Der Wert der Werte: über die moralischen Grundlagen der westlichen Zivilisation. Zürich, 2012.

Horvath (2011): Controlling. München, 2011.

Hostettler (1996): Führen mit EVA. In: Der Organisator, (1996), H. 3, S. 36-38.

Hostettler (1997): Economic Value Added (EVA) – Darstellung und Anwendung auf Schweizer Aktiengesellschaften. Bern, 1997.

Hostettler/Stern (2004): Das Value Cockpit: Sieben Schritte zur wertorientierten Führung für Entscheidungsträger. Weinheim, 2004.

Hostettler (2006): Managementvergütung: Risiken und Chancen für die wert(e)orientierte Unternehmensführung. In: Risiko Manager, 1. Jg. (2006), H. 22, S. 22-27.

Hungenberg (2006): Anreizsysteme für Führungskräfte – Theoretische Grundlagen und praktische Ausgestaltungsmöglichkeiten. In: Hahn/Taylor (Hrsg.): Strategische Unternehmungsplanung – Strategische Unternehmungsführung, Berlin, 2006, S. 353-364.

Hungenberg (2008): Strategisches Management in Unternehmen: Ziele – Prozesse – Verfahren. Wiesbaden, 2008.

Hungenberg/Wulf (2011): Grundlagen der Unternehmensführung. Berlin, 2011.

Imberger (2003): Wertorientierte Anreizgestaltung. Lohmar, 2003.

Isele (1991): Managerleistung. Zürich, 1991.

Jensen/Meckling (1976): Theory of the firm: Managerial behavior, agency costs and ownership structure. In: Journal of financial economics, 1976, 3. Jg., Nr. 4, S. 305-360.

Jensen (2001): Corporate budgeting is broken, let's fix it. 2002.

Jensen (2003): Paying people to lie: the truth about the budgeting process. In: European Financial Management, 2003, 9. Jg., Nr. 3, S. 379-406.

Kah (1994): Profitcenter-Steuerung: ein Beitrag zur theoretischen Fundierung des Controlling anhand des Principal-agent-Ansatzes. Stuttgart, 1994.

Kalhöfer (2011): Groves-Schema. In: Busse von Colbe/Crasselt/Pellens (Hrsg.): Lexikon des Rechnungswesens, München, 2011, S. 335-337.

Kaplan/Atkinson (1998): Advanced Management Accouting. Upper Saddle River, 1998.

Kaplan/Norton (1996): The balanced scorecard: translating strategy into action. Boston, 1996.

Kaplan/Norton (1997): Balanced Scorecard – Strategien erfolgreich umsetzen. Stuttgart, 1997.

Kajüter (2005): Zur Integration von Kostentreibern in Werttreiberhierarchien. Controlling & Management, 2005, 49. Jg., Nr. 5, S. 343-349.

Kajüter (2007): Wertorientierte Unternehmensführung. In: Busse von Colbe et al. (Hrsg.): Betriebswirtschaft für Führungskräfte, Stuttgart, 2007, S. 27-44.

Karrer (2006): Supply Chain Performance Management. Wiesbaden, 2006.

Keller/Plack (2001): Economic Value Added (EVA) als Unternehmenssteuerungs- und -bewertungsmethode. In: Controlling & Management, 2001, 45. Jg., Nr. 6, S. 347-351.

Kieser/Kubicek (1983): Organisation. Berlin, 1983.

Knorren (1998): Wertorientierte Gestaltung der Unternehmensführung. Wiesbaden, 1998.

Knorren/Weber (1997): Implementierung Shareholder-Value. In: Schriftenreihe Advanced Controlling, Bd. 3, Vallendar, 1997.

Koch (1980): Neuere Beiträge zur Unternehmensplanung. Wiesbaden, 1980.

Koch/Pertl (2009): Beteiligung an Chancen und Risiken. Es lebe die Bonus-Bank. Internetseite: http://www.sternstewart.de/files/63_studie_40_beteiligung_an_chancen_und_risiken_bonus-bank.pdf; abgerufen am 19.11.2013.

Körber (2006): Wertorientierte Unternehmensführung in der METRO Group. In: Schweickart/Töpfer (Hrsg.): Wertorientiertes Management. Berlin, 2006, S. 205-213.

Koller/Goedhart/Wessels (2010): Valuation: measuring and managing the value of companies. Hoboken, 2010.

Kornetzki (2007): Wertorientierte Steuerung ausländischer Tochtergesellschaften. In: Controlling, 2007, 12. Jg., S. 679-687.

Kossbiel (1994): Überlegungen zur Effizienz betrieblicher Anreizsysteme. In: Die Betriebswirtschaft, 1994, 54. Jg., S. 75-93.

Kramarsch (2004): Aktienbasierte Managementvergütung. Stuttgart, 2004.

Kreikebaum/Grimm (1978): Strategische Unternehmensplanung. Ergebnisse einer empirischen Untersuchung. Seminar für Industriewirtschaft der Johann-Wolfgang-Goethe-Universität. Frankfurt/M, 1978.

Kruschwitz (2002): Finanzierung und Investition. München, 2002.

Kubicek (1975): Empirische Organisationsforschung: Konzeption und Methodik. Stuttgart, 1975.

Kümmel/Watterott (2005): Neue Entwicklungen im internationalen Konzerncontrolling am Beispiel Bosch – Durchgängige Konzernsteuerung. In: Beiträge des Stuttgarter Controller Forum 2005, Organisationsstrukturen und Geschäftsprozesse wirkungsvoll steuern, 2005, S. 11-32.

Kümmel/Watterott (2008): Konzerncontrolling am Beispiel Bosch – Globalisierung erfordert Standardisierung. In: Controlling: Zeitschrift für erfolgsorientierte Unternehmenssteuerung, Heft 4/5, 2008, S. 247-257.

Küng (2010): Anständig wirtschaften. Warum Ökonomie Moral braucht. München, 2010.

Küpper (2001): Controlling: Konzeption, Aufgaben und Instrumente. Stuttgart, 2001.

Küpper (2008): Controlling. Stuttgart, 2008.

Langenkämper (2000): Unternehmensbewertung. Wiesbaden, 2000.

Lattmann (1991): Anreizaspekte der Leistungsbeurteilung. In: Schanz (Hrsg.): Handbuch Anreizsysteme in Wirtschaft und Verwaltung. Stuttgart, 1991, S. 851-876.

Laux (1995): Erfolgssteuerung und Organisation, Band 1: Anreizkompatible Erfolgsrechnung, Erfolgsbeteiligung und Erfolgskontrolle. Berlin, 1995.

Laux (2006): Wertorientierte Unternehmenssteuerung und Kapitalmarkt: Fundierung finanzwirtschaftlicher Entscheidungskriterien und (Anreize für) deren Umsetzung. Berlin, 2006.

Laux (1999): Unternehmensrechnung, Anreiz und Kontrolle. Berlin, 1999.

Lawler (1973): Motivation and Work Organizations. Monterey, 1973.

Lawler (1990): Strategic pay: Aligning organizational strategies and pay systems. San Francisco, 1990.

Laux (2006): Unternehmensrechnung, Anreiz und Kontrolle: die Messung, Zurechnung und Steuerung des Erfolgs als Grundprobleme der Betriebswirtschaftslehre. Berlin, 2006.

Leahy (2002): Better Budgeting: A Manager's Guide. O.O., 2002.

Lewis (1995): Steigerung des Unternehmenswertes – Total Value Management. Landsberg/Lech, 1995.

Lindemann (2004): Rechnungslegung und Kapitalmarkt: eine theoretische und empirische Analyse. Lohmar, 2004.

Locarek-Junge/Imberger (2006): Wertorientierte Anreizgestaltung: Ihre Umsetzung in der Praxis. In: Schweickart/Töpfer (Hrsg.): Wertorientiertes Management. Berlin, 2006, S. 535-560.

Locke/Latham (1990): A theory of goal setting and task performance. Englewood Cliffs, 1990.

Locke/Latham (2002): Building a practically useful theory of goal setting and task motivation. In: American psychologist, 2002, 57 (9), S. 705-717.

Locke (2004): Linking Goals to monetary incentives. In: Academy of Management Executive, 2004, Vol. 18, No. 4, S. 130-133.

Locke/Latham (2006): New Directions in the Goal-Setting-Theory. In: Current Directions in Psychological Science (15) Nr. 5/2006, S. 265 - 268.

Loeb/Magat (1978): Success Indicators in the Soviet Union: The Problems of Incentives and Efficient Allocations. In: AER, 1978, S. 173-181.

Macharzina/Wolf (2008): Unternehmensführung: das internationale Managementwissen; Konzepte, Methoden, Praxis. Wiesbaden, 2008.

Macharzina/Neubürger (2002): Wertorientierte Unternehmensführung: Strategien - Strukturen – Controlling. In: Kongreß-Dokumentation; 55. Dt. Betriebswirtschafter-Tag 2001. Stuttgart, 2002.

Mandl/Rabel (1997): Unternehmensbewertung – eine praxisorientierte Einführung. Wien, 1997.

March/Simon (1976): Organisation und Individuum: menschliches Verhalten in Organisationen. Wiesbaden, 1976.

Martin (1988): Personalforschung. München, 1988.

Maslow (1954): Motivation and Personality. New York, 1954.

Mayo (1945): Probleme industrieller Arbeitsbedingungen. Frankfurt/M, 1945.

Meadows (1981): New targeting for executive pay. In: Fortune, 1981, 4. Jg., S. 176-184.

Merchant/Van der Stede (2007): Management Control Systems. London, 2007.

Merchant (2010): Performance-Dependent Incentives: Some Puzzles to Ponder. In: Journal of Accounting, Auditing & Finance, October 2010, Vol. 25, No. 4, S. 559-567.

Mergel/Reimann (2000): Anreizsysteme für Wissensmanagement in Unternehmensberatungen. In: Wissensmanagement, 2000, 2. Jg., Nr. 4, S. 15-19.

METRO Group (2008): Geschäftsbericht 2008. Düsseldorf, 2008.

METRO Group (2009): Geschäftsbericht 2009. Düsseldorf, 2009.

Mohnen (2002): Performancemessung und die Steuerung von Investitionsentscheidungen. Wiesbaden, 2002.

Mühlemann (1995): Wertsteigerungskonzepte zur Performance-Beurteilung des Managements: Ein Plädoyer für erfolgsorientiertes Denken und Handeln. In: DST, Bd, 1995, 69. Jg., S. 1047-1050.

Müller/Hirsch (2005): Die Wertorientierung in der Unternehmenssteuerung – Status quo und Perspektiven. In: Controlling & Management, 2005, 49. Jg., Nr. 1, S. 83-87.

Müller et al. (2006): Wertorientierung in den DAX30-Unternehmen: eine empirische Studie. Köln, 2006.

Myrtle Beach Golf Authority (2013): GOLF TERMS AND DEFINITIONS. Internetseite: http://www.myrtle-beachgolf.com/golf-dictionary-definitions-b/; abgerufen am 19.11.2013.

Neely/Sutcliff/Heyns (2001): Driving value through strategic planning and budgeting. New York, 2001.

Neher (2010): Führen mit Zielen – eine integrierte Strategie in einem lernenden Unternehmen. In: Schwaab et al. (Hrsg.): Führen mit Zielen, Wiesbaden, 2010, S. 197-210.

O'Hanlon/Peasnell (1998): Wall Street's contribution to management accounting: the Stern Stewart EVA financial management system. In: Management Accounting Research, 9. Jg. (1998), S. 421-444.

Oesterle (2008): Grundlagen der Unternehmensführung. In: Häberle (Hrsg.): Das neue Lexikon der Betriebswirtschaftslehre, München, 2008, S. 1282-1285.

Olfert (2011): Lexikon der Betriebswirtschaftslehre. Herne, 2011.

Ordóñez/Schweitzer/Galinsky/Bazerman (2009): Goals gone wild: The systematic side effects of overprescribing goal setting. In: The Academy of Management Perspectives, 2009, 23. Jg., Nr. 1, S. 6-16.

Osband/Reichelstein (1985): Information-eliciting compensation schemes. In: Journal of Public Economics, 1985, 27. Jg., Nr. 1, S. 107-115.

Osborne/Rubinstein (1994): Course in Game Theory. Cambridge, 1994.

Ossadnik/Lange/Morlock (1999): Zur Rationalisierung der Auswahl von Anreizsystemen für die Investitionsbudgetierung in divisionalisierten Unternehmen. In: Zeitschrift für Planung, 1999, 10. Jg., Nr. 1, S. 47-65.

Ossadnik (2003): Controlling. München, 2003.

Ossadnik (2006): Controlling: Aufgaben und Lösungshinweise. München, 2006.

Pape (2004): Wertorientierte Unternehmensführung und Controlling. Berlin, 2004.

Pellens/Crasselt/Rockholtz (1998): Wertorientierte Entlohnungssyteme für Führungskräfte – Anforderungen und empirische Evidenz. In: Pellens (Hrsg.): Unternehmenswertorientierte Entlohnungssysteme, Stuttgart, 1998, S. 1-28.

Perridon/Steiner (2002): Finanzwirtschaft der Unternehmen. München, 2002.

Pertl/Nenning (2004): Ein neues Vergütungsmodell für das gesamte Unternehmen. In: Stern Stewart Research, Vol. 22.

Pfläging (2003): Beyond Budgeting, Better Budgeting. München, 2003.

Pfohl/Stölzle (1997): Planung und Kontrolle. München, 1997.

Picot (1991): Ökonomische Theorien der Organisation. Ein Überblick über neuere Ansätze und deren betriebswirtschaftliches Anwendungspotential. In: Ordelheide/Rudolph/Büsselmann (Hrsg.): Betriebswirtschaftslehre und ökonomische Theorie, Stuttgart, 1991, S. 143-170.

Plaschke (2003): Wertorientierte Management-Incentivesysteme auf Basis interner Wertkennzahlen. Wiesbaden, 2003.

Plaschke (2006): Wertorientierte Management-Incentivesysteme auf Basis interner Wertkennzahlen und Bonusbanken. In: Wertorientiertes Management. Berlin, 2006, S. 561-583.

Porter/Lawler (1968): Managerial attitudes and performance. Homewood, 1968.

Raab (2001): Shareholder Value und Verfahren der Unternehmensbewertung. Herne, 2001.

Rappaport (1978): Executive incentives vs. corporate growth. In: Harvard Business Review, 1978, 56. Jg., Nr. 4, S. 81-88.

Rappaport (1981): Selecting strategies that create shareholder value. In: Harvard Business Review, 1981, 59. Jg., Nr. 3.

Rappaport (1983): How to design value-contributing executive incentives. In: Journal of Business Strategy, 1983, 4. Jg., Nr. 2, S. 49-59.

Rappaport (1986): Creating shareholder value: the new standard for business performance. New York, 1986.

Rappaport (1998): Creating Shareholders Value. A guide for managers and investors. New York, 1998.

Rappaport (1999): Shareholder Value: Ein Handbuch für Manager und Investoren. Stuttgart, 1999.

Reichelstein/Osband (1984): Incentives in government contracts. In: Journal of Public Economics, 1984, 24. Jg., Nr. 2, S. 257-270.

Reichelstein (1992): Constructing incentive schemes for government contracts: An application of agency theory. In: Accounting Review, 1992, S. 712-731.

Reichelstein (1997): Investment Decisions and Managerial Performance Evaluation. In: Review of Accounting Studies, 1997, Vol. 2, S. 157-180.

Reichenbach (2011): In der „Concorde-Falle“: Festhalten an unnötigen Reformen. In: Bellmann/Müller (Hrsg.): Wissen, was wirkt, Wiesbaden, 2011, S. 257-269.

Reimann (1989): Managing for Shareholder Value: A Guide to Value-based Strategic Management. New York, 1989.

Reiners (2001): Einflüsse der wertorientierten Unternehmensrechnung auf die Ermittlung kalkulatorischer Zinsen in der Kostenrechnung. In: Krp-Sonderheft, 2001, S. 23-29.

Rheinberg (1997): Motivation. Stuttgart, 1997.

Richter (1996): Konzeption eines marktwertorientierten Steuerungs-und Monitoringsystems. Frankfurt/M, 1996.

Riedl (2000): Unternehmungswertorientiertes Performance Measurement. Wiesbaden, 2000.

Riegler (2000): Anreizsysteme und wertorientiertes Management. In: Wagenhofer/Hrebicek (Hrsg.): Wertorientiertes Management. Konzepte und Umsetzungen zur Unternehmenswertsteigerung, Stuttgart, 2000, S. 145-176.

Rogerson (1997): Intertemporal Cost Allocation and Managerial Investment Incentives. In: Journal of Political Economy, 1997, Vol. 105, S. 770-795.

Roos/Stelter (1999): Die Komponenten eines integrierten Wertmanagementsystems. In: Controlling, 11, 1999, S. 301-307.

Rosenberg (2002): Philosophieren. Ein Handbuch für Anfänger. Frankfurt/M, 2002.

Ryan/Scapens/Theobald (2002): Research Method and Methodology in Finance and Accounting. London, 2002.

Salter (1973): Tailor incentive compensation to strategy. In: Harvard Business Review, 1973, 51. Jg., Nr. 2, S. 94-102.

Sanofi-Aventis (2009): TOP-Arbeitgeber Deutschland; Internetseite: http://www.sanofi.de/l/de/de/download.jsp?file=36E3CC71-4B5F-423F-98E4-1522489473A5.pdf; abgerufen am 21.11.2013.

Sass/Sienz (2007): Leistungsorientierte Vergütung im Rahmen der neuen Verwaltungssteuerung. In: Brüggemeier (Hrsg.): Controlling und Performance Management im öffentlichen Sektor, 2007, S. 71-80.

Schäffer/Zyder (2003): Beyond Budgeting – ein neuer Management Hype?. Controlling & Management, 2003, 47. Jg., S. 101-110.

Schanz (1991): Motivationale Grundlagen der Gestaltung von Anreizsystemen. In: Schanz (Hrsg.): Handbuch Anreizsysteme in Wirtschaft und Verwaltung, Stuttgart, 1991, S. 3-30.

Schanz (1994): Organisationsgestaltung. Stuttgart, 1994.

Schaufelbühl/Hugentobler/Blattner (2007): Betriebswirtschaftslehre für Bachelor. Zürich, 2007.

Scherm/Süß (2011): Personalmanagement. München, 2011.

Schierenbeck (2003): Grundzüge der Betriebswirtschaftslehre. München, 2003.

Schilit (1993): Financial Shenanigans. New York, 1993.

Schmahl/Schmidt (2006): Steuerung von Wachstumsunternehmen über Effizienzziele anstelle fixer Kostenbudgets. In: Gleich/Hofmann/Leyk (Hrsg.): Planungs- und Budgetierungsinstrumente, Freiburg, 2006, S. 39-60.

Schmalenbach (1956): Kostenrechnung und Preispolitik. Köln, 1956.

Schmalenbach-Gesellschaft (1994): Investitions-Controlling: Zum Problem der Informationsverzerrung bei Investitionsentscheidungen in dezentralisierten Unternehmen. In: zfbf, 48. Jg., S. 543-578.

Schnell/Hill/Esser (1992): Methoden der empirischen Sozialforschung. München, 1992.

Schreyögg/Hübl (1992): Manager in Aktion. In: Zeitschrift für Führung und Organisation, 1992, S. 88ff.

Schultz/Becker (2005): Anreizorientiertes Investitionscontrolling mit vollständigen Finanzplänen. Berlin, 2005.

Schultze/Weiler (2007): Performancemessung und Wertgenerierung: Entlohnung auf Basis des Residualen Ökonomischen Gewinns. In: Zeitschrift für Planung & Unternehmenssteuerung, 18. Jg. (2007), S. 133-159.

Schultze/Weiler (2007): Performancemessung und Wertgenerierung: Entlohnung auf Basis des Residualen Ökonomischen Gewinns. In: Zeitschrift für Planung & Unternehmenssteuerung, 18. Jg. (2007), S. 133-159.

Schweickart (2006): Wertorientiertes Management: Werterhaltung - Wertsteuerung - Wertsteigerung ganzheitlich gestalten. Berlin, 2006.

Schweitzer (1994): Industrielle Fertigungswirtschaft. In: Schweitzer (Hrsg.): Industriebetriebslehre, München, 1994, S. 569-746.

Schweitzer/Ordonez/Douma (2002): The dark side of goal setting: the role of goals in motivating unethical decision making. In: Academy of Management Proceedings, Vol. 2002, No. 1, S. B1-B6.

Seifert (2001): Gestaltungsmöglichkeiten eines Anreizsystems für Führungskräfte. Aachen, 2001.

Siefke (1999): Externes Rechnungswesen als Datenbasis der Unternehmenssteuerung. Wiesbaden, 1999.

Simon (1997): Administrative Behavior. New York, 1997.

Smith (2003): Research Methods in Accounting. London, 2003.

Spremann (1991): Investition und Finanzierung. 4. Auflage. München, 1991.

Stähle (1991): Management, 6. Aufl., München, 1991.

Steele/Albright (2004): Games managers play at budget time. In: MIT Sloan management review, 2004, 45. Jg., Nr. 3, S. 81-84.

Stelter (1999): Wertorientierte Anreizsysteme. In: Bühler/Siegert (Hrsg.): Unternehmenssteuerung und Anreizsysteme, Stuttgart, 1999, S. 207-241.

Stelter/Roos (1999): Wertorientierte Anreizsysteme als Bestandteil eines integrierten Wertmanagement. In: Deutsches Steuerrecht, 1999, 37. Jg., Nr. 27, S. 1122-1128.

Stern (1993): Value and people management. In: Corporate Finance, 1993, 104. Jg., S. 35-37.

Stewart (1990): The Quest for Value: A Guide for Senior Managers. New York, 1990.

Stewart (1999): The Quest for Value: A Guide for Senior Managers. New York, 1999.

Stiefl/von Westerholt (2008): Wertorientiertes Management: wie der Unternehmenswert gesteigert werden kann; mit Fallstudien und Lösungen. München, 2008.

Stock-Homburg (2010): Personalmanagement: Theorien-Konzepte-Instrumente. Wiesbaden, 2010.

Stoi/Asenkerschbaumer/Bley (2015): Bosch geht neue Wege in der Wirtschaftsplanung. In: Controlling and Management Review, Sonderheft 1, 2015, S. 16-23.

Stonich (1984): The performance measurement and reward system: Critical to strategic management. In: Organizational Dynamics, 1985, 12. Jg., Nr. 3, S. 45-57.

Stührenberg et al. (2003): Wertorientierte Unternehmensführung. Theoretische Konzepte und empirische Befunde. Wiesbaden, 2003.

Svoboda (2001): Wertorientierte Vergütung in der Deutschen Bank. In: von Eckardstein (Hrsg.): Handbuch variable Vergütung für Führungskräfte. München, 2001, S. 239-252.

Tebben (2011): Vergütungsanreize und Opportunistische Bilanzpolitik: Eine Empirische Analyse Der Rolle von Aufsichtsrat und Abschlussprüfer. Wiesbaden, 2011.

Thieme (1982): Verhaltensbeeinflussung durch Kontrolle. Berlin, 1982.

Töpfer/Duchmann (2006): Das Dresdner Modell des Wertorientierten Managements: Konzeption, Ziele und integrierte Sicht. In: Schweickart/Töpfer (Hrsg.): Wertorientiertes Management. Berlin, 2006, S. 3-63.

Troßmann (1990): Finanzplanung mit Netzwerken: Konzeption eines Netzwerkmodells und einer Datenbank für die betriebliche Finanzplanung. Berlin, 1990.

Troßmann (1992): Prinzipien der rollenden Planung. In: Wirtschaftswissenschaftliches Studium, 1992, S. 123-130.

Troßmann (1998): Investition. Stuttgart, 1998.

Troßmann et al. (2008): Management-Fallstudien im Controlling. München, 2008.

Troßmann (2013): Controlling als Führungsfunktion : eine Einführung in die Mechanismen betrieblicher Koordination. München, 2013.

Ulmer (2006): Wertorientierte Unternehmensführung: Management im Spannungsfeld von Kapitalmarkt und Gesellschaft. Bern, 2006.

Velthius/Wesner (2005): Value Based Management – Bewertung, Performancemessung und Managemententlohnung mit ERIC. Stuttgart, 2005.

Volkart (1996): Langfristige Shareholder-Orientierung. Harmonie mit den Stakeholder-Interessen. In: Neue Zürcher Zeitung – Fokus Shareholder value, Zürich, 1996, S. 33-34.

von Rosen/Leven (2000): Mitarbeiterbeteiligung und Aktienoptionspläne in Deutschland. In: Harrer (Hrsg.): Mitarbeiterbeteiligungen und Stock-Option-Pläne. München, 2000, S. 1-22.

von Rosenstiel (1975): Die motivationalen Grundlagen des Verhaltens in Organisationen: Leistung und Zufriedenheit. Berlin, 1975.

von Rosenstiel (1999): Motivationale Grundlagen von Anreizsystemen. In: Bühler/Siegert (Hrsg.): Unternehmenssteuerung und Anreizsysteme, Stuttgart, 1999, S. 47-77.

Vroom (1964): Work and Motivation. New York, 1964.

Wächter (1991): Tendenzen der betrieblichen Lohnpolitik in motivationstheoretischer Sicht. In: Schanz (Hrsg.): Handbuch Anreizsysteme in Wirtschaft und Verwaltung. Stuttgart, 1991, S. 195-214.

Wälchli (1995): Strategische Anreizgestaltung – Modell eines Anreizsystems für strategisches Denken und Handeln des Managements. Stuttgart, 1995.

Wagner/Grawert (1991): Motivation und Entgelt – ein vielschichtiges Problem. In: Personal, 1991, Heft 10, S. 346-350.

Waller/Bishop (1990): An experimental study of incentive pay schemes, communication, and intrafirm resource allocation. In: The Accounting Review, 65. Jg., Heft 4, S. 812-836.

Watterott (2006): Auswirkungen von IFRS auf die Unternehmenssteuerung bei Bosch. In: Franz/Winkler (Hrsg.): Unternehmenssteuerung und IFRS. Grundlagen und Praxisbeispiele. München, 2006, S. 133-165.

Watterott (2008): Der Balanced Scorecard Prozess bei Bosch. In: Weber/Schäffer: Einführung in das Controlling. Stuttgart, 2008, S. 348-352.

Weaver (2001): Measuring Economic Value Added: A Survey of the Practices of EVA Proponents. In: Journal of Applied Finance, 2001, 11. Jg., S. 50-60.

Weber et al. (2002): Erfahrungen mit Value Based Management – Praxislösungen auf dem Prüfstand. Vallendar, 2002.

Weber et al. (2004): Wertorientierte Unternehmenssteuerung: Konzepte – Implementierung – Praxisstatements. Wiesbaden, 2004.

Weber/Linder (2003): Budgeting, Better Budgeting oder Beyond Budgeting?: Konzeptionelle Eignung und Implementierbarkeit. Vallendar, 2003.

Weber/Schäffer (1999): Operative Werttreiberhierarchien als Alternative zur Balanced Scorecard. In: Kostenrechnungspraxis, 1999, 43. Jg., S. 284-287.

Weber/Schäffer (2000): Balanced Scorecard & Controlling: Implementierung-Nutzen für Manager und Controller-Erfahrungen in deutschen Unternehmen. Wiesbaden, 2000.

Weber/Schäffer (2008): Einführung in das Controlling. Stuttgart, 2008.

Weilenmann (1999): Value Based Compensation Plans: theoretische und praktische Aspekte von Employee Stock Ownership Plans, Stock Option Plans und weiteren Value Based Compensation Plans in der Schweiz. Bern, 1999.

Weinert (1989): Anreizsysteme, verhaltenswissenschaftliche Dimension. In: Szyperski (Hrsg.): Handwörterbuch der Planung, Stuttgart, 1989, S. 122-133.

Weinert (1992): Lehrbuch der Organisationspsychologie. Weinheim, 1992.

Weißenberger (2009): Shareholder Value und finanzielle Zielvorgaben im Unternehmen. In: Wall/Schröder (Hrsg.): Controlling zwischen Shareholder Value und Stakeholder Value: Neue Anforderungen, Konzepte und Instrumente, München, 2009.

Weitzman (1976): The new Soviet incentive model. In: The Bell Journal of Economics, 1976, S. 251-257.

Weizsäcker (1971): Die Einheit der Natur. München, 1971.

Welge/Al-Laham (2001): Strategisches Management. Grundlagen – Prozess – Implementierung. Wiesbaden, 2001.

Wenzel (2005): Wertorientierte Berichterstattung (Value Reporting) aus theoretischer und empirischer Perspektive. Frankfurt/M, 2005.

Wieland (2004): Handbuch Wertemanagement: Erfolgsstrategien einer modernen Corporate Governance. Hamburg, 2004.

Wild (1982): Grundlagen der Unternehmensplanung. Opladen, 1982.

Winkelmann (2010): Marketing und Vertrieb: Fundamente für die marktorientierte Unternehmensführung. München, 2010.

Winter (1996): Prinzipien der Gestaltung von Managementanreizsystemen. Wiesbaden, 1996.

Winter (1997): Möglichkeiten der Gestaltung von Anreizsystemen für Führungskräfte. In: Die Betriebswirtschaft, 1997, 57. Jg., S. 615-629.

Witzemann/Currle (2004): Bonusbanken: Unternehmenswertsteigerung und Managementvergütung langfristig verbinden. In: Controlling, 16. Jg. (2004), H. 11, S. 631-638.

Wolf (2003): Risikomanagement im Kontext der wertorientierten Unternehmensführung. Wiesbaden, 2003.

Wunderer/Grunwald (1980): Führungslehre: Grundlagen der Führung. Berlin, 1980.

Zimmerman (1997): EVA and divisional performance measurement: Capturing synergies and other issues. In: Journal of Applied Corporate Finance, 1997, 10. Jg., S. 98-109.

EINZELSCHRIFTEN

Helge Kaul
Kooperatives Kulturmarketing – Typen und strategische Implikationen der interaktiven Wertschöpfung im kulturellen Markt
Lohmar – Köln 2017 • 460 S. • € 82,- (D) • ISBN 978-3-8441-0515-5

Laura Bernadette Kassner
Product Life Cycle Analytics – Analytics auf unstrukturierten Daten für eine intelligentere Fertigung
Lohmar – Köln 2017 • 256 S. • € 62,- (D) • ISBN 978-3-8441-0521-6

Cornel Potthast
Folgen einer verfahrensfehlerhaft unterbliebenen Hinzuziehung Kann-Beteiligter im Betreuungsverfahren – Ist ein fehlerhaftes Verfahren noch zu „retten"?
Lohmar – Köln 2017 • 64 S. • € 40,- (D) • ISBN 978-3-8441-0522-3

Alina van Eikeren
Ökonomische Wirkungen einer Revitalisierung der Vermögensteuer
Lohmar – Köln 2017 • 120 S. • € 48,- (D) • ISBN 978-3-8441-0524-7

Markus Völker
Postmortale Gestaltungsmöglichkeiten im Erb- und Erbschaftsteuerrecht
Lohmar – Köln 2017 • 88 S. • € 44,- (D) • ISBN 978-3-8441-0527-8

Natalie Malon
Generationsübergreifende Einflussfaktoren auf Karriereentscheidungen – Eine empirische Vergleichsstudie der Generationen X und Y
Lohmar – Köln 2017 • 112 S. • € 48,- (D) • ISBN 978-3-8441-0528-5

Christoph Wössner
Wertorientierte Incentivierung – Unter besonderer Berücksichtigung von Steuerungsphilosophie und Gaming-Phänomenen
Lohmar – Köln 2017 • 232 S. • € 60,- (D) • ISBN 978-3-8441-0530-8